全国高职高专教育土建类专业教学指导委员会规划推荐教材

楼宇智能化工程造价与施工管理

（楼宇智能化工程技术专业适用）

本教材编审委员会组织编写

主　编　颜凌云　刘　渊

主　审　袁建新

中国建筑工业出版社

图书在版编目（CIP）数据

楼宇智能化工程造价与施工管理/颜凌云，刘渊主编．—北京：中国建筑工业出版社，2014.2（2025.2重印）
全国高职高专教育土建类专业教学指导委员会规划推荐教材（楼宇智能化工程技术专业适用）
ISBN 978-7-112-16212-3

Ⅰ.①楼… Ⅱ.①颜…②刘… Ⅲ.①智能化建筑-自动化系统-工程造价-高等职业教育-教材②智能化建筑-自动化系统-施工管理-高等职业教育-教材 Ⅳ.①TU723.3②TU855

中国版本图书馆CIP数据核字（2013）第307574号

本书包括两篇内容。第1篇是关于楼宇智能化工程造价，主要对工程造价原理、工程定额基本知识及安装工程定额的组成及应用、工程定额消耗的组成与计算、工程单价的组成与计算进行分析阐述。对楼宇智能化工程计价方法结合当前最新规范及实际做法进行分析介绍，包括计价办法、工程计量。第2篇是关于楼宇智能化工程施工组织与管理，主要针对楼宇智能化工程施工的特点，在资源、成本、质量、进度、施工组织设计等方面进行阐述。本书利用楼宇智能化工程施工实例进行详实的分析说明。

本书可作为高职高专院校楼宇智能化工程技术、建筑电气工程技术、建筑设备工程技术等专业的教材，也可作为工程技术人员的参考用书。

为了更好地支持相应课程的教学，我们向采用本书作为教材的教师提供课件，有需要者可与出版社联系。

建工书院：http：//edu.cabplink.com/index
邮箱：jckj@cabp.com.cn　电话：010-58337285

责任编辑：张　健　朱首明　齐庆梅
责任设计：董建平
责任校对：王雪竹　党　蕾

全国高职高专教育土建类专业教学指导委员会规划推荐教材
楼宇智能化工程造价与施工管理
（楼宇智能化工程技术专业适用）
本教材编审委员会组织编写
主　编　颜凌云　刘　渊
主　审　袁建新
*
中国建筑工业出版社出版、发行（北京西郊百万庄）
各地新华书店、建筑书店经销
北京红光制版公司制版
建工社（河北）印刷有限公司印刷
*
开本：787×1092毫米　1/16　印张：18　字数：450千字
2014年4月第一版　2025年2月第八次印刷
定价：**35.00**元（赠教师课件）
ISBN 978-7-112-16212-3
（24970）

本教材编审委员会名单

主　任： 刘春泽

副主任： 高文安　谢社初

委　员：（按姓氏笔画排序）

刘志坚　刘昌明　孙　毅　孙景芝　沈瑞珠

张小明　张彦礼　林梦圆　袁建新　黄　河

韩永学　温　雯　裴　涛　颜凌云

序　言

高职高专教育土建类专业教学指导委员会建筑设备类分指导委员会，在住房城乡建设部、教育部和土建类专业教学指导委员会的领导下，围绕建筑设备类各专业教学文件的制定、专业教材的编审、实践教学的指导、校企合作等方面，做了大量的研究工作，并取得了多项成果，对全国各高职院校建筑设备类专业的建设，起到了很好的推动作用。

“楼宇智能化工程技术”专业在教育部普通高职高专专业目录中，分属土建大类下建筑设备类的二级目录。随着我国改革开放步伐的加快，国民经济迅猛发展，工业化水平快速提高，信息化技术及产业规模接近发达国家水平，建筑规模及智能化需求与日俱增。在这样的背景之下，各高职院校开设的“楼宇智能化工程技术”专业，成为近些年发展速度最快的专业之一。截止到2012年底，开设该专业的院校已达202所。

建筑设备类分指导委员会共负责专业目录内7个专业的教学研究和专业建设工作，在新一轮的教学改革中，“楼宇智能化工程技术”专业是我们首批启动重点研究的两个专业之一。按照教育部的要求，我们用两年多的时间，在充分调研的基础上，经过多次的研讨、论证、修改，《楼宇智能化工程技术专业教学基本要求》的教学文件，已于2012年12月由中国建筑工业出版社正式出版发行。这份教学文件，在教育部统一要求的专业教学基本要求内容之外，增加了“校内实训及校内实训基地建设导则”，这对规范专业建设，保证教学质量，将起到很好的推动作用。

“楼宇智能化工程技术”专业发展速度快，专业布点广，教材建设也出现多样性。有的教材在编写过程中，由于没有以教学文件为依据，教学内容、教学时数、实践教学等都与教学基本要求相差较大，教材之间也出现内容重复或相互不衔接的现象。为解决这一问题，我们在研究专业教学基本要求的同时，就启动了本轮专业教材的编写工作。按照《楼宇智能化工程技术专业教学基本要求》，组织本专业富有教学和实践经验的教师，共编写了8本专业教材，近期将由中国建筑工业出版社陆续出版发行。本次出版发行的8本教材，基本覆盖本专业所有的专业课程，以教学基本要求为主线，与“校内实训及校内实训基地建设导则”相衔接，突出了“工程技术”的特点，强调本专业教材的系统性和整体性。本套教材除了可以保证开设本专业学校的教学用书，也可以作为从事现场工程技术人员的参考资料和自学者的参考书。

本套教材在编写的过程中，除了建筑设备类分指导委员会和编审人员的努力之外，还得到各相关学校、合作企业和中国建筑工业出版社的大力支持，在此我们一并表示感谢！

全国高职高专教育土建类专业教学指导委员会
建筑设备类分指导委员会

前　言

本书是根据全国高职高专教育土建类专业教学指导委员会建筑设备类分指导委员会的要求编写的。

本教材第1篇以国家最新颁发的《建设工程工程量清单计价规范》GB 50500—2013、《通用安装工程工程量计算规范》GB 50856—2013、计价定额及有关工程计价办法的政策文件等为依托，力求理论联系实际，以楼宇智能化工程过程的工程计价为线索，系统详细地介绍了两种计价方法：定额计价及工程量清单计价，重点突出地介绍工程量清单计价，包括招标控制价、投标价及结算价的编制，具有非常现实的指导意义。

该篇共分6章，主要内容包括楼宇智能化工程造价的研究对象及目的分析、工程计价原理、安装工程定额的组成与应用、工程计价依据、工程消耗量的组成与计算、工程单价的组成与计算、楼宇智能化工程计价方法和计量方法、楼宇智能化工程计价实例分析等内容。可作为从事楼宇智能化预算的管理人员的实用教材，也可作为建设单位、设计单位、施工企业和有关大专院校师生的参考及教学用书。

本教材第2篇依据《智能建筑设计标准》GB/T 50314、《智能建筑工程质量验收规范》GB 50339、《智能建筑工程施工规范》GB 50606，针对楼宇智能化工程施工特点，在《建设工程项目管理规范》GB/T 50326的基础上，详细介绍了楼宇智能化工程施工过程管理以及施工各项规定。

该篇分为8章，其主要内容为楼宇智能化施工项目招投标与合同管理、楼宇智能化施工项目资源管理、楼宇智能化施工项目进度管理、楼宇智能化施工项目质量管理、楼宇智能化施工项目成本管理、楼宇智能化施工项目职业健康安全和环境管理、楼宇智能化施工组织设计。

本教材第1篇由四川建筑职业技术学院刘渊统稿，并得到四川建筑职业技术学院袁建新的大力支持，第2篇由四川建筑职业技术学院兰凤林统稿，全书由四川建筑职业技术学院颜凌云统稿和定稿。第1篇的绪论、第4章、第6章由四川建筑职业技术学院刘渊编写；第1章、第2章、第3章由四川建筑职业技术学院侯兰编写，第5章由四川建筑职业技术学院黄卓青编写。第2篇的第7章、第9章由四川建筑职业技术学院先柯桦编写，第8章由四川建筑职业技术学院贺攀明编写，第10章、第13章由四川建筑职业技术学院兰凤林编写，第11章由深圳松大科技有限公司张彦礼编写，第12章由成都思瑞安系统集成有限公司周成平编写，第14章由四川建筑职业技术学院黄敏编写。

本书在编写过程中参考了许多专著和教材，书名和作者详见书后参考书目，在此表示诚挚的谢意！

本书由四川建筑职业技术学院袁建新主审，并提出了许多宝贵意见，在此表示衷心感谢。

由于作者水平有限，书中难免存在错误，敬请广大读者批评指正，谢谢！

目　　录

第1篇　楼宇智能化工程造价

第2篇　楼宇智能化工程施工组织与管理

第 1 篇　楼宇智能化工程造价

绪　论

【能力目标】

通过学习了解楼宇智能化工程造价课程的研究对象以及课程特点，明确该课程的学习内容以及要达到的目的，该门课程对于实际工作的重要意义。

1. 楼宇智能化工程造价的研究对象和任务

楼宇智能化工程，是指以楼宇为平台，兼备建筑设备、办公自动化及通信网络三大系统，集结构、系统、服务、管理及它们之间最优化组合，向人们提供一个安全、高效、舒适、便利的综合服务环境。对于楼宇智能化工程产品的研究主要从两个角度考虑：一是产品满足用户使用功能方面的需求，基于此项任务则是通过包括楼宇工程安装工艺技术、施工组织等课程来实现；二是楼宇智能化工程作为商品交换需要确定价格，对于产品价格的确定则需要分析研究单位产品生产成果与生产消耗之间的关系，以此定量关系为基础研究分析如何确定产品价格。

因此楼宇智能化工程造价课程是以研究楼宇智能化工程产品生产成果与生产消耗之间的定量关系为研究对象，以达到合理确定工程造价的研究任务为目的的一门综合性、实践性强的应用型课程。

2. 楼宇智能化工程造价的学习内容

（1）安装工程定额

包括：定额的概念、作用、特性、分类、安装工程定额的组成及应用等。

（2）楼宇智能化工程计量

包括：楼宇智能化清单工程量计算和定额工程量计算以及工程量清单的编制。

（3）楼宇智能化工程计价

包括：建设工程费用组成（建标［2013］44号），楼宇智能化工程费用计算；楼宇智能化工程施工图预算的编制；楼宇智能化工程招标控制价以及投标价的编制等。

3. 楼宇智能化工程造价课程的特点

（1）综合性强

楼宇智能化工程造价是具有完整计价理论与计量方法的一门学科，如何从理论上理解掌握工程造价编制原理，从实践上熟悉工程造价的编制方法是该门课程解决的主要问题，因此学习该门课程必须要有相关课程作为知识支撑，包括："数学"、"政治经济学"、"工程经济"、"楼宇智能化工程施工工艺与识图"、"安装工程材料"等课程。

（2）政策性强

工程造价的计算应用于招投标以及工程结算阶段的工作中，必须严格按照国家及有关行业主管部门的相关法律法规、政策文件的规定执行，特别是有些强制性的文件规定。

（3）实践性强

学习楼宇智能工程造价以及从事工程造价工作，一方面必须动手实践进行计算，另一方面必须深入施工现场了解工地、工程实际情况，同时也要深入市场了解楼宇智能工程材料的市场价格，才能做出准确、合理的工程造价。

4. 该门课程知识对就业的支持

学习与熟练掌握该门课程知识，可以面向建设单位、施工企业，工程造价咨询、招标代理、工程监理、工程项目管理等机构，工程造价主管部门等，从事安装工程招标控制价、投标报价、工程预结算、工程造价审计、工程造价控制等工作，具有比较广阔的就业发展空间。

5. 该门课程知识学习支持点

讲授和学习该门课程一定和当地造价部门所颁发的地区定额及计价办法、国家颁发的工程量清单计价规范以及工程量计算规范相结合，才能更好地和实际相结合，才能更加有利于学生进入社会，尽快适应工作岗位需求。

本　章　小　结

绪论部分是就该门课程的研究对象与任务的学习，旨在明确该门课程的学习内容以及所要达到的目标，达到“一览众山小”的感觉和目的。同时清楚该门课程知识与实际工作岗位的契合点，明确其就业发展态势。

思考题与练习

1. 工程造价与工程消耗量之间有何关系？
2. 如何理解楼宇智能化工程造价课程的综合性特点？
3. 展望该门课程就业前景？
4. 选择题

(1) 楼宇智能化工程造价的研究对象是(　　)。

A. 楼宇智能化工程产品

B. 楼宇智能化工程造价

C. 楼宇智能化工程产品与生产消耗之间的关系

D. 楼宇智能化工程施工过程

(2) 楼宇智能化工程造价课程具有(　　)特点。

A. 综合性　　B. 政策性　　C. 实践性　　D. 随意性

第1章　工 程 造 价 概 述

【能力目标】

了解建设项目的划分，熟悉基本建设的程序，掌握建设项目基本程序与工程造价的关系；掌握工程费用组成、计价方式及其计价程序。

1.1　建　设　程　序

1.1.1　建设项目全过程

建设是指国民经济部门固定资产的形成过程。建设全过程包括建设项目决策阶段、设计、交易、实施和竣工验收生产试运行五个阶段，每个阶段的主要工作如图1-1所示。

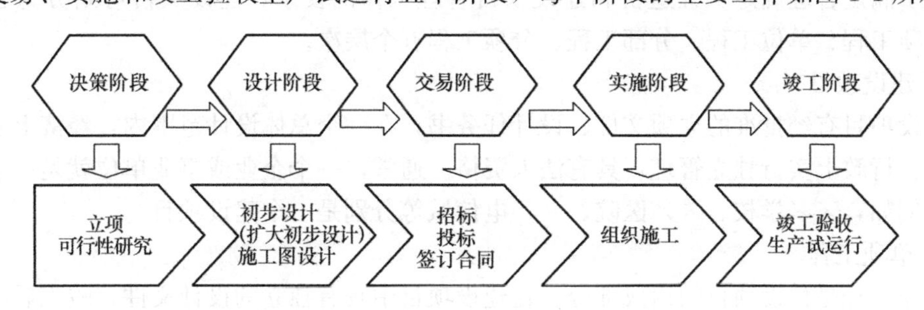

图1-1　建设程序

1.1.2　建设程序与工程造价

工程造价控制工作贯穿建设程序的各阶段，所以在每个阶段都会形成不同的造价文件，如图1-2所示。

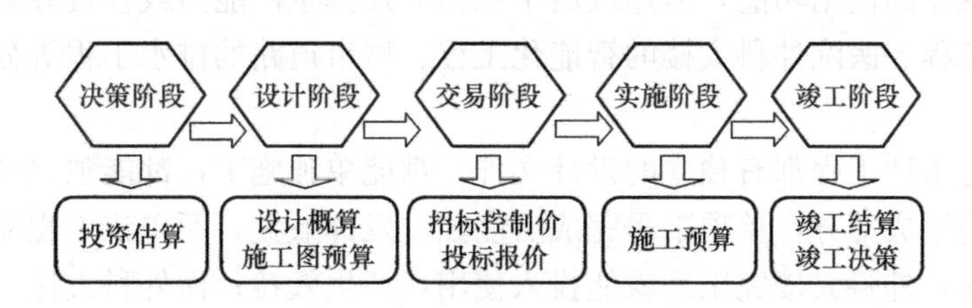

图1-2　建设程序各阶段对应的工程造价

1. 决策阶段

决策阶段编制投资估算，该造价文件由可行性研究有关部门或咨询单位编制。估算包括从筹建、施工直至投产所需的全部投资资金，是决策的重要依据。

2. 设计阶段

设计阶段编制设计概算、施工图预算，由设计单位编制。对于政府投资的项目，经批准的设计概算是该项目的最高限价，所以设计概算是确定和控制建设投资、编制建设计划的依据。

3. 交易阶段

交易阶段编制施工图预算（招标控制价、投标价），由招标人或投标人编制。

4. 施工阶段

施工阶段编制施工预算，由施工单位依据企业定额编制。施工预算是施工单位进行成本控制的重要依据。

5. 竣工验收及试运行阶段

竣工验收阶段编制竣工结算，由施工单位编制，建设单位审查。竣工结算是建设单位拨付工程结算价款的重要依据。

竣工投产后编制竣工决算，由建设单位的会计人员编制。反映了建设项目全过程（即从筹建到竣工验收、交付使用）实际支付的全部费用。竣工决算是整个建设工程的最终价格，是作为建设单位财务部门汇总固定资产的主要依据。

1.1.3 建设项目划分

为了满足合理确定工程造价和建设项目管理工作的要求，建设项目可划分为建设项目、单项工程、单位工程、分部工程、分项工程五个层次。

1. 建设项目

建设项目有经批准的立项文件、设计任务书，在一个总体设计范围内，经济上实行独立核算，行政上实行独立管理，具有法人资格。通常，一个企业或事业单位就是一个建设项目。例如，××学校、××医院、××电信城等分别是一个建设项目。

2. 单项工程

单项工程是建设项目的组成部分。在建设项目中具有独立的设计文件，竣工后能独立发挥生产能力或投资效益，有独立存在的意义。例如，学校的办公楼、医院的外科大楼等分别是一个单项工程。

3. 单位工程

单位工程是单项工程的组成部分。单位工程具有独立的设计文件，能单独施工，能独立核算，具有独立的使用功能，但建成后不能独立发挥生产能力或投资效益。例如，学校办公楼的土建工程、医院外科大楼的智能化工程、城市道路的排水工程等分别是一个单位工程。

单位工程与单项工程都有独立的设计文件，都能单独施工，都能独立核算。但单位工程是单项工程的组成部分，单项工程完成后能独立发挥效益，而单位工程完成后不能独立发挥效益。例如，外科大楼完工后就能投入使用，产生效益；而外科大楼的智能化工程完成后如没有土建、装饰、安装等工程为基础，虽具有独立的使用功能但不能发挥效益。

4. 分部工程

分部工程是单位工程的组成部分。分部工程一般按不同的构造和工程部位来划分。例如，医院外科大楼智能化工程的通信系统设备工程、楼宇安全防范系统等都是楼宇智能化工程的分部工程。

5. 分项工程

分项工程是分部工程的组成部分。一般按照工种、工艺或是材料（设备）种类进行划分，将分部工程划分为若干个分项工程。例如，通信系统设备工程中会议电视设备的多点控制器的安装、会议电话设备汇接机安装等都是分项工程。

分项工程是基本构造要素，是施工图预算编制的最小单元和入手点，是计划统计、施工管理以及工程成本核算的基础。

1.2 工程造价概述

1.2.1 工程造价的含义

工程造价通常是指工程的建造价格，由于所处的角度不同，工程造价的含义就不同，但其本质相同。

1. 业主角度的工程造价

是指建设工程预期开支或实际开支的全部固定资产投资费用，在量上等同于固定资产投资。包括工程费用、工程建设其他费（建设用地费、与项目建设有关的其他费、与未来生产经营有关的其他费）、预备费、建设期利息，如图 1-3 所示。该含义主要是从投资者角度来说的，费用包括项目从决策阶段到竣工验收阶段的所有投资管理活动，是业主购买工程项目要付出的价格。

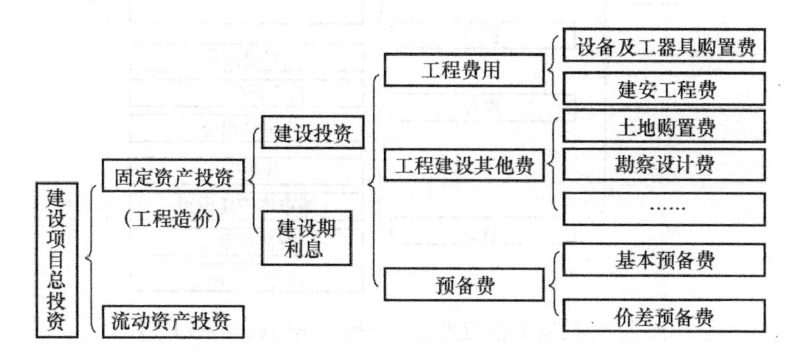

图 1-3 建设项目总投资构成

2. 交易角度的工程造价

是指工程交易中形成的价格，一般认定为工程承发包价格。该价格是承包商在市场交易活动中出售商品的价格，即建安工程费。

1.2.2 建安工程费组成

根据住房城乡建设部及财政部联合颁发的《关于印发〈建筑安装工程费用项目组成〉的通知》（建标［2013］44 号）中规定，建筑安装工程费用有两种划分方法。第一种是按费用构成要素组成划分，将建安工程费划分为人工费、材料费、施工机具使用费、企业管理费、利润、规费和税金（见图 1-4）。第二种是按工程造价形成顺序划分，将建安工程费划分为分部分项工程费、措施项目费、其他项目费、规费和税金（见图 1-5），这种划分方法是为了指导工程造价专业人员计算建安工程费。两种划分方法虽不同，但其本质是相同的，只是各明细费用归属不同。

1. 建安工程费组成——按费用构成要素划分

建筑安装工程费由人工费、材料费（包含工程设备费）、施工机具使用费、企业管理费、利润、规费和税金组成，如图1-4所示。其中人工费、材料费、施工机具使用费、企业管理费和利润对应第二种划分方法中的分部分项工程费、措施项目费、其他项目费中。

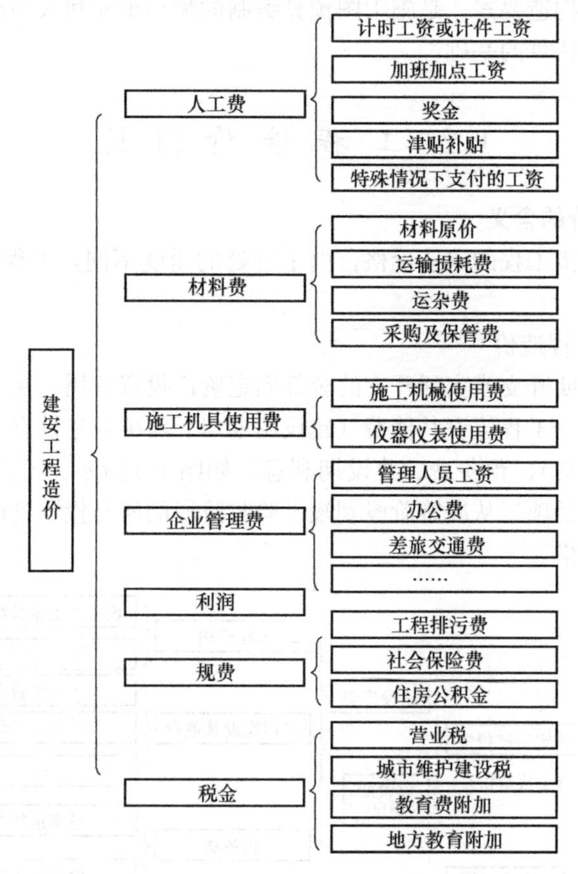

图1-4 建安工程造价组成（按费用构成要素划分）

(1) 人工费

人工费是指支付给直接从事建安工程施工的生产工人以及附属生产单位工人的各项费用。主要包括计时工资或计件工资、奖金、津贴补贴、加班加点工资、特殊情况下支付的工资。

1) 计时工资或计件工资

计时工资或计件工资是指按计时工资标准和工作时间或对已做工作按计件单价支付给个人的劳动报酬。

2) 奖金

奖金是指支付给工人的超额劳动报酬和增收节支的劳动报酬，具有很强的激励作用。

3) 津贴补贴

津贴补贴是补偿职工在特殊条件下的劳动消耗及生活费额外支出的工资补充形式。津贴的分配是依据劳动所处的环境，不与劳动者的技术业务水平或劳动成果直接联系。如流动施工津贴、特殊地区施工津贴、高温（寒）作业临时津贴、高空津贴等。

4) 加班加点工资

加班加点工资是指按规定支付的，在法定节假日工作的加班工资和在法定日工作时间外延时工作的加点工资。加班是指休息日和法定节假日上班时间，加点是指每天超过8小时之外的上班时间。

5）特殊情况下支付的工资

根据国家法律、法规和政策规定，因病、工伤、产假、计划生育假、婚丧假、事假、探亲假、定期休假、停工学习、执行国家或社会义务等原因，按计时工资标准或计时工资标准的一定比例支付的工资。

（2）材料费

材料费是指施工过程中消耗的原材料、辅助材料、构配件、零件、成品或半成品、工程设备（工程设备是指构成或计划构成永久工程一部分的机电设备、金属结构设备、仪器装置及其他类似的设备和装置）的费用。材料费主要包括材料原价、运杂费、运输损耗费、采购及保管费。

1）材料原价

材料原价是指材料或设备的出厂价格或商家供应价格。材料或设备如为进口，原价为抵岸价。

2）运杂费

运杂费是指材料或设备自来源地运至工地仓库或现场指定的堆放地点所发生的全部费用。包括运费和杂费，杂费主要是指装卸费。

3）运输损耗费

运输损耗费是指材料在运输和装卸过程中发生的不可避免的损耗。

4）采购及保管费

采购保管费是指材料和设备在采购、供应、保管过程中发生的各项费用。包括采购费、仓储费、工地保管费、仓储损耗等。

（3）施工机具使用费

施工机具使用费是指施工作业期间所发生的施工机械、仪器仪表使用费等费用。

1）施工机械使用费

施工机械使用费是各施工机械台班耗量乘以各施工机械台班单价之和，施工机械台班单价应由折旧费、大修理费、经常修理费、安拆费及场外运费、人工费（指机上司机或司炉和其他操作人员的人工费）、燃料动力费、税费（指施工机械按照国家规定应缴纳的车船使用税、保险费及年检费等）组成。

2）仪器仪表使用费

仪器仪表使用费是指工程施工所需使用的仪器仪表的摊销及维修费用。

（4）企业管理费

企业管理费是指企业管理部门为组织施工生产和经营管理所需的费用。主要包括管理人员工资、办公费、差旅交通费、固定资产使用费、工具用具使用费、劳动保险和职工福利费、劳动保护费、检验试验费、工会经费、职工教育经费、财产保险费、财务费、税金、其他费用等。

1）管理人员工资

管理人员工资是指按规定支付给管理人员的计时工资、奖金、津贴补贴、加班加点工资及特殊情况下支付的工资等。

2）办公费

办公费是指为保证企业开展管理工作所需的办公用文具、纸张、账表、印刷、书报、邮电、办公软件、会议、现场监控、水电、烧水和集体取暖降温（包括现场临时宿舍取暖降温）等费用。

3）差旅交通费

差旅交通费是指职工因公出差、调动工作产生的差旅费、住勤补助费，市内交通费和误餐补助费，职工探亲路费，劳动力招募费，职工退休、退职一次性路费，工伤人员就医路费，工地转移费以及管理部门使用的交通工具的油料、燃料等费用。

4）固定资产使用费

固定资产使用费是指管理等职能部门使用的属于固定资产范围的房屋、设备、仪器等的折旧、大修、维修或租赁费。

5）工具用具使用费

工具用具使用费是指管理等职能部门使用的不属于固定资产范围内的工具、家具、器具、交通工具和检验、测绘、试验、消防用具等的购置、维修和摊销费。

6）劳动保险和职工福利费

劳动保险和职工福利费是指由企业支付给职工的退职金、支付给离休干部的经费，集体福利费、冬季取暖补贴、夏季防暑降温、上下班交通补贴等。

7）劳动保护费

劳动保护费是指企业发放的劳动保护用品所需的费用。如工作服、手套、防暑降温药品等。

8）检验试验费

检验试验费是指施工企业进行一般鉴定、检查所发生的费用，包括自设试验室进行试验所耗用的材料等费用。检验试验费不包括新结构、新材料的试验费；不包括对构件做破坏性试验及其他特殊要求检验试验的费用；不包括建设单位对具有合格证的材料进行检验的费用，但对施工企业提供的具有合格证明的材料进行检测不合格的，检测费由施工企业支付。

9）工会经费

工会经费是指企业按规定的全部职工工资总额比例计提的工会经费。

10）职工教育经费

职工教育经费是指企业为职工进行专业技术或职业技能培训、专业技术人员继续教育、职工职业技能鉴定、职业资格认定以及根据需要对职工进行各类文化教育所发生的费用。

11）财产保险费

财产保险费是指为施工管理用财产、车辆等购买保险的费用。

12）财务费

财务费是指企业为施工生产筹集资金或提供预付款担保、履约担保、职工工资支付担保等所发生的各种费用。

13）税金

税金是指企业按规定缴纳的房产税、车船使用税、土地使用税、印花税等。

14）其他

其他费用主要包括技术转让费、技术开发费、投标费、业务招待费、绿化费、广告费、公证费、法律顾问费、审计费、咨询费、保险费等。

（5）利润

利润是指施工企业完成所承包工程获得的盈利，是扣除成本和税金后的余额。

（6）规费

规费是指按国家法律、法规规定，由省级政府和省级有关权力部门规定必须缴纳的费用。规费主要包括社会保险费（养老保险费、失业保险费、医疗保险费、生育保险费、工伤保险费）、住房公积金、工程排污费等。

（7）税金

税金是指国家税法规定的应计入建安工程造价内的营业税、城市维护建设税、教育费附加以及地方教育附加。

2. 建安工程费组成——按造价形成划分

建筑安装工程费按照工程造价形成可划分为分部分项工程费、措施项目费、其他项目费、规费、税金组成，如图 1-5 所示（该图分部分项工程费是以楼宇智能化工程为例）。

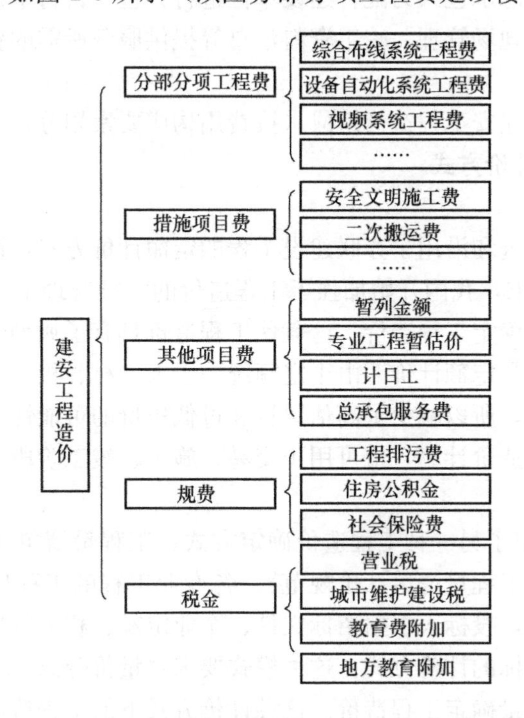

图 1-5 建安工程造价组成（按造价形成划分）

（1）分部分项工程费

分部分项工程费是指各专业工程的分部分项工程应予列支的各项费用。

（2）措施项目费

措施项目费是指为完成建设工程施工，发生于该工程施工前和施工过程中的技术、生活、安全、环境保护等方面的费用。主要内容包括安全文明施工费、夜间施工增加费、二次搬运费、冬雨季施工增加费、已完工程及设备保护费、工程定位复测费、脚手架工程费等。

(3) 其他项目费

1) 暂列金额

暂列金额是指招标人在工程量清单中暂定并包括在工程合同价款中的一笔款项。用于施工合同签订时尚未确定或者不可预见的所需材料、工程设备、服务的采购，施工中可能发生的工程变更、合同约定调整因素出现时的工程价款调整以及发生的索赔、现场签证确认等的费用。结算时，暂列金额余额归招标人。

2) 专业工程暂估价

专业工程暂估是指招标人在工程量清单中暂时估算的用于必然发生但暂不能确定价格的专业工程的金额。

3) 计日工

计日工是指施工企业在施工过程中，完成建设单位提出的合同以外的零星项目费用。计日工包括人工费、材料费、机械费三大类。

4) 总承包服务费

总承包服务费是指总承包人为配合建设单位进行分包、自行采购材料（工程设备）等工作进行的保管、施工现场管理、竣工资料汇总等提供服务所需的费用。

(4) 规费和税金

规费和税金定义同建安工程造价组成（按费用构成要素划分）中的规费和税金。

1.2.3 工程造价计价方式

1. 定额计价方式

解放初期，我国引进和沿用了苏联建设工程的定额计价方式，该方式属于计划经济的产物。20世纪60年代末，我国开始加强了工程造价的定额管理工作，要求严格按主管部门颁发的定额和指导价确定工程造价。这就使工程造价具有了典型的计划经济的特征。这种环境下的计价方式都是定额计价。由于定额统一了人、材、机消耗量，行业相关文件又限定了各种单价和费率，所以减少了高估冒算和过低压价的可能性。定额计价方式主要用于决策、设计阶段工程造价计算，也可用于交易、施工、竣工阶段。

2. 清单计价方式

在2003年国家提出了另一种工程造价确定方式：工程量清单计价方式。该方式是建设单位根据《建设工程工程量清单计价规范》、各专业工程的工程量计算规范、图纸等资料编制招标工程量清单，投标人根据招标文件、企业定额、相关价格信息等资料编制投标报价，采用合理低价中标的计价方式。这种模式要求“量价分离”，即招标人确定工程量，投标人按照统一的工程量确定工程造价。这种计价方式下的工程造价是通过市场竞争形成的，有利于促进施工企业改进技术、加强管理、提高劳动效率和市场竞争力。清单计价方式主要用于交易、施工、竣工阶段的工程造价计算。

1.2.4 楼宇智能化工程计价程序

1. 定额计价

(1) 定额计价概念

定额计价是采用工程造价行政主管部门统一颁布的定额、计算程序、工料机的政府指导价以及规定的相关费率确定工程造价的计价方式。

(2) 定额计价步骤

楼宇智能化工程定额计价程序，以交易阶段的施工图预算为例，如图 1-6 所示。

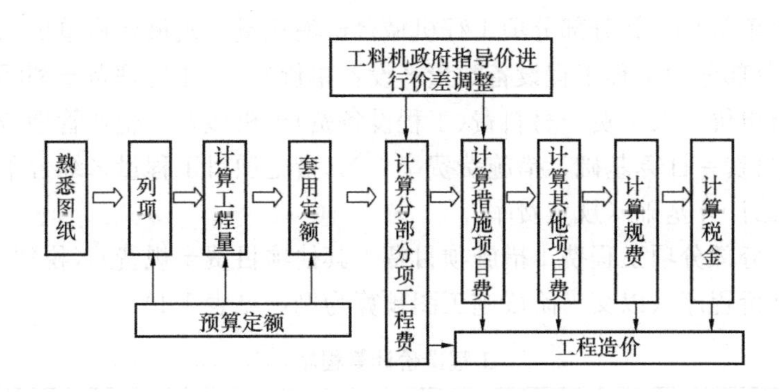

图 1-6 楼宇智能化工程定额计价程序

1) 熟悉施工图

识读和熟悉施工图是计算工程造价的基本能力，施工图中反映了工程项目的具体信息。

2) 列项

列项是把图纸中的分项工程全部罗列出来。分项工程是基本建设的最小单元，是施工图预算的入手点，是正确计算工程造价的基础。应该注意的是，列出的分项工程必须满足定额中对分项工程划分的要求，才能依据定额计算分部分项工程费，所以定额是列项的依据之一。

3) 计算工程量

计算工程量是指将图纸中分项工程的实物数量计算出来。计算工程量的主要依据是定额中的计算规则和图纸。

4) 套用定额

套用定额也是确定单价的过程，可通过套用预算定额中的人、材、机消耗量或是定额基价，来计算分部分项工程费和部分措施费。

5) 价差调整

如果套用了定额中的基价，那么在计算直接工程费时应将定额中的所有材料进行汇总，并对材料价格按照计算当期或要求的市场价格进行调整，调整后的费用计入分部分项工程费。价差调整包括对人工费、材料费、机械费的调整。

6) 计算措施项目费、其他项目费、规费、税金

措施项目费、其他项目费、规费、税金是按规定以相应的计算基础乘以相应费率进行计算。税金的计算基础是税前工程造价。

7) 汇总工程造价

工程造价由分部分项工程费、措施项目费、其他项目费、规费和税金组成，工程造价计算最后一步是汇总以上五项费用。

(3) 定额计价方式下工程造价计算公式

工程造价=分部分项工程费+措施项目费+其他项目费+规费+税金

1）分部分项工程费＝∑(分部分项工程量×分部分项工程综合单价)

或＝∑(分部分项工程人工消耗量×人工单价)＋∑(分部分项工程材料消耗量×材料单价)＋∑(分部分项工程机械台班消耗量×机械台班单价)＋∑(分部分项工程工程设备数量×设备单价)＋企业管理费＋利润

其中：综合单价＝人工费＋材料费(工程设备费)＋机械费＋企业管理费＋利润

2）措施项目费＝计算基础×措施费费率＋∑(措施项目工程量×综合单价)

3）规费＝∑计算基础×规费费率

4）税金＝(分部分项工程费＋措施项目费＋其他项目费＋规费)×税率

(4) 定额计价程序（以交易阶段施工图预算为例，见表1-1）

工程造价计算程序 **表1-1**

序号	内　　容	计算方法	金额（元）
1	分部分项工程费	按计价规定计算	
2	措施项目费	按计价规定计算	
2.1	其中：安全文明施工费	按规定标准计算	
3	其他项目费		
3.1	其中：暂列金额	按计价规定估算	
3.2	其中：专业工程暂估价	按计价规定估算	
3.3	其中：计日工	按计价规定估算	
3.4	其中：总承包服务费	按计价规定估算	
4	规费	按规定标准计算	
5	税金（扣除不列入计税范围的工程设备金额）	（1＋2＋3＋4）×规定税率	
工程造价合计＝1＋2＋3＋4＋5			

2. 工程量清单计价

(1) 工程量清单计价概念

按照招标人根据《建设工程工程量清单计价规范》、各专业工程量计算规范、图纸、拟定的招标文件等资料编制工程量清单，投标人根据工程量清单、招标文件、企业定额、相关价格信息等资料编制投标报价，采用合理低价中标的计价方式，价格通过市场竞争形成。

(2) 工程量清单计价步骤

楼宇智能化工程工程量清单计价过程可分为工程量清单编制和工程量清单应用两个阶段。

1）工程量清单编制（见图1-7）

① 列项

依据图纸、工程量计算规范、常规施工方案列出分项工程，包括分部分项工程项目和措施工程项目。

② 计算工程量

依据图纸、工程量计算规范计算分部分项工程量、部分措施项目工程量。

③ 编制分部分项工程和单价措施项目清单

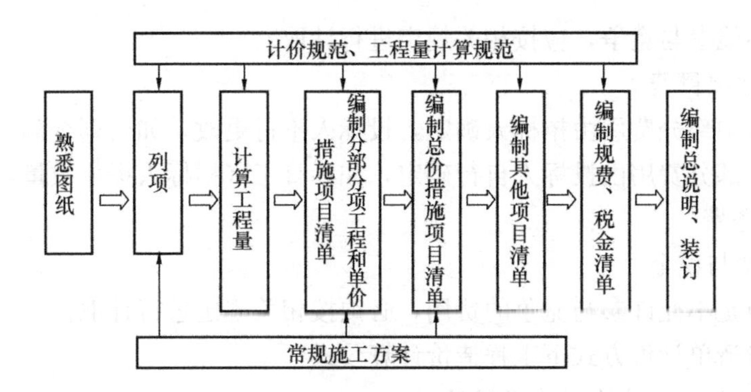

图 1-7 工程量清单编制程序

该清单主要是依据工程量计算规范编制已列出的项目编码，并对项目进行完整的特征描述。

④ 编制总价措施项目清单、其他项目清单、规费和税金项目清单

依据常规施工方案、与建设工程有关的标准（规范、技术资料）、计价规范、计量规范、建设主管部门颁发的计价定额和办法编制总价措施项目清单、其他项目清单、规费和税金项目清单。

2）工程量清单应用

工程量清单是确定招标控制价、投标报价、合同价款调整、工程竣工结算价的基础，如图 1-8 所示（图 1-8 对投标报价步骤做了详细描述）。

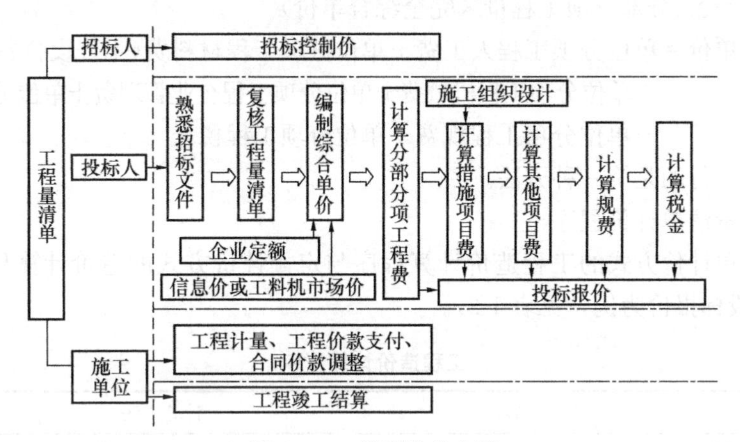

图 1-8 工程量清单应用

① 复核工程量清单

投标人依据图纸、《建设工程工程量清单计价规范》、工程量计算规范、常规施工方案、相关的规定复核工程量清单，以保证采取有效的投标技巧和方案。

② 计算综合单价

投标人依据工程量清单、招标文件、施工组织设计、企业定额等相关规定计算综合单价，综合单价乘以分项工程量计算出分部分项工程费。

③ 计算措施项目费

工程量清单计价方式下的措施项目费采用合理低价的原则确定，各投标人结合企业的实际情况，根据最优化的施工组织设计和施工方案确定措施项目费，但措施项目费中的安

全文明施工费不能参与竞争，应按相关规定进行计取。

④ 计算其他项目费

其他项目费中部分费用由招标人确定，投标人不得更改，如暂列金额，暂估价中的专业工程暂估价；部分费用由投标人自行确定，如计日工（招标人提供数量，投标人提供单价）、总承包服务费。

⑤ 计算规费与税金

规费和税金是不允许参与竞争的费用，必须按相关规定进行计取。

（3）工程量清单计价方式下工程造价计算公式

1）第一种方法：不完全综合单价法

工程造价＝分部分项工程费＋措施项目费＋其他项目费＋规费＋税金

分部分项工程费＝∑(分部分项工程量×综合单价)

综合单价＝分项工程人工费＋分项工程材料费(工程设备费)＋分项工程机械费
＋分项工程企业管理费＋分项工程利润

措施项目费＝计算基础×措施费费率＋∑(措施项目工程量×综合单价)

其他项目费＝暂列金额＋专业工程暂估价＋计日工＋总承包服务费

规费＝(分部分项工程人工费＋措施项目人工费)×规费费率

税金＝(分部分项工程费＋措施项目费＋其他项目费＋规费)×税率

2）第二种方法：完全综合单价

工程造价＝∑(分部分项工程量×完全综合单价)

完全综合单价＝单位分项工程人工费＋单位分项工程材料费(工程设备费)
＋单位分项工程机械费＋单位分项工程企业管理费＋单位分项工程利润
＋单位分项工程规费＋单位分项工程税金

我国目前实行的是第一种方法。

（4）工程量清单计价程序

工程量清单计价方式的工程造价计算程序与定额计价方式的造价计算程序基本相同(以交易阶段投标报价为例，见表1-2)。

工程造价计算程序　　表1-2

序号	内　　容	计算方法	金额(元)
1	分部分项工程费	按计价规定计算	
2	措施项目费	按计价规定计算	
2.1	其中：安全文明施工费	按规定标准计算	
3	其他项目费		
3.1	其中：暂列金额	按计价规定估算	
3.2	其中：专业工程暂估价	按计价规定估算	
3.3	其中：计日工	按计价规定估算	
3.4	其中：总承包服务费	按计价规定估算	
4	规费	按规定标准计算	
5	税金(扣除不列入计税范围的工程设备金额)	(1＋2＋3＋4)×规定税率	
工程造价合计＝1＋2＋3＋4＋5			

本 章 小 结

基本建设划分为五个层次，分项工程是最小单元。工程造价按费用构成要素包括：人工费、材料费、施工机具使用费、企业管理费、利润、规费和税金组成。工程造价按照造价形成包括：分部分项工程费、措施项目费、其他项目费、规费和税金组成。现行有两种计价方式，一种是定额计价方式，一种是清单计价方式，二者的木质区别在于是否由市场竞争形成价格。

思考题与练习

1. 建设项目如何划分?
2. 试述定额计价和工程量清单计价方式的编制步骤。

第2章 计 价 依 据

【能力目标】

了解计价依据的种类；了解定额的含义及分类，熟悉定额的组成；熟悉《建设工程工程量清单计价规范》和《通用安装工程工程量计算规范》的内容；掌握定额的应用方法。

工程造价计价依据是一个总称，是指用以计算工程造价的所有基础资料。其包括工程定额，人工、材料、机械台班及设备单价，工程量清单，工程造价指数，工程量计算规则，以及政府主管部门发布的有关工程造价的经济法规、政策等。

2.1 定 额

2.1.1 定额的概念

定额是指规定的额度，是反映完成建筑安装产品所需消耗的人工、材料、机械的数量标准。定额水平和消耗量水平成反比。定额水平越高，消耗量越低、价格越低；定额水平越低，消耗量越高、价格越高。

2.1.2 定额的分类

工程定额是建设工程造价计价和管理中各类定额的总称，可做以下分类：

1. 按定额的生产要素分类

（1）劳动消耗定额

劳动消耗定额也称劳动定额或人工定额，反映了生产工人劳动消耗水平。劳动定额有两种表现形式，即时间定额和产量定额，二者互为倒数。劳动定额常用于施工企业内部。

时间定额是指在正常施工条件下，完成单位合格产品所需要的时间。表示为工日/m^3、工日/m^2、工日/m、工日/kg 等。

产量定额是指在正常施工条件下，单位时间内完成合格产品的数量。表示为 m^3/工日、m^2/工日、m/工日、kg/工日等。

（2）机械台班消耗定额

机械台班消耗定额也可分为机械时间定额和机械产量定额，二者互为倒数。

机械时间定额是指在正常的施工条件下，机械完成合格产品所需要的机械工作时间。机械产量定额是指在正常的施工条件下，单位时间内机械完成合格产品的数量。

（3）材料消耗量定额

材料消耗量定额反映的是指在正常施工条件下，节约和合理使用情况下，完成单位合格产品所必须消耗的原材料、半成品、成品、构配件、燃料以及水、电等动力资源的数量标准。

2. 按定额的用途分类

定额按照用途分，可分为施工定额、预算定额、概算定额、概算指标、投资估算指标。各定额的关系见表2-1。

各种定额间关系比较 表2-1

	施工定额	预算定额	概算定额	概算指标	投资估算指标
用途	编制施工预算	编制施工图预算	编制设计概算	编制初步设计概算	编制投资估算
对象	工序	分项工程	扩大的分项工程	整个建筑物或构筑物	独立的单项工程或完整的工程项目
定额水平	个别先进	平均	平均	平均	平均

3. 按照适用范围分类

(1) 全国定额

全国定额由国家有关主管部门编制，作为各地区编制本地区消耗量定额的依据，供全国使用。全国定额确定分项工程的人工、材料和机械台班消耗量标准，反映全国社会平均水平，如《全国统一安装工程消耗量定额》。

(2) 地区定额

地区定额是指由各省、市、区有关主管部门编制，作为本地区编制标底或编制施工企业定额参考，供本地区使用。地区定额确定分项工程的人工、材料和机械台班消耗量标准，反映本地区社会平均水平。

(3) 企业定额

企业定额是指由施工企业编制，作为本企业内部管理及投标使用，供本企业使用。企业定额确定分项工程的人工、材料和机械台班消耗量标准，反映本企业个别水平。

2.2 安装工程计价定额的构成

《全国统一安装工程消耗量定额》由说明部分、定额项目表和附录等内容组成。

2.2.1 说明部分

说明部分包括总说明、册说明、分部分章说明、工程量计算规则。

1. 总说明、册说明

一般包括定额的编制依据、适用范围、定额包括的内容、定额的作用以及编制此定额过程中应注意的问题。

2. 分部分章说明

分部说明主要包括使用本分部分章定额时应注意的相关问题。包括定额项目设置问题、定额编制问题、定额换算问题。如《全国统一安装工程消耗量定额》(四川省估价表)中安装工程的C.L.1通信系统设备的分部分章说明的第三条是：会议电话和会议电视的音频终端执行“C.L.6扩声、背景音乐系统”相关子目，视频终端执行“C.L.8楼宇安全防范系统”相关子目。

3. 工程量计算规则

工程量计算规则是计算工程量的重要依据。计算规则中明确了具体的计算方法，如

《全国统一安装工程消耗量定额》（四川省估价表）中安装工程的C.L.1通信系统设备的第三条计算规则是：微波无线接入系统联调及试运行、安装调测会议电视设备网管系统以“系统”为计量单位。

2.2.2 定额项目表

定额项目表是定额的主要内容，由定额工程内容、定额编号、定额名称、工料机消耗量、定额基价等要素构成。如下图摘录的是《全国统一安装工程消耗量定额》（四川省估价表）中安装工程的C.L.1通信系统设备的一张定额项目表，如表2-2所示：

C.L.1.3.1 微波窄带无线接入系统联调 **表2-2**

工程内容：测试发射功率、接受电平、无线信道误码，基站与用户交换机互联，建立基站与用户之间的通信链路，网管功能调试，检查话音质量、测试数据业务传输误码，系统功能调试。

定额编号	项目名称	单位	综合单价（元）	其中				未计价材料		
				人工费	材料费	机械费	综合费	名称	单位	数量
CL0015	基站对1个用户站	系统	3624.46	466.05	—	2971.99	186.42			

1. 定额编号

定额编号是分项工程在定额中的代码。同时，定额编号还明确了分项工程在定额中的归属。如：CL0015

C——第1级（单位工程），A：建筑工程；B：装饰工程；C：安装工程……

L——第2级（分部分章），K：通信设备及线路工程；L：建筑智能化系统设备安装工程……

0015——第3级（顺序），0015表示分项工程在本分部的顺序，排序从0001开始。

2. 项目名称

项目名称是分项工程在定额中细化后的名称，项目名称是套用定额重要依据。只有设计中的项目名称完全对应得上的定额中的分项工程名称，才能直接套用该定额。如CL0015的项目名称为：微波窄带无线接入系统用户站联调（基站对应一个用户站）。

3. 工程内容

工程内容反映的是完成该分项工程包含的工作，是综合单价计算的重要依据，也是判断预算漏项或重复计算的重要依据。如：CL0015的工程内容为“测试发射功率、接受电平、无线信道误码，基站与用户交换机互联，建立基站与用户之间的通信链路，网管功能调试，检查话音质量、测试数据业务传输误码，系统功能调试”。

4. 定额单位

定额单位是指该分项工程的计量单位。计量单位有两种，一种是自然计量单位，如“套”、“组”、“个”、“台”、“系统”等；另一种是物理计量单位，如“m”、“m^2”、“m^3”等。

5. 定额基价

定额基价由人工费、材料费、机械台班费、综合费构成。我们根据表2-2中的数据，分析它们之间的关系。如CL0015的综合单价为3624.26元，其中人工费为466.05元、机械费为2971.99元、综合费为186.42元。

综合单价（3624.26）＝人工费（466.05）＋材料费（0）＋机械费（2971.99）＋综

合费（186.42）

2.2.3 定额附录：见各册的附录内容

2.3 安装工程计价定额的应用

定额的应用主要有三种形式，即套用、换算、补充。

2.3.1 定额套用

定额套用也称直接套用。当设计中分项工程与定额分项工程内容完全相同时，可直接套用。

在套用时应注意比较工程内容、项目名称是否一致；比较施工工艺、技术特征是否一致；比较施工用材料是否一致。

2.3.2 定额换算

当设计中的分项工程与定额不一致，但定额允许换算时，可采用定额换算。

1. 换算的依据

总说明、册说明、分部分章说明。如《全国统一安装工程消耗量定额》（某省估价表）的 C.L.6 的说明中第五条“如果扩声系统中使用 SISTM 空间成像三声道输出调音台，则分系统的调试及试运行的人工费乘以系数 1.3”。

2. 换算步骤

第一步：查找换算依据，确定换算内容。

第二步：在定额中查找最接近的项目。

第三步：根据定额说明和图纸设计要求进行定额换算。

3. 换算类型

主要的换算类型是乘系数换算。

4. 换算思路

按照定额规定的内容乘以定额规定的系数。

（1）人工费乘系数

【例 2-1】 螺旋升降式自动扶梯整体安装（单人扶手中心距 800m，层高≤4m）

第一步：查找换算依据，确定换算内容。

《全国统一安装工程消耗量定额》（某省估价表）定额 C.A.7 分部摘录：螺旋升降自动扶梯安装，按相应的自动扶梯安装定额，人工费乘以系数 1.06）。

换算内容：人工乘系数 1.06。

第二步：在定额中查找最接近的项目。

《全国统一安装工程消耗量定额》（某省估价表）定额项目表摘录如表 2-3 所示。

C.A.7.5.1 整体安装 **表 2-3**

定额编号	项目名称	单位	综合单价（元）	其中				未计价材料		
				人工费	材料费	机械费	综合费	名称	单位	数量
CA0683	单人 扶手中心距 800m 层高≤4m	部	4856.47	2859.53	292.44	560.69	1143.81			

定额编号：CA0638换。

第三步：根据定额说明和图纸设计要求进行定额换算。

换算后的单价＝2859.53×1.06＋292.44＋560.69＋1143.81

＝3031.10＋292.44＋560.69＋1143.81

＝5028.04元/部

其中：人工费＝2859.53×1.06

＝3031.10元/部

（2）项目乘系数（综合单价乘系数）

【例2-2】 玻璃钢风口安装（百叶风口，周长＜900mm）

第一步：查找换算依据，确定换算内容。

《全国统一安装工程消耗量定额》（某省估价表）定额C.1.3分部摘录：带阀风口安装，可执行相应风口安装项目，其综合单价乘以系数1.1。

换算内容：综合单价乘系数1.1。

第二步：在定额中查找最接近的项目。

《全国统一安装工程消耗量定额》（某省估价表）定额项目表摘录如表2-4所示。

C.I.3.10 玻璃钢风口安装 表2-4

定额编号	项目名称	单位	综合单价（元）	其中				未计价材料		
				人工费	材料费	机械费	综合费	名称	单位	数量
CI0462	百叶风口 周长＜900mm	个	14.99	5.83	6.65	0.18	2.33			

定额编号：CI0462换。

第三步：根据定额说明和图纸设计要求进行定额换算。

换算后的单价＝14.99×1.1＝16.49元/个

其中：人工费＝5.83×1.1＝6.41元/个

材料费＝6.65×1.1＝7.32元/个

机械费＝0.18×1.1＝0.20元/个

综合费＝2.33×1.1＝2.56元/个

2.3.3 定额补充

安装定额在执行中如遇缺项，由甲乙双方编制临时定额，报工程所在地造价部门审批，并报省建设工程造价管理总站备案。

2.4 建设工程工程量清单计价规范

2.4.1 《建设工程工程量清单计价规范》适用范围

《建设工程工程量清单计价规范》适用于建设工程发承包及实施阶段的计价活动。

2.4.2 《建设工程工程量清单计价规范》的内容

《建设工程工程量清单计价规范》包括文字说明和附录两部分。

1. 文字说明

文字说明由总则、术语、一般规定、工程量清单编制、招标控制价、投标报价、合同价款约定、工程计量、合同价款调整、合同价款期中支付、竣工结算与支付、合同解除的价款结算与支付、合同价款争议的解决、工程造价鉴定、工程计价资料与档案、工程计价表格。

(1) 总则

包括计价规范的编制依据、使用范围、计价原则等。

(2) 术语

术语主要定义或规范了相关名称的含义。包括工程量清单、招标工程量清单、已标价工程量清单、分部分项工程、措施项目、项目编码、项目特征、综合单价、风险费用、工程成本、单价合同、总价合同、成本加酬金合同、工程造价信息、工程造价指数、工程变更、工程量偏差、暂列金额、暂估价、计日工、总承包服务费、安全文明施工费、索赔、现场签证、提前竣工（赶工）费、误期补偿费、不可抗力、工程设备、缺陷责任期、质量保证金、费用、利润、企业定额、规费、税金、发包人、承包人、工程造价咨询人、造价工程师、造价员、单价项目、总价项目、工程计量、工程结算、招标控制价、投标价、签约合同价、预付款、进度款、合同价款调整、竣工结算价、工程造价鉴定，共52个术语。

(3) 一般规定

一般规定主要包括一些共同性问题的条文。如计价方式、发包人提供材料和工程设备、承包人提供材料和工程设备、计价风险。

(4) 工程量清单编制

包括工程量清单编制的一般规定、分部分项工程量清单的编制说明、措施项目清单的内容及编制说明、其他项目清单的内容及编制说明、规费和税金的编制说明、税金清单的编制说明。

(5) 招标控制价

包括计价的一般规定、编制与复核、投诉与处理的相关规定。

(6) 投标报价

包括一般规定、编制与复核的相关规定。

(7) 合同价款约定

包括一般规定、约定内容的相关规定。

(8) 工程计量

包括一般规定、单价合同计量、总价合同计量的相关规定。

(9) 合同价款调整

包括一般规定、法律法规变化、工程变更、项目特征不符、工程量清单缺项、工程量偏差、计日工、物价变化、暂估价、不可抗力、提前竣工（赶工补偿）、误期赔偿、索赔、现场签证、暂列金额等的相关规定。

(10) 合同价款期中支付

包括预付款、安全文明施工费、进度款的相关规定。

(11) 竣工结算与支付

包括一般规定、编制与复核、竣工结算、结算款支付、质量保证金、最终结清的相关规定。

（12）合同解除的价款结算与支付

包括合同解除的价款结算与支付的相关规定。

（13）合同价款争议解决

包括监理或造价工程师暂定、管理机构的解释或认定、协商和解、调解、仲裁和诉讼的相关规定。

（14）工程造价鉴定

包括一般规定、取证、鉴定的相关规定。

（15）工程计价资料与档案

包括计价资料、计价档案的相关规定。

（16）工程计价表格

规定了各个计价活动对应的相关表格。

2. 附录

在附录中，附录A规定了物价变化合同价款调整方法，附录B、附录C、附录D、附录E、附录F、附录G、附录H、附录J、附录K、附录L规定了各计价活动相关表格。

2.5　通用安装工程工程量计算规范

2.5.1　《通用安装工程工程量计算规范》的内容

《通用安装工程工程量计算规范》包括正文、附录、条文说明。其中，正文包括总则、术语、工程计量、工程量清单编制四章；附录部分包括机械设备安装工程等13个部分1044个项目。

2.5.2　附录

附录中规定了项目编码、项目名称、项目特征、计量单位和工程量计算规则、工程内容，如表2-5所示。

附录L　通信系统设备及线路工程　　**表2-5**

项目编码	项目名称	项目特征	计量单位	工程量计算规则	工程内容
031101001	开关电源设备	1. 种类 2. 规格 3. 型号 4. 容量	架 （台）	按设计图示数量计算	1. 本体安装 2. 电源架安装 3. 系统调测

本　章　小　结

本章主要介绍了定额、《建设工程工程量清单计价规范》和《通用安装工程工程量计算规范》三种计价依据。其中定额由文字说明和项目表组成，主要应用方式有直接套用、换算和补充三种。《建设工程工程量清单计价规范》和《通用安装工程工程量计算规范》由文字说明和附录组成。

思 考 题 与 练 习

1. 计价依据有哪些？
2. 定额的分类？
3. 定额的组成？
4. 定额的应用方式？
5. 《建设工程工程量清单计价规范》和《通用安装工程工程量计算规范》的内容组成？

第3章　工　程　单　价

【能力目标】

了解工程单价的概念、组成，熟悉人工单价、机械台班单价的计算，掌握材料预算价格的计算。

3.1　人　工　单　价

3.1.1　人工单价的概念

人工单价也可称为日工资单价，是指施工企业平均技术熟练程度的生产工人在每个工作日（国家法定工作时间内）按规定从事施工作业应得的日工资总额。按我国《劳动法》的规定，一个工作日的工作时间为8小时，简称“工日”。

3.1.2　人工单价的组成

包括计时工资或计件工资、奖金、津贴补贴、加班加点工资、特殊情况下支付的工资。

3.1.3　人工单价计算方法

1. 理论计算方法

$$日工资单价=\frac{\begin{matrix}生产工人平均月\\工资(计时、计件)\end{matrix}+\begin{matrix}平均月工资(奖金+津贴补贴+\\特殊情况下支付的工资)\end{matrix}}{年平均每月法定工作日}$$

$$人工费=\Sigma(工日消耗量\times 日工资单价)$$

该公式主要适用于施工企业投标报价时自主确定人工费，也是工程造价管理机构编制计价定额确定定额人工单价或发布人工成本信息的参考依据。

2. 市场定价法

根据劳务市场的行情，由市场竞争形成。人工单价受当地平均工资水平、劳动力市场供需、季节变化、社会保障等因素影响。确定日工资单价应通过市场调查、根据工程项目的技术要求，参考实物工程量人工单价综合分析确定，最低日工资单价：普工不得低于最低工资标准的1.3倍、一般技工不得低于最低工资标准的2倍、高级技工不得低于最低工资标准的3倍，最低工资标准是由工程所在地人力资源和社会保障部门所发布的。

3.2　材　料　单　价

3.2.1　材料单价的概念

材料单价是指材料从采购起运到工地仓库或堆放场地后的出库价格。

3.2.2　材料单价的组成

材料单价由材料原价、材料运杂费、运输损耗费、采购及保管费、检验试验费五部分组成。

1. 材料原价：即供应价格。

2. 材料运杂费：是指材料自来源地运至工地仓库或指定堆放地点所发生的全部费用，包括运输费和装卸费。

3. 运输损耗费：是指材料在运输装卸过程中不可避免的损耗。

4. 采购及保管费：是指为组织采购、供应和保管材料过程中所需要的各项费用。包括采购费、仓储费、工地保管费、仓储损耗。

3.2.3 材料单价的确定

材料单价＝材料原价＋材料运输费＋材料损耗费＋材料采购保管费＋材料检验试验费

1. 材料原价

(1) 一个地点采购

当材料在一个地点采购时，供货价就是材料原价。

材料原价＝供货价

(2) 两个或两个以上地点采购

当材料在两个或两个以上地点采购时，材料原价应计算加权平均原价，权重为材料采购的数量。

方法一：

$$加权平均材料原价 = \frac{\sum_{i=1}^{n}(材料原价 \times 材料数量)_i}{\sum_{i=1}^{n}(材料数量)_i}$$

方法二：

$$采购地点甲权数 = \frac{甲地数量}{材料总数量} \times 100\%$$

$$采购地点乙权数 = \frac{乙地数量}{材料总数量} \times 100\%$$

$$加权平均原价 = \sum(各地原价 \times 各地权数)$$

【例 3-1】 某工程需角钢做支架，共需 L75×75×6 角钢 200t，在甲、乙、丙三地购买，相关信息见表 3-1，试计算材料原价。

表 3-1

货源地	数量（t）	供货单价（元/t）
甲	80	4020
乙	70	4300
丙	50	4320

解：

方法一

$$材料原价 = \frac{80 \times 4020 + 70 \times 4300 + 50 \times 4320}{80 + 70 + 50} = 4193\ 元/t$$

方法二

$$甲地权数=\frac{80}{80+70+50}=40\%$$

$$乙地权数=\frac{70}{80+70+50}=35\%$$

$$丙地权数=\frac{50}{80+70+50}=25\%$$

材料原价＝4020×40%＋4300×35%＋4320×25%＝4193 元/t

2. 材料运杂费

材料运杂费＝材料运输费＋材料装卸费

当材料在两个或两个以上地点采购时，材料运杂费应计算加权平均运杂费，权重为材料采购的数量。具体计算方法同材料原价计算。

【例 3-2】 上题中的角钢由三个地点供货，根据表 3-2 中的相关资料计算运杂费。

表 3-2

货源地	数量(t)	供货单价(元/t)	运输单价(元/t)	装卸费(元/t)
甲	80	4020	90	6
乙	70	4300	70	6
丙	50	4320	60	6

解：

方法一

$$材料运输费=\frac{80\times 90+70\times 70+50\times 60}{80+70+50}=75.5\ 元/t$$

材料装卸费＝6 元/t

材料运杂费＝75.5＋6＝81.5 元/t

方法二

材料运输费＝90×40%＋70×35%＋60×25%＝75.5 元/t

材料装卸费＝6 元/t

材料运杂费＝75.5＋6＝81.5 元/t

3. 材料运输损耗费

材料运输损耗费＝(材料原价＋材料运杂费)×运输损耗率

4. 材料采购保管费

材料采购保管费＝(材料原价＋材料运杂费＋运输损耗费)×材料采购保管费率

【例 3-3】 上两题中的角钢由三个地点供货，没有运输损耗，材料采保费费率为 2.5%，试计算采保费。

解：

材料运输损耗费＝(4193＋81.5＋0)×2.5%＝106.86 元/t

5. 材料单价

材料单价＝材料原价＋材料运输费＋材料损耗费＋材料采购保管费

【例 3-4】 根据上述例题条件，计算材料单价。

解：

材料单价＝4193＋81.5＋106.86＝4381.36 元/t

3.3 机械台班单价

3.3.1 机械台班单价的概念及组成

1. 机械台班单价的概念

施工机械台班单价是指施工机械作业一个工作台班所发生的全部费用。

2. 机械台班单价的组成

施工机械台班单价应由下列七项费用组成：

(1)折旧费

指施工机械在规定的使用年限内，陆续收回其原值及购置资金的时间价值。

(2)大修理费

指施工机械按规定的大修理间隔台班进行必要的大修理，以恢复其正常功能所需的费用。

(3)经常修理费

指施工机械除大修理以外的各级保养和临时故障排除所需的费用。包括为保障机械正常运转所需替换设备与随机配备工具附具的摊销和维护费用，机械运转中日常保养所需润滑与擦拭的材料费用及机械停滞期间的维护和保养费用等。

(4)安拆费及场外运费

安拆费指施工机械在现场进行安装与拆卸所需的人工、材料、机械和试运转费用以及机械辅助设施的折旧、搭设、拆除等费用；场外运费指施工机械整体或分体自停放地点运至施工现场或由一施工地点运至另一施工地点的运输、装卸、辅助材料及架线等费用。

(5)人工费

指机上司机(司炉)和其他操作人员的工作日人工费及上述人员在施工机械规定的年工作台班以外的人工费。

(6)燃料动力费

指施工机械在运转作业中所消耗的固体燃料(煤、木柴)、液体燃料(汽油、柴油)及水、电等。

(7)车船使用税

指施工机械按照国家规定和有关部门规定应缴纳的车船使用税、保险费及年检费等。

在计算机械台班单价时，还应考虑仪器仪表使用费(工程施工所需使用的仪器仪表的摊销及维修费用)。

3.3.2 机械台班单价的确定

机械台班单价＝台班折旧费＋台班大修费＋台班经常修理费＋台班安拆费及场外运费＋台班人工费＋台班燃料动力费＋台班车船税费

1. 折旧费

$$台班折旧费=\frac{机械预算价格\times(1-残值率)+贷款利息}{耐用总台班}$$

【例 3-5】 载重汽车的预算价为 90000 元，残值率为 2%，耐用总台班为 1900 个，贷款利息为 4000 元，试计算台班折旧费。

解：

台班折旧费=[90000×(1-2%)+4000]/1900=48.53 元/台班

2. 大修理费

$$台班大修理费=\frac{一次大修理费\times(大修理周期-1)}{耐用总台班}$$

【例 3-6】 载重汽车一次大修理费为 9000 元，大修理周期为 3 个，耐用总台班为 1900 个，试计算台班大修理费。

解：

大修理费=[9000×(3-1)]/1900=9.47 元/台班

3. 经常修理费

台班经常修理费=台班大修理费×经常修理费系数

【例 3-7】 经测算载重汽车的台班经常修理系数为 6.1，根据上例计算出的台班大修费，计算台班经常修理费。

解：

6t 载重汽车台班经常修理费=9.47×6.1=57.77 元/台班

4. 安拆费及场外运输费

$$\begin{matrix}台班安拆及\\场外运输费\end{matrix}=\begin{matrix}台班辅助\\设施摊销费\end{matrix}+\frac{\begin{matrix}机械一次\\安拆费\end{matrix}\times\begin{matrix}年平均安\\拆次数\end{matrix}+\left(\begin{matrix}一次运输\\装卸费\end{matrix}+\begin{matrix}辅助材料\\一次摊销费\end{matrix}+\begin{matrix}一次架\\线费\end{matrix}\right)\times\begin{matrix}年平均场外\\运输次数\end{matrix}}{年工作台班}$$

5. 燃料动力费

$$\begin{matrix}台班燃料\\动力费\end{matrix}=\begin{matrix}每台班耗用的\\燃料或动力数量\end{matrix}\times燃料或动力单价$$

【例 3-8】 载重汽车每台班耗用柴油 33kg，每 1kg 单价 6.40 元，求台班燃料费。

解：

6t 汽车台班燃料费=33×6.40=211.2 元/台班

6. 人工费

$$台班人工费=\begin{matrix}机上操作人员\\人工工日数\end{matrix}\times工日单价$$

【例 3-9】 载重汽车每个台班的机上操作人工工日数为 1.35 个，人工工日单价为 75 元，求台班人工费。

解：

人工费=1.35×75=101.25 元/台班

7. 养路费及车船使用税

$$\begin{matrix}台班养路费\\及车船使用税\end{matrix}=\frac{\begin{matrix}载重量或\\核定吨位\end{matrix}\times\left\{养路费[元/(t\cdot月)]\times12+\begin{matrix}车船使\\用税\end{matrix}[元/(t\cdot车)]\right\}}{年工作台班}+\begin{matrix}保险费\\及年检费\end{matrix}$$

$$保险费及年检费=\frac{年保险费及年检费}{年工作台班}$$

【例 3-10】 载重汽车每月应缴纳养路费 150 元/t，每年应缴纳保险费 900 元、车船使用税 50 元/t，每年工作台班 240 个，保险费及年检费共计 2000 元，载重为 6t。计算台班养路费及车船使用税。

解：

养路费及车船使用税=[6×(150×12+50)+900]/240+2000/240

=58.33 元/台班

【例 3-11】 根据以上例题资料计算机械台班单价

解：

台班单价=48.53+9.47+57.7+211.2+101.25+58.33=428.15 元/台班

本 章 小 结

工程单价由人工单价、材料单价、机械单价组成。人工单价计算多通过市场确定；材料单价计算应注意多地供货需以数量为权重进行计算；机械台班单价由七个费用构成。

思 考 题 与 练 习

1. 人工单价的组成?
2. 材料单价的概念?
3. 材料单价的组成?
4. 材料单价如何计算?
5. 机械台班单价的组成?
6. 机械台班单价如何计算?

第 4 章　楼宇智能化工程计量

【能力目标】

通过学习熟悉定额工程量以及清单工程量的区别以及工程量计算规则，能通过对规则的熟悉及计算方法的掌握，结合具体工程施工图纸进行工程量的计算。

4.1　工程量计算概述

4.1.1　工程量的概念

1. 概念：工程量是指按照一定规则，以物理计量单位或自然计量单位所表示的分部分项工程或措施项目的实物数量。

物理计量单位是指用公制度量所表示的“m、m^2、t、kg”等单位。比如：电气设备安装定额中，定额项目：钢管敷设，砖、混凝土结构暗配，钢管公称直径≤50mm 以“m”为计量单位，发光棚以“m^2”为计量单位。

自然计量单位是指“个、组、件、套”等具有自然属性的单位。比如：计算机网络系统服务器系统软件按“套”为单位计量，抄表采集系统设备按“台”为计量单位，有线电视前端机柜按“个”为计量单等。

2. 工程量的表达方式

（1）定额工程量

定额工程量是在定额计价方式下，按照地区颁发的预算定额（或计价定额）所规定的工程量计算规则结合施工图纸所计算的分项工程或措施项目工程的实物数量。

（2）清单工程量

清单工程量是在工程量清单计价方式下，根据《通用安装工程工程量计量规范》GB 500854—2013 的工程量清单项目设置以及工程量计算规则结合施工图纸所计算的分部分项工程或措施项目工程的实物数量。

（3）计价工程量

计价工程量是在清单计价方式下，在确定清单综合单价过程中根据地区颁发的预算定额（或计价定额）或企业定额的工程量计算规则所计算的分项工程和措施项目的实物数量。

4.1.2　工程量计算的一般方法

1. 工程量的计算依据

（1）定额工程量计算依据

1）施工图纸、图纸会审纪要及有关标准图集。

2）预算定额。

3）施工方案。

4）其他有关资料，包括施工现场情况等。

(2) 清单工程量计算依据

1) 施工图纸、图纸会审纪要及有关标准图集。

2)《通用安装工程工程量计量规范》GB 500854—2013。

3) 施工方案。

4) 其他有关资料，包括施工现场情况等。

(3) 计价工程量计算依据。

计价工程量的计算依据和定额工程量的计算依据基本相同，只是企业在清单报价时可以依据企业定额计算子目工程量来确定综合单价。

2. 工程量的计算步骤

(1) 熟悉图纸及相关资料。

(2) 根据预算定额或《通用安装计量规范》列置项目名称。

(3) 根据工程量计算规则和施工图纸计算工程量。

(4) 整理汇总工程量，填制工程量计算表。

3. 工程量计算的一般方法

编制施工图预算，所计算的工程量是指各个计价项目（分项工程）的工程实物量。在划分项目的基础上，一般采用"按图列式、逐项计算、全面核对"的方法，分项逐条地计算。

(1) 计算依据

工程量计算的主要依据是施工图、预算定额和工程量计算规则。施工图是工程内容、做法和数量的表现形式，而预算定额和工程量计算规则是预算的标准。

(2) 图纸识读

掌握识读工程图的基本方法，熟练地看懂施工图，只有弄清施工图的内容及其设备材料的型号、规格、尺寸，才能准确地计算各个项目的工程量。

(3) 规则应用

熟悉有关安装工程专业的预算定额，明确定额的分项内容和相应的工程量计算规则，这是防止重复计算或漏项的关键，也是准确套价的基础。因此在计算时应首先根据施工图内容，对照相应的安装定额确定主要预算项目，找出相应定额编号，然后再逐项计算工程量。这样，就可避免重项与漏项，减少重复计算和差错。

(4) 几何公式应用

计算中几何公式的运用是工程量计算的基础。要善于捕捉施工图中规律性的图形及其尺寸，运用相应的几何公式来简化计算。

(5) 计算方法

在大量施工图和众多定额计价项目中，如何选择工程量的合理计算顺序，是确保工程量计算做到内容全面、便捷明了、列式系统、一式多用的关键。常用的工程量计算顺序有按图纸顺序（编号、轴线、层段、上下、左右、内外、总详等）、按施工顺序（基础、结构、装修、安装）、按系统顺序（管线、干支、进出、编号、型号、规格等）和按定额顺序（编号）等多种。

设备及仪器、仪表等，要区分成套或单件。按不同规格型号在施工图上点清数目。与材料表（或设备清单）对照后，最后确定预算工程量。多层建筑工程则要逐层有序地清点，并对照其在系统图中的位置。

凡以物理计量单位（m、m^2、m^3、t）确定安装工程量的设备、管道以及零部件等，其工程量的计算，有的可查单位重量表，有的应先定长度再计算，有的用几何尺寸和公式计算，这些方法都应以有关定额说明为依据。

（6）工程量计算表格设置

在工程量计算表格中列出计算公式计算，是计算工程量的基本要求之一。在计算表的表格内应分别写明序号项目、名称、计量单位、计算式及结果，以供在“一式多用”或“一数多用”时直接引用。计算应有计算式。主要尺寸的来源应标注清楚。在计算过程中，应在数字的后面标注来源或含义，以利于复核。同一定额计价项目涉及多部位时，尽可能按部位不同分别单列算式与计算，再进行汇总，以供套价。

（7）关联数据分析

某些工程量在尺寸上有一定的内在联系，因此在工程量计算中，第一次出现的数据应逐项、分层次地列出，以便引用。

4. 工程量计算的特点

（1）计量单位简单

除管线按不同规格、敷设方式，以长度（m）计量外，设备装置多以自然单位（台、个、套、组……）计量。只有极少数项目才涉及其他物理单位，如通风管按展开面积（m^2）、金属构配件加工按重量（kg）等。

（2）计算方法简单

各种设备、装置等的安装，工程量为在施工图上直接点数的自然计量，计数比较方便。安装工程中的管线敷设，以长度计量，工程量为水平长度与垂直高度之和。管线水平长度可用平面图上的尺寸进行推算，也可用比例尺直接量取；垂直长度（高度）一般采用图上标高的高差求得。

（3）利用材料表或设备清单

设备安装工程施工图一般附有“材料表”或“设备清单”，表内列出的主体设备、材料的规格、数量，在工程量计算中可以利用和参考，从而进一步简化了计算工作。但是还应在施工图上逐项核对，特别是管线敷设表所列长度不大精确，最好分项计算后再核算。

（4）安装图要与土建施工图对照

受安装工程施工图表示内容的限制，个别部位尺寸及基础状况不大清楚，因而在工程量计算时，要对照土建工程施工图进行分析，方能做到分项合理、计量准确。

5. 工程量计算要点把握

根据以上特点不难看出，在工程量计算中，为了避免重项与漏项，减少重复计算和差错，工程量的计算应注意以下几点：

（1）熟悉定额分项及其内容，是防止重项与漏项的关键。要把套价与工程量计算结合进行。首先根据施工图内容，对照相应的安装定额确定主要预算项目，找出相应定额编号，然后再逐项计算工程量。

（2）对管线部分，一定要看懂系统图和原理图，根据由进至出、从干到支、从低到高、先外后内的顺序，按不同敷设方式，分规格逐段计算其长度。管线计算应按定额规定加入“附加长度”。

（3）设备及仪器、仪表等，要区分成套或单件，按不同规格型号在施工图上点清数目。

（4）凡以物理计量单位（m、m^2、m^3、t）确定安装工程量的设备、管道及零部件等，其工程量的计算，有的可查表（重量），有的先定长度再计算（风管要用展开面积“m^2”），有的用几何尺寸和公式计算，这些方法都应以有关定额说明为依据。

（5）工程量的计算应列表进行，并有计算式。主要尺寸的来源应标注清楚，管线应标注代号及方向（左、右、上、下），以利检查复核。

4.1.3 工程量清单概述

1. 工程量清单的概念

载明建设工程分部分项工程项目、措施项目、其他项目的名称和相应数量以及规费、税金项目等内容的明细清单（详见《建设工程工程量清单计价规范》GB 50500—2013）。

（1）工程量清单是由具有编制能力的招标人或受其委托具有相应资质的造价咨询人编制。

（2）工程量清单是招标文件的组成部分。

（3）工程量清单包括五个清单：分部分项工程量清单、措施项目清单、其他项目清单、规费项目清单和税金项目清单。

（4）工程量清单是编制招标控制价、投标报价、计算工程量、支付工程款、调整合同价款、办理竣工结算以及工程索赔等的依据之一。

2. 工程量清单的编制内容

（1）工程量清单说明

内容包括：

1）建设规模、工程特征、计划工期、施工现场及变化情况、自然地理条件、环境保护要求等。

2）工程招标和分包范围。

3）工程量清单的编制依据。

4）工程质量、材料、施工等方面的特殊要求。

5）其他需要说明的问题。

（2）工程量清单表格

见《建设工程工程量清单计价规范》GB 50500—2013。

（3）工程量清单编制依据（详见 GB 50500—2013）

1）《建设工程工程量清单计价规范》GB 50500—2013 和相关工程的国家计量规范。

2）国家或省级行业建设主管部门颁发的计价依据和办法。

3）建设工程设计文件及相关资料。

4）与建设工程项目有关的标准、规范、技术资料。

5）拟定的招标文件。

6）施工现场情况、地质勘察水文资料、工程特点及常规施工方案。

7）其他相关资料。

（4）工程量清单编制程序

1）熟悉图纸及有关资料。

2）依据相关工程工程量计算规范列置工程量清单项目名称，计算清单工程量，并填写项目编码、项目特征等内容。

3）填制工程量清单表格，并编写工程量清单编制说明书及封面。

（5）编制工程量清单应注意的问题

1）分部分项工程量清单应根据《通用安装计量规范》GB 500854—2013 中规定的项目编码、项目名称、项目特征、计量单位和工程量计算规则进行编制。

2）工程量清单的项目特征是确定一个清单项目综合单价不可缺少的重要依据，在编制工程量清单时必须对其项目特征进行准确和全面的描述。在描述工程量清单项目特征时应按以下原则进行：

① 项目特征描述的内容应按清单“规范附录”规定的内容，项目特征的表述按拟建工程的实际要求，能满足确定综合单价的需要。

② 若采用标准图集或施工图纸能够全部或部分满足项目特征描述的要求，项目特征描述可直接采用详见××图集或××图号的方式。对不能满足项目特征描述要求的部分，仍应用文字描述。

3）分部分项工程量清单的项目编码，统一招标工程的项目不得有重复编码。

4）措施项目中可以计算工程量的项目宜采用分部分项工程量清单的方式编制；列出项目编码、项目名称、项目特征、计量单位和工程量；不可计算工程量的项目，以“项”为计量单位计量。

5）暂估价是指在招标阶段预见肯定要发生，只是因为标准不明确或者需要由专业承包人完成，暂时无法确定价格。暂估价数量和拟用项目应当结合“工程量清单”的“暂估价表”予以补充说明。

6）专业工程的暂估价一般应是综合暂估价，应当包括除规费和税金以外的管理费、利润等取费。总承包招标时，专业工程设计深度往往是不够的，一般需要交由专业人员设计，国际上，出于提高可建造性考虑，一般由专业承包人负责设计，以发挥其专业技能和专业施工经验的优势。

7）计日工表中一定要给出暂定数量，并且需要根据经验，尽可能估算一个比较贴近实际的数量。

4.2　定额工程量计算

楼宇智能化工程定额工程量的计算，包括入侵报警系统、视频安防监控系统、出入口控制（门禁）系统、访客（可视）对讲系统、电子巡查系统、停车场（库）管理系统、火灾自动报警及消防联动系统、建筑设备监控系统、智能化系统集成、卫星电视及有线电视系统、公共广播及紧急广播系统、综合布线系统、住宅小区智能化等内容（见图 4-1），它涉及安装工程定额的多个分册。该部分以全国统一安装工程定额某地区预算定额为依托进行楼宇智能化工程量的计算进行介绍学习。

4.2.1　电气设备安装工程定额工程量计算

1. 楼宇智能化工程中常见的电气设备安装工程内容

楼宇智能化工程中常见的电气设备安装的工程内容主要有控制设备及低压电器安装和配管配线。具体包括：箱、盒制作安装、控制器安装、按钮、电笛、电磁锁、开关、插座、盘柜配线、焊压端子、电气配管和电气配线等。

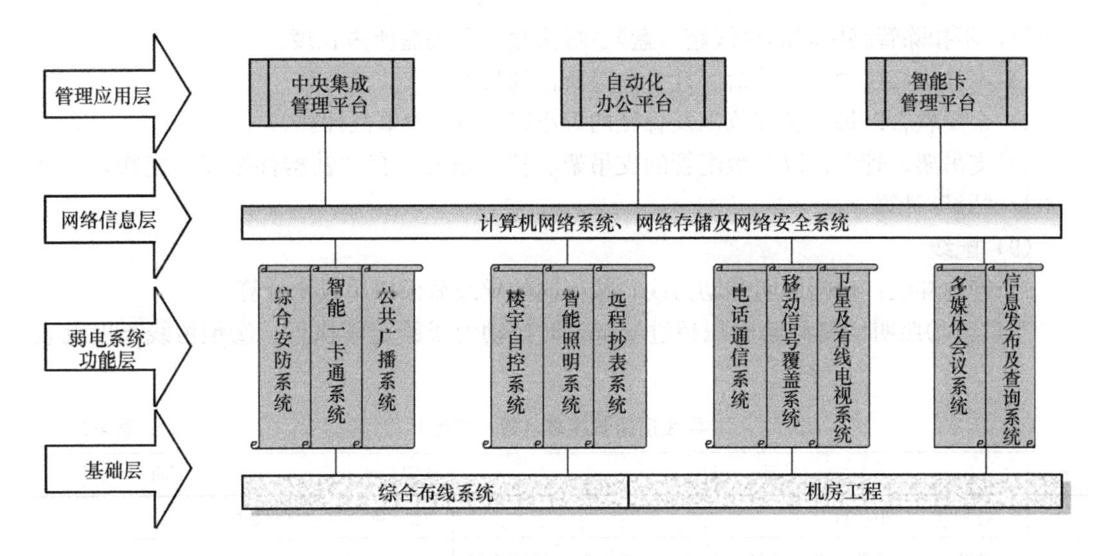

图 4-1　楼宇智能工程系统组成

2. 工程量计算

(1) 控制设备安装以“台”为计量单位，未包括基础槽钢、角钢的制作安装，其工程量按相应定额另行计算。控制设备安装未包括二次喷漆及喷字、电器及设备干燥、焊（压）接线端子（见图 4-2)、端子板外部（二次）接线。

(2) 焊（压）接线端子以“10 个”为计量单位。

(3) 端子板以 10 个端子为“1 组”为计量单位。

图 4-2　接线端子

(4) 端子板外部接线按设备盘、箱、柜、台的外部接线图计算，以“10 个头”为计量单位。

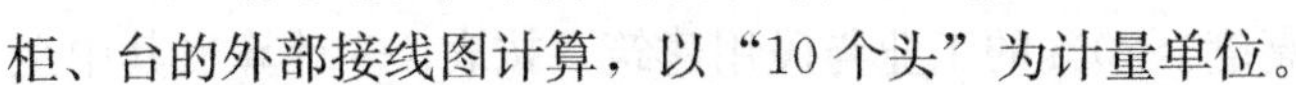

(5) 盘柜配线分不同规格，以“m”为计量单位。

(6) 盘、箱、柜的外部进出线预留长度按表 4-1 计算。

盘、箱、柜的外部进出线预留长度（单位：m/根）　　**表 4-1**

序号	项　　目	预留长度	说　　明
1	各种箱、柜、盘、板、盒	高+宽	盘面尺寸
2	单独安装的铁壳开关、自动开关、刀开关、启动器、箱式电阻器、变阻器	0.5	从安装对象中心算起
3	继电器、控制开关、信号灯、按钮、熔断器等小电器	0.3	从安装对象中心算起
4	分支接头	0.2	分支线预留

(7) 按钮、电笛、电磁锁、开关、插座等按“个”计算。

(8) 各种配管应区别不同敷设方式、敷设位置、管材材质、规格，以“延长米”为计量单位，不扣除管路中间的接线箱（盒）、灯头盒、开关盒所占长度。

1）不扣除接线盒、开关盒、灯头盒等所占的长度。

2）金属软管以每根长度范围及管径的大小以“m”为单位计算。

3）支吊架、管卡：以明敷配管的支吊架、管卡制安，套“铁构件制安”定额，按理论重量“kg”计算。

（9）配线

1）管内穿线：包括照明和动力线，按不同的导线截面以单线米计算。

注意：①照明线路截面面积超过 $6mm^2$ 时按动力线路定额执行。②预留线长度见表4-2。

导线预留长度表（每一根线）　　表 4-2

序号	项　目	预留长度	说　明
1	各种开关、柜、板	宽＋高	盘面尺寸
2	单独安装（无箱、盘）的铁壳开关、闸刀开关、启动器线槽进出线盒等。	0.3m	从安装对象中心算起
3	由地面管子出口引至动力接线箱	1.0m	从管口计算
4	电源与管内导线连接（管内穿线与软、硬母线接点）	1.5m	从管口计算
5	出户线	1.5m	从管口计算

2）槽板配线，塑料护套线：工程量按线路长度计算，不增加开关插座灯具的预留长度，配电箱按半周长设预留线。

3. 关于下列各项费用的规定

（1）脚手架搭拆费（10kV以下架空线路除外）：操作物高度离楼地面>5m的，按超过部分定额人工费的15%计算，其中人工工资占25%。

（2）工程超高增加费（已考虑了超高因素的定额项目除外）：操作物高度离楼地面>5m的电气安装工程，按超高部分定额人工费的33%计算，工程超高增加费全部为定额人工费。

（3）高层建筑增加费：凡檐口高度>20m的工业与民用建筑，按表4-3计算（其中全部为定额人工费）。

高层建筑增加费　　表 4-3

檐口高度	≤30m	≤40m	≤50m	≤60m	≤70m	≤80m	≤90m	≤100m	≤110m
按人工费的%	1	2	4	6	8	10	13	16	19
檐口高度	≤120m	≤130m	≤140m	≤150m	≤160m	≤170m	≤180m	≤190m	≤200m
按人工费的%	22	25	28	31	34	37	40	43	46

【例4-1】 根据图4-3完成表4-4工程量的计算。

解： 从配电箱M1至配电箱M2的线路敷设方式为：BV-(3×16＋1×10)PVC50，配电箱安装高度为1.5m，配电箱M1总配电箱(规格为700×800×200)、M2户表箱(规格均为400×500×200)。

工程量计算表　　　　表 4-4

序号	项目名称	单　位	工程量	计算式
1	配电箱 M1	台	1	
2	配电箱 M2	台	1	
3	PVC50 暗敷	m	12.8	1.5+0.9+8+0.9+1.5
4	管内穿线（BV−16）	m	45.6	12.8×3+（1.5+0.9）×3（预留线）
5	管内穿线（BV−10）	m	15.2	12.8+（1.5+0.9）（预留线）

4.2.2 消防工程定额工程量计算

消防系统涉及楼宇智能化工程的主要是火灾自动报警系统和消防系统调试部分的内容。

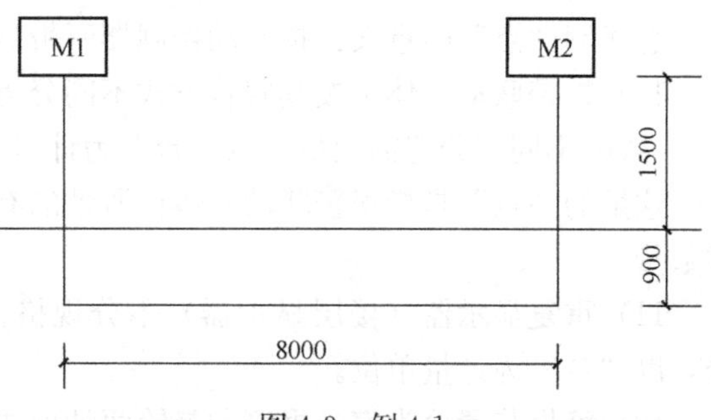

图 4-3　例 4-1

1. 火灾自动报警系统

（1）工程量计算规则

1）点型探测器按线制的不同分为多线制与总线制两种，计算时不分规格、型号、安装方式与位置，以“只”为计量单位。探测器安装包括了探头和底座的安装及本体调试。

2）红外线探测器以“对”为计量单位。红外线探测器是成对使用的，在计算时一对为两只。定额中包括了探头支架安装和探测器的调试、对中。

3）火焰探测器、可燃气体探测器按线制的不同分为多线制与总线制两种，计算时不分规格、型号，不分安装方式与位置，以“只”为计量单位。

4）线型探测器其安装方式为环绕、正弦及直线综合考虑，不分线制及其保护形式，以“10m”为计量单位。定额中未包括探测器连接的一只模块和终端，其工程量应按相应定额另行计算。

5）按钮包括消火栓按钮、手动报警按钮、气体灭火启/停按钮，以“只”为计量单位，其安装方式按照在轻质墙体和硬质墙体上两种方式综合考虑，执行时不得因安装方式不同而调整。

6）控制模块（见图 4-4）（接口）是指仅能起控制作用的模块（接口），亦称为中继器。依据其给出控制信号的数量，分为单输出和多输出两种形式。执行时不分安装方式，按照输出数量以“只”为计量单位。

7）只能起监视、报警作用而不起控制作用的模块（接口）称为报警模块（接口）。使用时不分安装方式，均以“只”为计量单位。

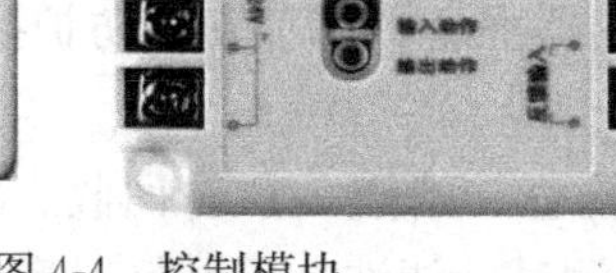

图 4-4　控制模块

8）报警控制器按线制的不同分为多线制与总线制两种，其中不同线制之中按其安装方式不同分为壁挂式和落地式。在不同线制、不同安装方式中按照“点”数的不同，划分定额项目，以“台”为计量单位。

多线制“点”的意义：指报警控制器所带报警器件（探测器、报警按钮等）的数量。

总线制“点”的意义：指报警控制器所带具有地址编码的报警器件（探测器、报警按钮、模块等）的数量。但是，如果一个模块带数个探测器，则只能计为一点。

9）联动控制器按线制的不同分为多线制与总线制两种，其中不同线制之中按其安装方式不同分为壁挂式和落地式。在不同线制、不同安装方式中按照“点”数的不同，划分定额项目，以“台”为计量单位。

多线制“点”的意义：指联动控制器所带联动设备的状态控制和状态显示的数量。

总线制“点”的意义：指联动控制器所带具有控制模块（接口）的数量。

10）报警联动一体机按其安装方式不同分为壁挂式和落地式。在不同安装方式中按照“点”数的不同划分定额项目，以“台”为计量单位。

这里的“点”是指报警联动一体机所带的有地址编码的报警器件与控制模块（接口）的数量。

11）重复显示器（楼层显示器）不分规格、型号、安装方式，按总线制与多线制划分，以“台”为计量单位。

12）警报装置分为声光报警和警铃两种形式，均以“只”为计量单位。

13）远程控制器按其控制回路数以“台”为计量单位。

14）功放机、录音机的安装为柜内及台上两种方式综合考虑，分别以“台”为计量单位。

15）消防广播控制柜指安装成套消防广播设备的成品机柜，不分规格、型号，以“台”为计量单位。

16）扬声器不分规格、型号，按照吸顶式与壁挂式以“只”为计量单位。

17）广播分配器是指单独安装的消防广播用分配器（操作盘），以“台”为计量单位。

18）电话交换机按“门”数不同以“台”为计量单位。通信分机、插孔指消防专用电话分机与电话插孔，不分安装方式，分别以“部”、“个 ”为计量单位。

19）报警备用电源已综合考虑了其规格、型号的区别，以“台”为计量单位。

20）模块箱安装按设计图示数量以“个”计算。

21）手报箱、火灾显示板、指示灯、灭火控制器、烟雾报警器、大空间灭火装置等安装及调试按数量以“台”计算。

22）感温光纤（电缆）探测器安装、调试按长度以“m”计算。

（2）工程量计算规则应用说明

1）该部分包括探测器、按钮、模块（接口）、报警控制器、联动控制器、报警联动一体机、重复显示器、警报装置、远程控制器、火灾事故广播、消防通信、报警备用电源安装等项目。

2）该部分包括以下工作内容：

① 施工技术准备、施工机械准备、标准仪器准备、施工安全防护措施、安装位置的清理。

② 设备和箱、机及元件的搬运、开箱、检查、清点，杂物回收、安装就位、接地，密封，箱、机内的校线、接线、挂锡、编码、测试、清洗、记录整理等。

③ 项目中均包括了校线、接线和本体调试。

④ 项目中箱、机是以成套装置编制的；柜式及琴台式安装均执行落地式安装相应项目。

3）该部分不包括以下工作内容：

① 设备支架、底座、基础的制作与安装。

② 构件加工、制作。

③ 电机检查、接线及调试。

④ 事故照明及疏散指示控制装置安装。

⑤ CRT 彩色显示装置安装。

2. 消防系统调试

（1）工程量计算规则

1）火灾事故广播、消防通信系统、消防电梯系统装置

① 广播、通信子目是指消防广播喇叭、音箱和消防通信的电话分机、电话插孔，可按其数量以“10 只”为计量单位。

② 电梯为消防用电梯与控制中心间的控制调试，按电梯以“部”为计量单位。

2）电动防火门、防火卷帘门、正压送风阀、排烟阀、防火阀控制装置

① 电动防火门、防火卷帘门指可由消防控制中心显示与控制的电动防火门、防火卷帘门，以“10 处”为计量单位。每樘为一处。

② 正压送风阀、排烟阀、防火阀以“10 处”为计量单位，1 个阀为 1 处。

（2）工程量计算规则应用说明

1）系统调试是指消防报警和灭火系统安装完毕且联通，并达到国家有关消防施工、验收规范、标准所进行的全系统的检测、调整和试验。

2）自动报警系统装置包括各种探测器、手动报警按钮和报警控制器。灭火系统控制装置包括消火栓、自动喷水、卤代烷、二氧化碳等固定灭火系统的控制装置。

3）消防系统调试包括如下范围：自动报警系统、火灾事故广播、消防通信系统、消防电梯系统、电动防火门、防火卷帘门、正压送风阀、排烟阀、防火阀控制装置。

4）由于不同工程的消防要求不同，其配置的消防系统也不同，系统调试的内容也就有所不同。例如：仅设火灾自动报警系统时，其系统调试可执行自动报警系统装置调试定额；若既有火灾自动报警系统，又有自动喷水灭火系统时，其系统调试应包括两个系统的调试内容，并执行自动报警系统装置调试和自动喷水灭火系统控制装置调试的相应定额，依次类推 。

5）自动报警系统包括各种探测器、报警按钮、报警控制器。分别不同点数以“系统”为计量单位。其点数按多线制与总线制报警器的点数计算。

3. 关于下列各项费用的规定

（1）脚手架搭拆费：按定额人工费的 5%计算，其中人工工资占 25%。

（2）高层建筑增加费：凡檐口高度>20m 的工业与民用建筑按表 4-5 计算（全部为定额人工费）。

（3）工程超高增加费：操作物高度离楼地面>5m 的工程，按超高部分人工费乘以表 4-6中系数。

高层建筑增加费系数表 表4-5

檐口高度	30m以下	40m以下	50m以下	60m以下	70m以下	80m以下	90m以下	100m以下	110m以下
按人工费的%	1	2	4	5	7	9	11	14	17
檐口高度	120m以下	130m以下	140m以下	150m以下	160m以下	170m以下	180m以下	190m以下	200m以下
按人工费的%	20	23	26	29	32	35	38	41	44

工程超高费系数表 表4-6

标高（m以内）	8	12	16	20
超高系数	1.10	1.15	1.20	1.25

4.2.3 通信设备及线路工程安装定额工程工程量计算

1. 内容介绍

（1）该部分只编制建筑与建筑群综合布线、通信线路工程、移动通信设备工程的内容。

（2）下列内容执行其他相应定额项目：

1）电源线、控制电缆敷设、电缆托架铁件制作、电线槽安装、桥架安装、电线管敷设、电缆沟工程、电缆保护管敷设，执行《电气设备安装工程》相关项目。

2）通信工程中的立杆工程、天线基础、土石方工程，执行《电气设备安装工程》和其他相关项目。

2. 工程量计算

（1）通信线路工程

1）交接间配线架安装以“座”为计量单位。

2）交接箱、分线箱（盒）、电话机插座、室内电话安装以“个”为计量单位。

3）在电话单机安装中，同线电话的副（分）机仍按单机计算。

4）架设（敷设）光缆以“100m”为计量单位。

5）室外光缆成端接续以“头”为计量单位。

6）工程量计算规则应用说明：

① 该部分包括室外光缆敷（架）设和接续、市话分线设备和用户电话单机的安装调试。

② 交接箱、分线箱（盒）、交接间配线架安装内容中不包括卡接线缆。

③ 架空式交接箱安装内容不包括立电杆及引上管道安装。

④ 架设（敷设）光缆不包括装拉线工程。

⑤ 光缆大于96芯时，按照等数量的进档差值增加人工费。

（2）建筑与建筑群综合布线

1）对绞电缆、光缆、多芯电缆敷设、穿放、明布放以“100m”为计量单位。电缆敷设按单根延长米计算，如一个架上敷设3根各长100m的电缆，应按300m计算，以此类推。电缆附加及预留的长度是电缆敷设长度的组成部分，应计入电缆长度工程量之内。电缆进入建筑物预留长度2m；电缆进入沟内或吊架上引上（下）预留1.5m；电缆中间接头盒，预留长度两端各留 2m。

2）安装机柜（架）、接线箱、抗震底座、光纤信息插座、光缆终端盒、跳（配）线架、信息插座跳块打接以“个”为计量单位。

3）安装光纤连接盘以“块”为计量单位。

4）安装卡接八位模块式信息插座以“10 个”为计量单位。

5）卡接 4 对对绞电缆、制作电缆跳线、制作安装光纤跳线以“条”为计量单位。

6）卡接电缆跳线以“对”为计量单位。

7）卡接大对数电缆以“100 对”为计量单位。

8）光纤连接以“芯”（磨制法以“端口”）为计量单位。

9）对绞线测试、光纤测试以“链路”为计量单位。

10）布放尾纤以“根”为计量单位。

11）定额规则应用说明：

① 该部分包括：对绞电缆、光缆、多芯电缆、机柜（架）和线缆附属设备的敷设、布放、安装和测试。

② 线缆穿放所用的槽道含地槽、水平槽、垂直槽。

③ 该部分的“信息点”是指接入到局域网中的信息用户点。

④ 电缆跳线的制作和配线架安装打接不分屏蔽和非屏蔽系统，其人工费、材料、仪器仪表等均综合取定。

⑤ 对绞电缆布放是按小于或等于六类系统编制的，大于六类的布线系统工程按所用子目的人工费乘系数 1.20 计取。

⑥ 在已建天棚内敷设线缆时，按所用子目的人工费乘系数 1.80 计取。

⑦ 安装大于双口八位模块式信息插座的人工费按双口的人工费乘系数 1.60 计取。

⑧ 安装跳（配）线架中如果不包含线缆打接的人工费按本定额人工费的 50%计取。

⑨ 敷设光缆时，凡大于 72 芯时，按照等数量的进档差值增加人工费。

⑩ 该部分拆除光缆、电缆、各种设备等，按以下规定执行：

A. 拆除再使用：拆除人工费及机械费按相应新建工程人工费及机械费的 60%计取。拆除的器材应符合入库要求。

B. 拆除不再使用：拆除人工费及机械费按相应新建工程人工费及机械费的 30%计取。

⑪ 屏蔽电缆包括“总屏蔽”及“总屏蔽加线对屏蔽”两种形式，这两种形式的对绞电缆均执行本定额。

（3）移动通信设备工程

1）天线安装调试、天馈线调测以“副”为计量单位。

2）射频同轴电缆安装调试、泄漏式电缆调测以“条”为计量单位。

3）安装室外馈线走道以“m”为计量单位。

4）安装天线铁塔避雷装置以“处”为计量单位。

5）安装电子设备避雷器、接地模块、馈线密封窗、基站壁挂式监控配线箱、放大器或中继器、分路器（功分器、耦合器）、匹配器（假负载）以“个”为计量单位。

6）安装电源避雷器、基站设备、安装调测人工台以“台”为计量单位。

7）安装调测光纤分布主控单元、自动寻呼终端设备、短信（语音信箱）设备、基站控制器（编码器）以“架”为计量单位。

8）安装调测光纤分布远端单元以“单元”为计量单位。

9）安装检查信道板以“载频”为计量单位。

10）安装调测直放站设备、GSM基站系统调测、CDMA基站系统调测、寻呼基站系统调测、GSM定向天线基站及CDMA基站联网调测、寻呼基站联网调测以“站”为计量单位。

11）安装调测数据处理中心设备、操作维护中心设备（OMC）以“套”为计量单位。

12）调测基站控制器（编码器）以“中继”为计量单位。

13）工程量计算规则应用说明：

① 该部分包括：天线、天馈系统、卫星通信、移动通信、避雷器等设备的安装、调试。

② 铁塔上天线的安装单价是在正常气象条件下施工取定的。

③ 室外安装放大器、分路器、匹配器时按相应室内子目的人工费乘系数2.0计取。

④ 安装天线：

A. 楼顶增高架上安装天线按楼顶铁塔上安装天线处理。

B. 铁塔上安装天线，不论有、无操作平台均执行本定额。

C. 安装天线的高度均指天线底部距塔（杆）座的高度。

D. 天线在楼顶铁塔上吊装，是按照楼顶距地面高度小于或等于20m考虑的。楼顶距地面高度超过20m的吊装工程，按照高层建筑施工增加费用有关规定计算。

E. 全向天线长度在小于或等于4m时，按本定额执行；长度在大于4m时，按其人工费乘系数1.20计取。

⑤ 安装信道板目前仅适用于已有机架的扩容工程。

⑥ 定额项目中的“扇·载”：指一个扇区与一个载频之积，全向天线按一个扇区处理。

3. 关于下列各项费用的规定

（1）高层建筑（凡檐口高度＞20m的工业与民用建筑）增加的费用按表4-7计取（以人工费为基础）。

高层建筑增加费用系数表 **表4-7**

檐口高度	30m以下	40m以下	50m以下	60m以下	70m以下	80m以下	90m以下	100m以下	110m以下
按人工费的%	2	3	4	6	8	10	13	16	19
檐口高度	120m以下	130m以下	140m以下	150m以下	160m以下	170m以下	180m以下	190m以下	200m以下
按人工费的%	22	25	28	31	34	37	40	43	46

（2）该部分的操作高度（指操作物高度距楼地面的距离）均按≤5m编制，如＞5m时，其超过部分的人工费乘以表4-8中的系数。

工程超高费系数表　　表 4-8

操作高度	10m 以下	20m 以下	20m 以上
超高系数	1.25	1.40	1.60

(3) 脚手架使用费按人工费为基础的 4%计算，其中人工工资占 25%。

(4) 配合业主或认证单位验收测试而发生的费用，应在合同中明确。

(5) 该部分的设备按成套购置考虑，包括构件、标准件、附件和设备内部连线。

(6) 该部分中的工程内容已说明了主要的施工工序，次要工序虽未说明，但均已包括在内。

4.2.4 楼宇智能化系统设备安装工程定额工程量计算

1. 内容介绍

(1) 该部分适用于新建和扩建项目中的智能化系统设备的安装调试工程。

(2) 下列内容执行其他相应定额项目：

1) 线缆敷设、电缆托架铁件制作、电线槽安装、桥架安装、电线管敷设、电缆沟工程、电缆保护管敷设、土石方工程，执行《电气设备安装工程》和其他相关项目。

2) 该部分中设备安装不包含防雷接地装置的安装，如发生时，执行《通信设备及线路工程》和《电气设备安装工程》相关项目。

2. 工程量计算

(1) 通信系统设备

1) 安装调试机柜、接口单元、基站（用户站）室外单元以“个”为计量单位。

2) 安装调试基站（用户站）设备、会议电话机、多点控制器、编解码器以“台”为计量单位。

3) 微波无线接入系统联调及试运行、安装调测会议电视设备网管系统以“系统”为计量单位。

4) 安装调测汇接机以“架”为计量单位。

5) 会议电话设备联网（全分配式）以“端”为计量单位。

6) 会议电视设备联网系统试验以“对端”为计量单位。

7) 工程量计算规则应用说明：

① 会议电话和会议电视的音频终端执行“扩声、背景音乐系统”相关子目，视频终端执行“楼宇安全防范系统”相关子目。

② 微波无线接入通信设备的安装调试不包含基站主设备到交换机之间的线缆架设，如需要可执行其他相关工程项目。

(2) 计算机网络系统设备安装工程

1) 安装调试计算机终端设备、附属设备、交换机、路由器、防火墙、调制解调器以“台”为计量单位。

2) 安装调试网络终端设备、普通型集线器以“台”为计量单位。

3) 安装调试接口卡、堆叠式集线器、服务器系统软件、网管软件以“套”为计量单位。

4) 安装调试各种卡以“个”为计量单位。

5）安装调试内存条以“条”为计量单位。

6）安装调试投影机屏幕以“副”为计量单位。

7）网络调试及试运行以“系统”为计量单位。

8）工程量计算规则应用说明：

① 该部分包括计算机（微机及附属设备）和网络系统设备，适用于楼宇小区智能化系统中计算机网络系统设备的安装、调试。

② 该部分设备安装不包括支架、基座制作和机柜的安装。

③ 试运行超过一个月，每增加一天，则人工费、机械费分别按增加3%计取。

④ 基带调制解调器是指DDN、ISDN、帧中继调制解调器。

⑤ 该部分中的“信息点”是指接入到局域网中的用户信息点。

⑥ 安装调试视频展示台可参照投影仪子目执行。

⑦ 安装调试无线网桥可参照广域网路由器子目执行。

（3）楼宇、小区多表远传系统

1）安装调试远传基表、抄表系统设备配套设施、通信接口转换器以“个”为计量单位。

2）安装调试抄表集中器、抄表采集器、抄表主机、多表采集中央管理计算机以“台”为计量单位。

3）工程量计算规则应用说明：

① 该部分不包括设备的支架、支座制作，如发生时，执行其他分册相关子目。

② 全系统调试费，按人工费的30%计取。

③ 多表采集中央管理计算机的安装调试包括抄表数据管理软件的安装及系统联调。

④ 抄表采集系统设备的安装、调试均按墙上明装考虑。

（4）楼宇、小区自控系统

1）调试楼宇自控用户、安装调试智能布线箱内配线架以“套”为计量单位。

2）安装调试中央站计算机、控制网络通信设备、控制器、流量计、住宅（小区）智能化设备以“台”为计量单位。

3）安装调试终端电阻、控制器远端模块、第三方设备通信接口、阀门及执行机构以“个”为计量单位。

4）安装调试传感器及变送器以“支”为计量单位。

5）调试小区家居智能系统以“户”为计量单位。

6）楼宇自控系统调试、住宅（小区）智能化系统调试及试运行以“系统”为计量单位。

7）工程量计算规则应用说明：

① 该部分不包括设备的支架、支座制作，如发生时，执行其他分册相关子目。

② 有关通信设备、计算机网络、家居三表、有线电视设备、背景音乐设备、停车场设备、安全防范设备等的安装调试执行《通信设备及线路工程》和该部分相关项目。

③ 家居智能布线箱中网络设备的安装仅限于基本安装测试，不包括跳线或输入输出线缆接头制作和连接。跳线及线缆接头制作执行《通信设备及线路工程》相关项目。

④ 全系统调试费，按人工费的30%计取。

⑤ 小区管理分系统调试和试运行，规模按 3000 户计算，以此为基数，比例类推。

⑥ 该部分流量计属通用产品。

(5) 有线电视系统（见图 4-5）

1）安装调试微型地面站接收设备、光端设备、有线电视系统管理设备、播控设备以“台”为计量单位。

2）安装电视设备箱以“个”为计量单位。

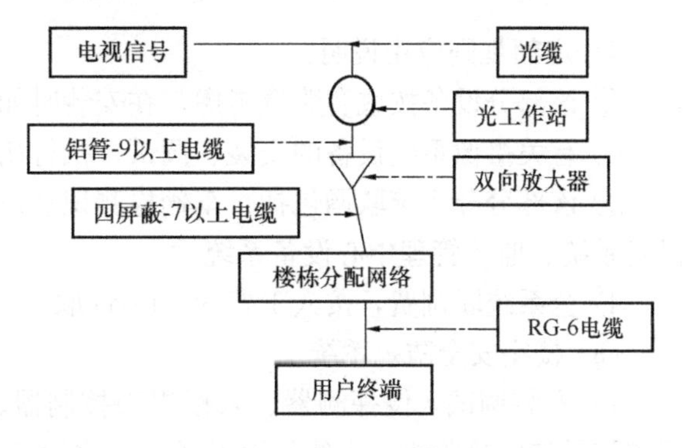

图 4-5 有线电视网络系统

3）安装天线杆基础及天线杆、电视墙、前端射频设备、光纤终端盒以“套”为计量单位。

4）安装电视共用天线以“副”为计量单位。

5）穿放同轴电缆以“100m”为计量单位。

6）安装前端机柜、传输网络设备、放大器、用户终端盒以“个”为计量单位。

7）安装用户分支器及分配器、暗盒、制作同轴电缆接头以“10 个”为计量单位。

8）工程量计算规则应用说明：

① 该部分适用于有线广播电视、闭路电视系统、卫星电视系统设备的安装调试工程。

② 共用天线如在楼顶上安装，需根据楼顶距地面的高度考虑是否计取高层建筑施工增加费用。

(6) 扩声、背景音乐系统

1）安装调试扩声系统设备、扩声系统设备级间调试、背景音乐系统设备以“台”为计量单位。

2）安装专用机柜、机房配线箱、接线箱、风扇单元以“个”为计量单位。

3）调试传声器以“只”为计量单位。

4）调试耳机以“副”为计量单位。

5）扩声系统调试与试运行、背景音乐系统试运行以“系统”为计量单位。

6）工程量计算规则应用说明：

① 该部分包括扩声和背景音乐系统设备的安装调试。

② 调音台种类表示程式：1+2/3/4。其中：“1”为调音台输入路数；“2”为立体声输入路数；“3”为编组输出路数；“4”为主输出路数。

③ 扩声全系统联调费，按人工费的 30%计取。

④ 背景音乐全系统联调费，按人工费的 30%计取。

⑤ 如果扩声系统中使用 SISTM 空间成像三声道输出调音台，则分系统的调试及试运行的人工费乘以系数 1.3。

(7) 停车场管理系统

1）安装调试车辆检测识别设备、出入口设备、显示和信号设备、监控中心控制台以“套”为计量单位。

2）监控管理中心设备分系统调试以“系统”为计量单位。

3）定额规则应用说明：

① 该部分设备按成套购置考虑，在安装时如需配套材料，由设计按实计列。

② 有关摄像系统设备的安装、调试，执行相关子目。

③ 该部分分系统联调包括：车辆检测识别设备系统、出/入口设备系统、显示和信号设备系统、监控管理中心设备系统。

4）全系统联调费，按人工费的30%计取。

（8）楼宇安全防范系统

1）安装调试入侵探测器、入侵报警控制器、报警中心设备、报警信号传输发射器、报警信号传输接收机、无线报警发送及接收设备、出入口目标识别设备、防护罩及支架以“套”为计量单位。

2）安装调试主动红外探测器、微波墙式探测器以“对”为计量单位。

3）安全防范系统调试和试运行以“系统”为计量单位。

4）安装调试模拟盘以“m^2”为计量单位。

5）安装监视器柜以“个”为计量单位。

6）调试入侵报警系统以“点”为计量单位。

7）调试电视监控系统、安装调试出入口控制设备、出入口执行机构设备、电视监控摄像设备、视频控制设备、控制台机架、监视器吊架、音/视频及脉冲分配器、视频补偿器、视频传输设备、录像/记录设备、监控中心设备、CRT显示终端以“台”为计量单位。

8）入侵探测器

① 入侵探测器、报警声音复核装置（拾音器）、无线传输报警等按钮按数量以“套”计算。

② 周界（地音）探测器按长度以“m”计算。

9）入侵报警控制器按数量以“套”计算。

10）报警信号接收机（器）按数量以“系统”计算。

11）出入口目标识别设备中，指纹采集器、识别器、面部采集器、识别器以及密码键盘等按数量以“台”计算。

12）出入口执行机构设备中，电子密码锁、可视对讲门铃、户口机等按数量以“台”计算。

13）安全防范高度以“系统”计算。

14）电子巡更系统中，巡更站、信息钮、通信座、控制器、主机安装、软件安装调试等均按数量以“台”计算。

15）不间断电源系统中，电源柜、监控盘（软件）安装以及不间断电源等安装、调试均按数量以“台（套）”计算。

16）工程量计算规则应用说明：

① 该部分包括入侵报警、出入口控制、电视监控设备安装系统工程，适用于楼宇安全防范系统设备安装工程。

② 安全防范全系统联调费，按人工费的35%计取。

③ 超过128路的总线制报警控制器安装，每增加1路，人工费增加2.50元。

④ 防护罩支架按相应摄像机附件由厂家随货配套供应。若支架为非标产品，则按实际设计材料数量和制作工艺另计价格。

⑤ 大于16门的出入口分系统调试，每增加2门，人工费增加20.00元。

4.3 清单工程量计算

楼宇智能化工程清单工程量的计算要根据《通用安装工程工程量计算规范》GB 500854—2013的项目设置及工程量计算规则进行。

4.3.1 电气设备安装清单工程量计算

1. 控制设备及低压电器安装

(1) 控制屏、信号屏、低压开关柜、弱电控制返回屏、低压电容柜等按“台”计算工程量。工程内容包括：基础槽钢制作安装、屏安装、端子板安装、焊压接线端子、盘柜配线、小母线安装、屏边安装等。

(2) 小电器包括：按钮、电笛、电铃、水位电气信号装置、测量表计、继电器、电磁锁、屏上辅助设备、辅助电压互感器、小型安全变压器等，其工程量按设备情况分别以“个”、“套”等为计量单位计算工程量。工程内容包括：测位、划线、打眼、缠埋螺栓、清扫盒子、上木台接线、装盖等。

2. 配管、配线

(1) 配管：按设计图示尺寸以长度米计算。不扣除管路中间的接线箱（盒）、灯头盒、开关盒所占长度。工程内容包括：电线管路敷设、钢索架设（拉紧装置安装）、预留沟槽、接地等。

(2) 线槽：按设计图示尺寸以长度计算。工程内容包括：本体安装、补刷（喷）油漆等。

(3) 桥架：按设计图示尺寸以长度计算。工程内容包括：本体安装、接地等。

(4) 电气配线：按设计图示尺寸以单线长度计算（含预留长度）。工程内容包括：配线、钢索架设（拉紧装置安装）、支持体（夹板、绝缘子、槽板等）安装。

3. 说明

(1) 项目设置认真分析清单项目特征和工程内容。

(2) 配管安装不包括凿槽、刨沟，应按相应项目执行。

(3) 配线保护管遇到下列情况之一时，应增设管路接线盒和拉线盒：

1) 管长度每超过30m，无弯曲；

2) 管长度每超过20m，有1个弯曲；

3) 管长度每超过15m，有2个弯曲；

4) 管长度每超过8m，有3个弯曲。

(4) 垂直敷设的电线保护管遇到下列情况之一时，应增设固定导线用的拉线盒：

1) 管内导线截面为50mm^{2}及以下时，长度每超过30m；

2) 管内导线截面为70mm^2～95mm^{2}及以下时，长度每超过20m；

3) 管内导线截面为120mm^2～240mm^{2}及以下时，长度每超过18m。

(5) 盘、箱、柜的外部进出预留线长度见表4-9。

预留线长度 （单位：m/根） 表4-9

序号	项目	预留长度	说明
1	各种箱、柜、盘、板、盒	宽+高	盘面尺寸
2	单独安装的铁壳开关、自动开关、刀开关、启动器、箱式电阻器、变阻器	0.5	从安装对象中心算起
3	继电器、控制开关、信号灯、按钮、熔断器等小电器	0.3	从安装对象中心算起
4	分支接头	0.2	分支线预留

（6）配线进入箱、柜、板的预留线长度见表4-10。

预留线长度 （单位：m/根） 表4-10

序号	项目	预留长度	说明
1	各种开关箱、柜、板	宽+高	盘面尺寸
2	单独安装（无箱、盘）的铁壳开关、闸刀开关、启动器、线槽进出线盒	0.3	从安装对象中心算起
3	由地面管子出口引至动力接线箱	1.0	从管口计算
4	电源与管内导线连接	1.5	分管口计算
5	出户线	1.5	分管口计算

4.3.2 消防工程清单工程量计算

1. 火灾自动报警系统

（1）点型探测器：按设计图示数量以“个”为单位计算。工程内容包括：底座安装、探头安装、校接线、编码、探测器调试。

（2）线型探测器：按设计图示长度计算。工程内容包括：探测器安装、接口模块安装、报警终端安装、校接线。

（3）按钮、消防警铃、声光报警器、消防报警电话插孔、消防广播、模块(模块箱)：按设计图示数量以“个/部/台”为单位计算。工程内容包括：安装、校接线、编码、调试。

（4）区域报警控制箱、联动控制箱：按设计数量以“台”为单位计算。工程内容包括：本体安装、校接线、摇测绝缘电阻、排线、绑扎、导线标识、显示器安装调试。

（5）火灾报警系统控制主机、联动控制主机、消防广播及对讲电话机（柜）：按设计数量以“台”为单位计算。工程内容包括：安装、校接线、调试。

（6）火灾报警控制微机（CRT）、备用电源及电池主机（柜）：按设计数量以“台(套)”为单位计算。工程内容包括：安装、调试。

（7）报警联动一体机：按设计数量以“台”为单位计算。工程内容包括：安装、校接线、调试。

2. 消防系统调试

（1）自动报警系统调试：按“系统”计算。工程内容包括：系统调试。

（2）水灭火控制装置调试：按“点”计算。工程内容包括：调试。

（3）防火控制装置调试：按“个（部)”计算。工程内容包括：调试。

（4）气体灭火系统装置调试：按“点”计算。工程内容包括：模拟喷气试验，备用灭火器贮存容器切换操作试验，气体试喷。

3. 说明

(1) 消防报警系统配管、配线、接线盒均应按规范的电气设备安装工程相关项目编码列项。

(2) 消防广播及对讲主机包括功放、录音机、分配器、控制柜等。

(3) 点型探测器包括：火焰、烟感、温感、红外光束、可燃气体探测器等。

4.3.3 楼宇智能化工程

1. 计算机应用、网络系统工程

(1) 输入（出）设备、控制设备、存储设备等：按设计图示数量以“台”为单位计算。工程内容包括：本体安装、单体调试。

(2) 插箱、机柜：按设计以“台”为单位计算。工程内容包括：本体安装、接电源线、保护接地、功能地线。

(3) 互联电缆：按设计以“条”为单位计算。工程内容包括：制作、安装。

(4) 接卡口、集线器、路由器、收发器、防火墙、交换机等：按设计以“台（套）”为单位计算。工程内容包括：本体安装、单体调试。

(5) 网络服务器：按设计以“台（套）”为单位计算。工程内容包括：本体安装、插件安装、接信号线、电源线、地线。

(6) 计算机网络系统接地：按“系统”计算。工程内容包括：安装焊接、检测。

(7) 计算机应用、网络系统联调：按“系统”计算。工程内容包括：系统调试。

(8) 计算机应用、网络系统试运行：按“系统”计算。工程内容包括：试运行。

(9) 软件：按设计以“套”为单位计算。工程内容包括：安装、调试、试运行。

2. 综合布线工程

(1) 机柜、机架：按设计以“台”为单位计算。工程内容包括：本体安装、相关固定件的连接。

(2) 抗震底座、分线接线箱（盒）、电视、电话插座：按“个”计算。工程内容包括：本体安装、底盒安装。

(3) 双绞线缆、光缆、光纤线、光缆外护套：按设计图示以长度“m”为单位计算，不考虑附加长度。工程内容包括：敷设、标记、卡接。

(4) 跳线：按“条”计算。工程内容包括：插接跳线、整理跳线。

(5) 配线架、跳线架：按“个（块）”计算。工程内容包括：安装、打接。

(6) 信息插座、光纤盒：按“个（块）”计算。工程内容包括：端接模块、安装面板。

(7) 光纤连接：按“芯（端口）”计算。工程内容包括：连接、调试。

(8) 光缆终端盒：按“个”计算。工程内容包括：连接、调试。

(9) 布放尾纤：按“根”计算。工程内容包括：连接、调试。

(10) 线管理器：按“个”计算。工程内容包括：本体安装。

(11) 跳块：按“个”计算。工程内容包括：安装、卡接。

(12) 双绞线缆测试、光纤测试：按“链路（点、芯）”计算。工程内容包括：测试。

3. 建筑设备自动化系统工程

(1) 中央管理系统：按“系统（套）”计算。工程内容包括：本体组装、连接、系统软件安装、单体调整、系统连接、接地。

(2) 通信网络控制设备、控制器：按“台（套)”计算。工程内容包括：本体安装、软件安装、单体调整、联调联试、接地。

(3) 控制箱：按“台（套)”计算。工程内容包括：本体安装、标识、控制器（控制模块）组装、单体调整、联调联试、接地。

(4) 第三方通信设备接口：按“台（套)”计算。工程内容包括：本体安装、连接、接口软件安装调试、单体调整、联调联试。

(5) 传感器：按“支（台)”计算。工程内容包括：本体安装、连接、通电检查、单体调整测试、系统联调。

(6) 电动机调节阀执行机构、电动、电磁阀门：按“个”计算。工程内容包括：本体安装连线、单体测试。

(7) 建筑设备自动化系统调试：按“台（户)”计算。工程内容包括：整体调试。

(8) 建筑设备自动化系统试运行：按“系统”计算。工程内容包括：试运行。

4. 建筑信息综合管理系统工程

(1) 服务器、服务器显示设备：按“台”计算。工程内容包括：安装调试。

(2) 通信接口输入输出设备：按“个”计算。工程内容包括：本体安装、调试。

(3) 系统软件、基础应用软件、应用软件接口：按“套”计算。工程内容包括：安装调试。

(4) 应用软件二次：按“项（点)”计算。工程内容包括：按系统点数进行二次软件开发和定制、调试。

(5) 各系统联动试运行：按“系统”计算。工程内容包括：调试、试运行。

5. 有线电视、卫星接收系统工程

(1) 共用天线：按“副”计算。工程内容包括：电视设备箱安装、天线杆基础安装、天线杆安装、天线安装。

(2) 卫星电视天线、馈线系统：按“副”计算。工程内容包括：安装、调试。

(3) 前端机柜：按“个”计算。工程内容包括：本体安装、连接电源、接地。

(4) 电视墙：按“套”计算。工程内容包括：机架和监视器安装、信号分配系统安装、连接电源、接地。

(5) 射频同轴电缆：按“m”计算。工程内容包括：线缆敷设。

(6) 同轴电缆接头：按“个”计算。工程内容包括：电缆接头。

(7) 前端射频设备：按“套”计算。工程内容包括：本体安装、单体调试。

(8) 卫星地面站接收设备：按“台”计算。工程内容包括：本体安装、单体调试、全站系统调试。

(9) 光端设备安装、调试：按“台”计算。工程内容包括：本体安装、单体调试。

(10) 有线电视系统管理设备、遥控设备安装、调试：按“台”计算。工程内容包括：本体安装、系统调试。

(11) 干线设备、分配网络：按“个”计算。工程内容包括：本体安装、电缆接头制作与布线、单体调试。

(12) 终端调试：按“个”计算。工程内容包括：调试。

6. 音频、视频系统工程

(1) 扩声系统设备：按“台”计算。工程内容包括：本体安装、单体调试。

(2) 扩声系统调试：按“只（台、副、系统）”计算。工程内容包括：设备连接构成系统、调试、达标、通过 DSP（数字信号处理器）实现多种功能。

(3) 扩声系统试运行：按“系统”计算。工程内容包括：试运行。

(4) 背景音乐系统设备：按“台”计算。工程内容包括：本体安装、单体调试。

(5) 背景音乐系统调试：按“台（系统）”计算。工程内容包括：设备连接构成系统、试听、调试、系统试运行、公共广播达到语音清晰度及相应声学特性指标。

(6) 背景音乐系统试运行：按“系统”计算。工程内容包括：试运行。

(7) 视频系统设备：按“台”计算。工程内容包括：本体安装、单体调试。

(8) 视频系统调试：按“系统”计算。工程内容包括：设备连接构成系统、调试、达到相应系统设计标准、实现相应系统设计功能。

7. 安全防范系统工程

(1) 入侵探测设备、入侵报警控制器、入侵报警中心显示设备、入侵报警信号传输设备等：按“套”计算。工程内容包括：本体安装、单体调试。

(2) 出入口目标识别设备、出入口控制设备、出入口执行机构设备、监控摄像设备等：按“台”计算。工程内容包括：本体安装、单体调试。

(3) 视频控制设备、音频（视频）及脉冲分配器、视频补偿器、视频传输设备、路线设备等：按“台（套）”计算。工程内容包括：本体安装、单体调试。

(4) 显示设备：按“台/m^2”计算。工程内容包括：本体安装、单体调试。

(5) 安全检查设备、停车场管理设备：按“台（套）”计算。工程内容包括：本体安装、单体调试。

(6) 安全防范分系统调试：按“系统”计算。工程内容包括：各分系统调试。

(7) 安全防范全系统调试：按“系统”计算。工程内容包括：各分系统的联动、参数设置、全系统联调。

(8) 安全防范系统工程试运行：按“系统”计算。工程内容包括：系统试运行。

说明：该部分的内容未包括土方工程、开挖路面工程，机架等设备的除锈、刷油应按相关规范执行。由国家或地方检测验收部门进行的检测验收应按规范的措施项目考虑执行。

本 章 小 结

本章是关于楼宇智能化工程计量部分的学习。学习的主要内容包括定额工程量和清单工程量的计算。学习中要熟悉两种计量方法的计算规则，掌握列项的方法，同时把握两种计量方法的区别，能结合规则进行工程量的计算。本章内容的讲解学习可结合第六章的内容穿插进行。

思 考 题 与 练 习

思考题：

1. 定额工程量的计算依据有哪些？清单工程量的计算依据有哪些？

2. 配管、配线工程量计算两种计量方法存在什么区别？

3. 两种计量方法在项目设置上应如何考虑？

练习：

1. 要求：根据下面的说明及图纸计算定额工程量和清单工程量

2. 说明：

(1) 该工程为单层砖混结构。

(2) 图中所有插座安装距地高度皆为0.3m，弱电箱（300mm×200mm×100mm）底边距地高度1.5m。

(3) 不计算入户线部分工程量。

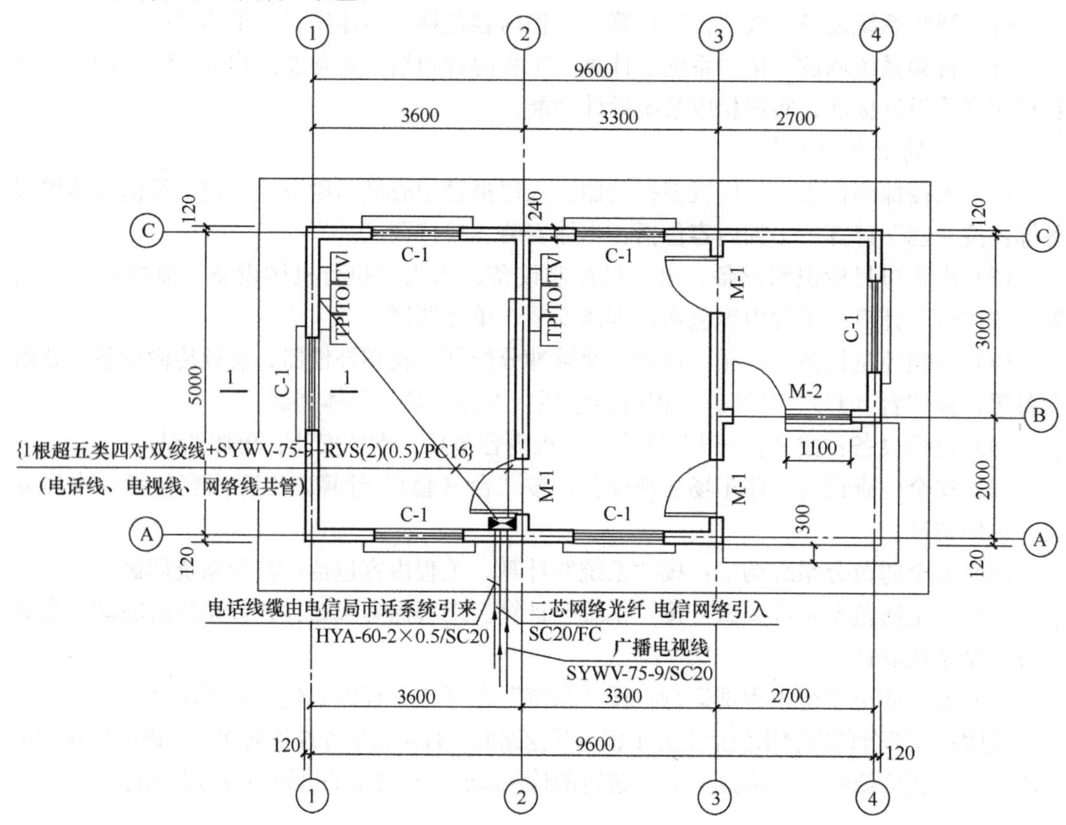

底层弱电平面图

第 5 章　楼宇智能化工程计价

【能力目标】

了解楼宇智能化工程施工图预算、招标控制价、投标报价及竣工结算的编制依据和编制内容。重点掌握楼宇智能化工程施工图预算、招标控制价、投标报价及竣工结算的编制方法和编制程序。

5.1　楼宇智能化工程施工图预算编制

在建设项目的各个阶段中，分别都有深度不同的造价文件。其中施工图预算涉及业主和承包商双方的切身利益，也直接影响到工程建设实际投资的多少。因此，施工图预算的编制是一项政策性和技术性都很强的经济工作。

掌握施工图预算编制的基本原理和基本方法，对于系统学习、理解和掌握设计概算、施工预算的编制理论和方法，有着十分重要的承前启后的作用。

5.1.1　施工图预算概述

1. 施工图预算的概念

楼宇智能化施工图预算（以下简称施工图预算）是确定楼宇智能化工程预算造价的经济文件。是在施工图设计完成以后，设计深度达到施工建造程度，为了确定该楼宇智能化工程的造价，在建设工程施工前由业主或承包商根据施工图纸、国家现行预算定额（或单位估价表）、取费标准、工程费用的组成、现场施工条件、投资者的目的或期望，以及当时当地市场平均价格水平等计算出来的拟建工程所发生的建造安装费用。简而言之，施工图预算是在安装楼宇智能化系统之前，预算出楼宇智能化系统安装完成后需要花费多少钱的一种特殊计价方法。因此，施工图预算的主要作用就是确定楼宇智能化工程预算造价。因为工程尚未开始施工，更未投入市场进行竞价，为了能够控制投资以保证投资效益，对施工图预算造价影响最大的人工、材料、设备、机械台班等单价，只能取当时工程所在地区的平均价格水平。

施工图预算是以单位工程为编制对象，以分项工程划分项目，按相应专业定额及其项目为计价单元的综合性预算。

2. 施工图预算的编制阶段与编制单位

一般情况下，业主在确定承包商时就需谈妥工程承包价。这时，承包商就需要按照业主的要求将编制好的施工图预算造价报给业主。若业主认为价格合理，就可以按照工程预算造价签订承包合同。所以，施工图预算一般由承包商在签订工程承包合同之前编制。

3. 施工图预算的作用

对于业主而言，在设计阶段编制施工图预算，是为了投资不超过设计概算，从而能进一步维护投资效益。施工图预算是为了工程实施建造而编制的，它将作为签订承建合同、市场交易定价的依据，所以它是控制工程建设投资的重要依据，同时也是编制施工招标标底的依据。

对于承包商而言，施工图预算是编制投标报价的基础，是工程竣工结算的依据，是考核企业工程预算成本、编制施工项目“两算对比”、实施控制生产消耗、控制工程成本、实施经济核算、施工组织设计的依据，同时也是施工企业编制施工财务计划的依据。

由此可见，施工图预算在工程建设中有着广泛的实用意义。

5.1.2　施工图预算的编制依据

由于施工图预算所处的重要地位，受到各个方面的重视，对其审核也较严格。施工图预算的编制，要本着实事求是的精神，认真、仔细地逐项计算。各种计算列式必须符合当地现行规定，要查有所据。

施工图预算的编制依据，主要包括：

1. 工程施工图纸及标准图集

施工图纸及标准图集是划分定额计价项目、计算分项工程量和分析施工条件的基础资料。

2. 现行预算定额或地区单位估价表

现行预算定额或地区单位估价表是确定分项工程项目，明确计量单位，计算分项工程量，计算分部分项工程费及其组成的人工费、材料费、机械费，套算人工、材料、机械台班消耗量，进行工料分析的依据。

3. 当地工资标准、材料和机械台班预算价格

当地工资标准、材料和机械台班预算价格是作为制定与补充单位估价表和确定部分材料价格的根据，也是确定各项资源调整价差的依据。

4. 主体设备和主要材料的采购价格和市场价格及其运费

为确定设备、主材预算单价提供依据。

5. 现行费率及有关文件规定

这些政策性规定是计算管理费、利润、措施费、规费和税金等预算费用的依据。

6. 其他资料

如现场调查资料、五金手册、产品目录等，都可为编制施工图预算提供方便。

上述资料在具体工程中，要与施工图预算编制对象相对应。作为预算人员，要善于搜集和整理与编制施工图预算有关的各方面资料。

5.1.3　施工图预算的编制内容

1. 列出分项工程项目，简称列项；
2. 计算工程量；
3. 套用预算定额及定额基价换算；
4. 工料分析及汇总；
5. 计算分部分项工程费；
6. 材料价差调整；
7. 计算措施项目费；
8. 计算其他项目费；
9. 计算规费、税金；

10. 汇总为工程造价；

11. 填写编制说明、封面、装订。

5.1.4 施工图预算的编制步骤

1. 搜集基本资料

施工图预算编制过程中，基本资料是重要依据。主要内容包括以下五个方面：

(1) 施工图纸、有关的标准图集、图纸会审记录、设计文件、设计变更。

(2) 现行预算定额、单位估价表、费用定额以及当地有关文件和执行规定。

(3) 设备和材料预算价格、市场价格资料、现行运输费用标准等。

(4) 预算手册、材料手册、有关设备产品说明等。

(5) 施工现场调查资料、其他有关资料等。

2. 熟悉施工图纸和现场情况

必须了解有关专业设计图的图例符号、标注方法、代号及画法的含义，从而才能够迅速识读预算编制对象的工程施工图纸及应套用的标准图集。要了解设计意图和工程全貌（土建、安装、装饰之间的关系）；要深入现场，分析施工条件，善于发现问题，确定施工技术措施；要逐条核对设计变更和图纸会审记录的内容，在施工图纸上做出标记。

3. 根据施工图和预算定额划分定额计价项目，计算分项工程量

分项工程量是计算人工费、材料费、机械费的基础，而工料机费用又是确定工程造价的基础。因此，能够按照预算定额中项目划分情况及相关的工程量计算规则，结合工程施工图纸正确列项并计算分项工程量，是施工图预算编制的重要环节。在施工图预算编制过程中，工程量计算的工作量较大，耗时较多，也最容易出现差错。所以，必须按照定额分清项目，写出计算式，注明来源，列出表格，以便核查，防止重项和漏项。通过仔细复核，做到计算准确。

4. 根据工程量和预算定额分析工料机消耗量，计算构配件

在施工图预算编制过程中，必须对单位工程用工、用料的定额消耗量进行分析计算，并对消耗的构件、配件列出清单。工料分析是按工程预算项目列表进行分析计算（工程量×定额消耗指标），分析内容应以综合劳力、主要材料、大宗材料和特殊材料为主，目的在于核定技术经济指标，提出甲方供料清单和企业自备材料清单。工程所需的建筑构件、配件及主体设备、装置等成品与半成品，应根据施工图进行统计分析，分清型号、规格，列出明细表，以供采购、加工及安排运输。

5. 根据工程量和预算定额基价（或用工料机消耗量乘以各自单价）计算工料机费用

根据所列的定额计价项目及其对应的工程量，查出预算定额（或单位估价表）内相应项目的定额编号、未计价材料消耗量、定额基价及其组成（其中所含人工费、计价材料费、机械费基价），从而计算出各项目的工料机费用。未计价材料费的计算为定额消耗量与现行材料预算价格的乘积，在分部分项工程费及材料分析表内直接计算。最后，对单位工程的人工费、主材费、计价材料费、机械费进行汇总。工料机费用的计算应列表进行，要做到项目、型号、规格、施工方法、质量要求、工作内容、计量单价、定额基价等全部一致。

6. 计算各项预算费用

由于地区价差的存在，首先应在材料及燃料动力费价差调整表中按规定调整计价材料

费（综合调整和分项调整）。然后以定额人工费为基础，计算出管理费、利润、措施项目费、其他项目费、规费和税金等各项预算费用，汇总的金额为工程造价。费用的计算应在工程造价计算表中列式进行，以备复核。

7. 经济指标分析，编写编制说明，填写封面，进行整理装订

工程预算费用经复核无误后，可进行技术经济指标分析，包括费用、劳力、材料等单项指标内容。同时，应编写编制说明作为预算书的首页内容。预算编制中的各种计算表格经整理后，加上封面，装订成册。

5.1.5　施工图预算表格的组成

1. 封面
2. 编制说明
3. 工程量计算表
4. 工程单价换算表
5. 分部分项工程费及材料分析表
6. 材料及燃料汇总表
7. 材料及燃料动力费价差调整表
8. 工程造价计算表

5.1.6　施工图预算表格的应用（详表 5-1～表 5-4）

表 5-1

建设工程造价预算书

建设单位：　××公司　　　单位工程名称：　××公司办公楼　　建设地点：某市区

施工单位：　××安装工程公司　　施工单位取费等级：　　　　　工程类别：

工程规模：　854.68m²　　工程造价：　19363.79 元　　单位造价：　22.66 元/m²

建设（监理）单位：　××公司　　　　施工（编制）单位：　××安装工程公司

技术负责人：　×××　　　　技术负责人：　×××

审核人资格证章：　×××　　　　编制人：　×××

分部分项工程费及材料分析表

表 5-2

工程名称：××公司办公楼弱电安装

定额编号	项目名称	单位	工程量	安装工程费								未计价材料（或设备）				
				单位价值				总价值				材料名称	单位	数量	单价	合价
				人工费	材料费	机械费	综合费	人工费	材料费	机械费	综合费					
CK0026	电话层分线箱（盒）	台	2.00	31.95	54.62	—	12.78	63.90	109.24	—	25.56	全塑电缆（电话）	m	2	26.80	53.60
												电话分线箱	个	6.6	460.00	3036
CB1646	暗配焊接钢管 DN15	100m	1.43	235.58	81.56	24.32	94.23	336.88	116.63	34.78	134.75	钢管 SC15	m	147.29	5.11	752.65
CB1648	暗配焊接钢管 DN25	100m	0.23	304.68	160.35	36.19	121.87	70.08	36.88	8.32	28.03	钢管 SC25	m	23.69	9.65	228.61
CK0120	HVVP-2×1.0	100m	2.86	24.92	4.52	1.81	9.97	71.27	12.93	5.18	28.51	屏蔽软线 AV-250-0.2	m	291.72	42.80	12485.62
CK0038	电话机插座	个	24	3.19	—	—	1.28	76.56	—	—	30.72	电话机插座（带垫木）	个	24	25.00	600
	合计							618.69	275.68	48.28	247.57	未计价材料费：17156.48				

材料及燃料汇总表　　表 5-3

工程名称：××公司办公楼弱电安装

序号	材料名称	单位	数量	备注	分类
01	全塑电缆（电话）	m	2		主材
02	电话分线箱	个	6.6		主材
03	钢管 SC15	m	147.29		主材
04	钢管 SC25	m	23.69		主材
05	屏蔽软线 AV-250-0.2	m	291.72		主材
06	电话机插座（带垫木）	个	24		主材

工程造价计算表　　表 5-4

工程名称：××公司办公楼弱电安装

费用名称	计算公式	费率	金额（元）
1. 分部分项工程费	1.1+1.2+1.3+1.4+1.5+1.6		18346.70
1.1　人工费	Σ（分项工程量×定额人工费）		618.69
1.2　材料费	Σ（分项工程量×定额计价材料费）		275.68
1.3　未计价材料费	Σ（分项工程主材消耗量×材料单价）		17156.48
1.4　机械费	Σ（分项工程量×定额机械费）		48.28
1.5　管理费和利润	Σ（分项工程工程量×综合费单价） +Σ（措施项目工程量×综合费单价）		247.57
2. 措施项目费	2.1+2.2+2.3+2.4+2.5		216.55
2.1　安全文明施工费	2.1.1+2.1.2+2.1.3+2.1.4		154.68
2.1.1　环境保护费	1.1×费率	1%	6.19
2.1.2　安全施工费	1.1×费率	4%	24.75
2.1.3　文明施工费	1.1×费率	7%	43.31
2.1.4　临时设施费	1.1×费率	13%	80.43
2.2　夜间施工费	1.1×费率	2.5%	15.47
2.3　二次搬运费	1.1×费率	1.5%	9.28
2.4　冬雨期施工费	1.1×费率	2%	12.37
2.5　脚手架费	1.1×费率	4%	24.75
3. 其他项目费			0
4. 规费	4.1+4.2+4.3		149.34
4.1　社会保险费	4.1.1+4.1.2+4.1.3+4.1.4+4.1.5		118.1

续表

费用名称	计算公式	费率	金额（元）
4.1.1 养老保险费	（1.1+2 中定额人工费）×费率	11%	68.74
4.1.2 失业保险费	（1.1+2 中定额人工费）×费率	1.1%	6.87
4.1.3 医疗保险费	（1.1+2 中定额人工费）×费率	4.5%	28.12
4.1.4 工伤保险费	（1.1+2 中定额人工费）×费率	1.3%	8.12
4.1.5 生育保险费	（1.1+2 中定额人工费）×费率	1%	6.25
4.2 住房公积金	（1.1+2 中定额人工费）×费率	5%	31.24
4.3 工程排污费	按工程所在地环境保护部门收取标准，按实计入		0
5. 税金（扣除不列入计税范围的工程设备金额）	（1+2+3+4）×税金率	3.48%	651.20
6. 工程造价	1+2+3+4+5		19363.79

5.2 楼宇智能化工程招标控制价编制

5.2.1 招标控制价概述

1. 招标控制价的概念

招标控制价是指在工程招标发包过程中，由招标人根据国家或省级、行业建设主管部门颁发的有关计价依据和办法，以及拟定的招标文件和招标工程量清单，结合工程具体情况编制的招标工程的最高投标限价。

2. 招标控制价的编制单位

招标控制价应由具有编制能力的招标人或受其委托具有相应资质的工程造价咨询人编制和复核。

招标控制价应由招标人负责编制，当招标人不具有编制招标控制价的能力时，根据《工程造价咨询企业管理办法》（建设部令第 149 号）的规定，可委托具有工程造价咨询资质的咨询企业编制。

工程造价咨询人接受招标人委托编制招标控制价，不得再就同一工程接受投标人委托编制投标报价。

3. 招标控制价的作用

招标控制价的作用是招标人用于对招标工程发包的最高投标限价，有的地方也称为拦标价或预算控制价。

我国对国有资金投资项目的投资控制实行的是投资概算审批制度，国有资金投资的工程原则上不能超过批准的投资概算。当招标控制价超过批准的概算时，招标人应将其报原概算审批部门审核。

国有资金投资的工程实行工程量清单招标，为了客观、合理地评审投标报价和避免哄抬标价，避免造成国有资金流失，招标人必须编制招标控制价，规定最高投标限价。

招标控制价的作用决定了招标控制价不同于标底，无须保密。为体现招标的公平、公正性，防止招标人有意抬高或压低工程造价，招标人应在招标文件中如实公布招标控制价，不应对所编制的招标控制价进行上浮或下调。同时，招标人应将招标控制价报工程所在地或有该工程管辖权的行业管理部门的工程造价管理机构备查。

5.2.2 招标控制价的编制依据

1. 建设工程工程量清单计价规范 GB 50500—2013；
2. 国家或省级、行业建设主管部门颁发的计价定额和计价办法；
3. 建设工程设计文件及相关资料；
4. 拟定的招标文件及招标工程量清单；
5. 与建设项目相关的标准、规范、技术资料；
6. 施工现场情况、工程特点及常规施工方案；
7. 工程造价管理机构发布的工程造价信息，当工程造价信息没有发布时，参照市场价；
8. 其他的相关资料。

5.2.3 招标控制价的编制内容

1. 分部分项工程费

$$分部分项工程费=\Sigma（工程量\times综合单价）$$

其中：

（1）采用的工程量应是招标工程量清单提供的工程量；

（2）分部分项工程项目，应根据拟定的招标文件和招标工程量清单项目中的特征描述及有关要求确定综合单价计算。

（3）为使招标控制价与投标报价所包含的内容一致，综合单价中应包括招标文件中划分的应由投标人承担的风险范围及其费用。招标文件中没有明确的，如是工程造价咨询人编制，应提请招标人明确；如是招标人编制，应予明确。

（4）招标文件提供了暂估单价的材料，应按招标文件确定的暂估单价计入综合单价。

综合单价的具体确定方法详见本章第三节“投标报价”。

2. 措施项目费

措施项目中的单价项目，应根据拟定的招标文件和招标工程量清单项目中的特征描述及有关要求确定综合单价计算。

措施项目中的总价项目，应根据拟定的招标文件和常规施工方案按照国家或省级、行业建设主管部门的规定标准计价。

3. 其他项目费

（1）暂列金额

暂列金额应按招标工程量清单中列出的金额填写。通常由招标人根据工程特点、工期长短，按有关计价规定进行估算确定，一般以分部分项工程费的10%～15%为参考。

（2）暂估价

暂估价包括材料暂估价和专业工程暂估价。

暂估价中的材料、工程设备单价应按招标工程量清单中列出的单价计入综合单价。通常应按照工程造价管理机构发布的工程造价信息或参考市场价格确定。

暂估价中的专业工程金额应按招标工程量清单中列出的金额填写。通常专业工程暂估价应分不同专业，按有关计价规定估算。

(3) 计日工

计日工包括计日工人工、材料和施工机械台班。

计日工应按招标工程量清单中列出的项目根据工程特点和有关计价依据确定综合单价计算。

(4) 总承包服务费

总承包服务费应根据招标工程量清单列出的内容和要求估算。招标人应根据招标文件中列出的内容和向总承包人提出的要求参照下列标准计算：

1) 招标人仅要求对分包的专业工程进行总承包管理和协调时，按分包的专业工程估算造价的1.5%计算；

2) 招标人要求对分包的专业工程进行总承包管理和协调并同时要求提供配合服务时，根据招标文件中列出的配合服务内容和提出的要求按分包的专业工程估算造价的3%～5%计算；

3) 招标人自行供应材料的，按招标人供应材料价值的1%计算。

4. 规费、税金

规费和税金必须按国家或省级、行业建设主管部门规定的标准计算。

5.2.4　招标控制价表格的组成

1. 招标控制价封面（封-2）

封面应填写招标工程的具体名称、招标人应盖单位公章，如委托工程造价咨询人编制，还应由其加盖单位公章。

[示例] 招标人自行编制招标控制价封面（见图5-1）

[示例] 招标人委托工程造价咨询人编制招标控制价封面（见图5-2）

招标人委托工程造价咨询人编制招标控制价封面，除招标人盖单位公章外，还应加盖受委托编制招标控制价的工程造价咨询人的单位公章。

2. 招标控制价扉页（扉-2）

招标人自行编制招标控制价时，由招标人单位注册的造价人员编制，招标人盖单位公章，法定代表人或其授权人签字或盖章。编制人是造价工程师的，由其签字盖执业专用章；编制人是造价员的，由其在编制人栏签字盖专用章，应由造价工程师复核，并在复核人栏签字盖执业专用章。

[示例] 招标人自行编制招标控制价的扉页（见图5-3）

[示例] 招标人委托工程造价咨询人编制招标控制价的扉页（见图5-4）

招标人委托工程造价咨询人编制招标控制价时，由工程造价咨询人单位注册的造价人员编制，工程造价咨询人盖单位资质专用章，法定代表人或其授权人签字或盖章。编制人是造价工程师的，由其签字盖执业专用章；编制人是造价员的，在编制人栏签字盖专用章，应由造价工程师复核，并在复核人栏签字盖执业专用章。

3. 总说明（表-01，见图5-5）

招标控制价总说明的内容应包括：

(1) 采用的计价依据；

(2) 采用的施工组织设计；

(3) 采用的材料价格来源；

(4) 综合单价中风险因素、风险范围（幅度）；

(5) 其他。

4. 建设项目招标控制价汇总表（表-02）

5. 单项工程招标控制价汇总表（表-03）

6. 单位工程招标控制价汇总表（表-04）

由于编制招标控制价和投标价包含的内容相同，只是对价格的处理不同，因此，对招标控制价和投标报价汇总表（表-02、表-03、表-04）的设计使用同一表格。实践中，招标控制价或投标报价可分别印制该表格。

7. 分部分项工程和单价措施项目清单与计价表（表-08）

编制招标控制价时，其项目编码、项目名称、项目特征、计量单位、工程量栏不变，对“综合单价”、“合价”以及“其中：暂估价”按规范的规定填写。

8. 综合单价分析表（表-09）

编制招标控制价，使用本表应填写使用的省级或行业建设主管部门发布的计价定额名称。

9. 总价措施项目清单与计价表（表-11）

编制招标控制价时，计费基础、费率应按省级或行业建设主管部门的规定计取。

10. 其他项目清单与计价汇总表（表-12）

编制招标控制价时，应按有关计价规定估算“计日工”和“总承包服务费”。如招标工程量清单中未列“暂列金额”，应按有关规定编列。

11. 暂列金额明细表（表-12-1）

12. 材料（工程设备）暂估单价及调整表（表-12-2）

13. 专业工程暂估价及结算价表（表-12-3）

14. 计日工表（表-12-4）

编制招标控制价时，人工、材料、机械台班单价由招标人按有关计价规定填写并计算合价。

15. 总承包服务费计价表（表-12-5）

编制招标控制价时，招标人按有关计价规定计价。

16. 规费、税金项目计价表（表-13）

编制招标控制价（标底）时，规费标准有幅度的，按上限计列。

17. 发包人提供材料和工程设备一览表（表-20）

18. 承包人提供主要材料和工程设备一览表（表-21或表-22）

招标控制价（四）～（十八）表格的编制方法与投标报价的相应表格编制方法基本相似。具体内容详见本章第三节“投标报价”。

5.2.5　招标控制价表格的应用

××学校青年教师公寓 弱电安装 工程

招标控制价

招 标 人： ××学校
（单位盖章）

×× 年 × 月 × 日

图 5-1 招标人自行编制招标控制价封面

××学校青年教师公寓 弱电安装 工程

招标控制价

招 标 人： ××学校
（单位盖章）

造价咨询人： ××工程造价咨询企业
（单位盖章）

×× 年 × 月 × 日

图 5-2 招标人委托工程造价咨询人编制招标控制价封面

××学校青年教师公寓　弱电安装　工程

招标控制价

招标控制价（小写）：683957 元

（大写）：陆拾捌万叁仟玖佰伍拾柒元

招　标　人：××学校
（单位盖章）

法定代表人
或其授权人：×××
（签字或盖章）

编制人：×××
（造价人员签字盖专用章）

复核人：×××
（造价工程师签字盖专用章）

编制时间：×× 年 × 月 × 日

复核时间：×× 年 × 月 × 日

图 5-3　招标人自行编制招标控制价的扉页

××学校青年教师公寓 弱电安装 工程

招标控制价

招标控制价（小写）：683957元

（大写）：陆拾捌万叁仟玖佰伍拾柒元

招 标 人：××学校（单位盖章）

造价咨询人：××工程造价咨询企业（单位资质专用章）

法定代表人或其授权人：××学校 ×××（签字或盖章）

法定代表人或其授权人：××工程造价咨询企业 ×××（签字或盖章）

编 制 人：×××（造价人员签字盖专用章）

复 核 人：×××（造价工程师签字盖专用章）

编制时间：×× 年 × 月 × 日

复核时间：×× 年 × 月 × 日

图5-4 招标人委托工程造价咨询人编制招标控制价的扉页

总说明

工程名称：××学校青年教师公寓 弱电安装工程　　第1页 共1页

1. 工程概况：（略）

2. 招标控制价包括范围：为本次招标的青年教师公寓工程施工图范围内的电话线路、有线电视线路、可视对讲系统、火灾自动报警安装工程。

3. 招标控制价编制依据：

（1）招标工程量清单；

（2）招标文件中有关计价的要求；

（3）××建筑电气设计事务所设计的弱电施工图纸；

（4）省建设主管部门颁发的计价定额和计价办法及有关计价文件；

（5）材料价格采用工程所在地工程造价管理机构××年×月工程造价信息发布的价格信息，对于工程造价信息没有发布价格信息的材料，其价格参考市场价。单价中均已包括≤5%的价格波动风险。

4. 其他（略）。

图5-5 招标控制价总说明

5.3　楼宇智能化工程投标报价编制

5.3.1　投标报价概述

1. 投标报价的概念

投标人投标时响应招标文件要求所报出的对已标价工程量清单汇总后标明的总价。

投标价是在工程招标发包过程中，由投标人按照招标文件的要求，根据工程特点，并结合自身的施工技术、装备和管理水平，依据有关计价规定自主确定的工程造价，是投标人希望达成工程承包交易的期望价格。投标价不能高于招标人设定的招标控制价。

实行工程量清单招标，招标人在招标文件中提供工程量清单，其目的是使各投标人在投标报价中具有共同的竞争平台。因此，要求投标人必须按招标工程量清单填报价格，并且在投标报价中填写的工程量清单的项目编码、项目名称、项目特征、计量单位、工程数量必须与招标工程量清单一致。

2. 投标报价的编制单位

投标价应由投标人或受其委托具有相应资质的工程造价咨询人编制。

3. 投标报价的作用

国有资金投资的工程，招标人编制并公布的招标控制价相当于招标人的采购预算，同时要求其不能超过批准的概算，因此招标控制价是招标人在工程招标时能接受投标人报价的最高限价。国有资金投资的工程，投标人的投标报价不能高于招标控制价，否则其投标作废标处理。

除计价规范强制性规定外，投标报价由投标人自主确定，但不得低于工程成本。

投标报价最基本特征是投标人自主报价，它是市场竞争形成价格的体现。

5.3.2　投标报价的编制依据

1.《建设工程工程量清单计价规范》GB 50500—2013；

2. 国家或省级、行业建设主管部门颁发的计价办法；

3. 企业定额，国家或省级、行业建设主管部门颁发的计价定额和计价办法；

4. 招标文件、招标工程量清单及其补充通知、答疑纪要；

5. 建设工程设计文件及相关资料；

6. 施工现场情况、工程特点及投标时拟定的施工组织设计或施工方案；

7. 与建设项目相关的标准、规范等技术资料；

8. 市场价格信息或工程造价管理机构发布的工程造价信息；

9. 其他的相关资料。

5.3.3　投标报价的编制内容

1. 分部分项工程费

$$分部分项工程费=\Sigma（工程量\times综合单价）$$

其中：

（1）分部分项工程项目，应根据招标文件和招标工程量清单项目中的特征描述确定综合单价计算。

（2）综合单价中应包括招标文件中划分的应由投标人承担的风险范围及其费用，招标文件中没有明确的，应提请招标人明确。在施工过程中，当出现的风险内容及其范围（幅度）在合同约定的范围内时，合同价款不作调整。

（3）招标文件中提供了暂估单价的材料，应按暂估的单价计入综合单价。

2. 措施项目费

措施项目中的单价项目，应根据招标文件和招标工程量清单项目中的特征描述确定综合单价计算。

措施项目中的总价项目金额应根据招标文件及投标时拟定的施工组织设计或施工方案，由投标人自主确定，但其中安全文明施工费必须按照国家或省级、行业建设主管部门的规定确定。

3. 其他项目费

（1）暂列金额应按招标工程量清单中列出的金额填写，不得变动。

（2）暂估价不得变动和更改。材料、工程设备暂估价应按招标工程量清单中列出的单价计入综合单价。专业工程暂估价应按招标工程量清单中列出的金额填写。

（3）计日工应按招标工程量清单中列出的项目和数量，自主确定综合单价并计算计日工金额。

（4）总承包服务费应根据招标工程量清单中列出的分包专业工程内容和供应材料、设备情况，按照招标人提出协调、配合与服务要求和施工现场管理需要自主确定。

4. 规费、税金

规费和税金的计取标准是依据有关法律、法规和政策规定制订的，具有强制性。投标人是法律、法规和政策的执行者，不能改变，更不能制订，而必须按照法律、法规、政策的有关规定执行。因此，规定投标人在投标报价时必须按照国家或省级、行业建设主管部门的有关规定计算规费和税金。

5. 投标总价

实行工程量清单招标，投标人的投标总价应当与组成工程量清单的分部分项工程费、措施项目费、其他项目费和规费、税金的合计金额一致，即投标人在投标报价时，不能进行投标总价优惠（或降价、让利），投标人对招标人的任何优惠（或降价、让利）均应反映在相应清单项目的综合单价中。

5.3.4 投标报价的编制方法

工程量清单计价，按照《建筑工程施工发包与承包计价管理方法》（建设部令107号）的规定，有综合单价法和工料单价法两种方法。

1. 综合单价法

综合单价法的基本思路是：先计算出分部分项工程的综合单价，再用综合单价乘以工程量清单给出的工程量，得到分部分项工程费，再加措施项目费、其他项目费及规费，再用分部分项工程费、措施项目费、其他项目费、规费的合计，乘以税金率得到税金，最后汇总得到单位工程费。用公式表示为：

单位工程造价＝[Σ(工程量×综合单价)＋措施项目费＋其他项目费＋规费]×(1＋税金率)

综合单价法的重点是综合单价的计算。综合单价的内容包括：人工费、材料费、机械费、管理费及利润五个部分。措施项目费、其他项目费及规费是在分部分项工程费计算完成后进行计算。

计价规范明确规定综合单价法为工程量清单的计价方法，也是目前普遍采用的方法。

2. 工料单价法

工料单价法的基本思路是：先计算出分项工程的工料单价，再用工料单价乘以工程量清单给出的工程量，得到分部分项工程的直接费，再在直接费的基础上计算管理费、利润。再加措施项目费、其他项目费及规费，再用分部分项工程费、措施项目费、其他项目费、规费的合计，乘以税金率得到税金，最后汇总得到单位工程费。

单位工程造价=[Σ(工程量×工料单价)×(1+管理费率+利润率)+措施项目费+其他项目费+规费]×(1+税金率)

工料单价法的重点是工料单价的计算。工料单价的内容包括：人工费、材料费、机械费三个部分。管理费及利润在直接费计算完成后计算，这是与综合单价法不同之处。

显然，工料单价法的工料单价是不完全单价，不如综合单价直观，所以计价规范未采用此种方法。

综合单价及工料单价中消耗量均要依据工料消耗量定额来确定，招标人或其委托人编制招标标底时，依据当地建设行政主管部门编制的消耗量定额来确定；投标人编制投标标价时，依据本企业自己编制的消耗量定额来确定，在施工企业没有本企业的消耗量定额时，可参照当地建设行政主管部门编制的消耗量定额。

5.3.5　投标报价的编制步骤

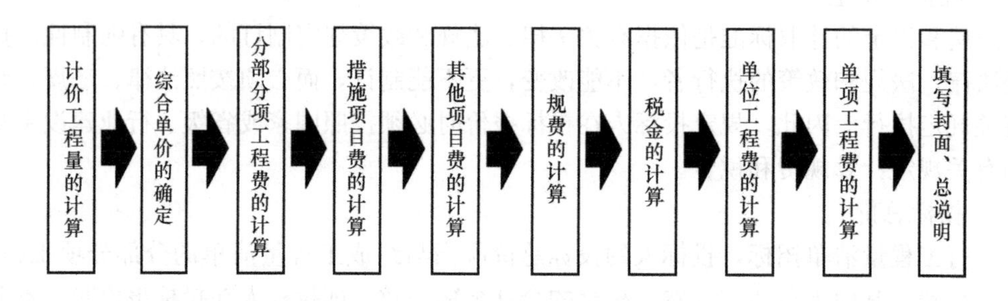

1. 计价工程量的计算（具体内容、方法详见第 4 章）

2. 综合单价的确定

综合单价是指分部分项工程的单价。它是完成一个规定清单项目所需的人工费、材料和工程设备费、施工机具使用费和企业管理费、利润以及一定范围内的风险费用。

综合单价的确定依据有工程量清单、消耗量定额、工料单价、费用及利润标准、施工组织设计、招标文件、施工图纸及图纸答疑、现场踏勘情况、计量规范等。

综合单价的确定是一项复杂的工作。需要在熟悉工程、当地市场价格、各种技术经济法规等的情况下进行。

由于计量规范与定额中的工程量计算规则、计量单位、项目内容不尽相同，综合单价的确定方法有直接套用定额组价、重新计算工程量组价、复合组价三种。

不论哪种确定方法，必须弄清以下两个问题：

① 拟组价项目的工程内容

用计量规范规定的工程内容与相应定额项目的工程内容作比较，看拟组价项目应该用哪几个定额项目来组合单价。如“落地式配电箱安装”项目，计量规范规定此项目包括本体安装及基础型钢制作、安装，而定额分别列有落地式配电箱安装及基础型钢制作、安装，所以根据落地式配电箱安装及基础型钢制作、安装定额项目组合该综合单价。

② 计量规范与定额的工程量计算规则是否相同

在组合单价时要弄清具体项目包括的内容，各部分内容是直接套用定额组价，还是需要重新计算工程量组价。能直接套用定额组价的项目，用“直接套用定额组价”方法进行组价；若不能直接套用定额组价的项目，用“重新计算工程量组价”方法进行组价。

(1) 直接套用定额组价

根据单项定额组价，指一个分项工程的单价仅用一个定额项目组合而成。这种组价较简单，在一个单位工程中大多数的分项工程均可利用这种方法组价。

1) 项目特点

① 内容比较简单；

② 计量规范与所使用定额的工程量计算规则相同。

2) 组价方法

直接使用相应的定额中消耗量组合综合单价，具体有以下几个步骤：

第一步：直接套用定额的消耗量。

第二步：计算工料费用，包括人工费、材料费、机械费以及未计价材料费。

$$人工费=\Sigma(工日数\times人工单价)$$

$$材料费=\Sigma(材料数量\times材料单价)$$

$$未计价材料费=\Sigma(未计价材料消耗量\times未计价材料单价)$$

$$机械费=\Sigma(台班数量\times台班单价)$$

第三步：计算管理费及利润。

$$管理费=人工费\times管理费率$$

$$利润=人工费\times利润率$$

第四步：汇总形成综合单价。

$$综合单价=人工费+材料费+未计价材料费+机械费+管理费+利润$$

3) 组价举例

【例 5-1】 计算××电气安装工程电话分线箱的综合单价（见图 5-14）。

【例 5-2】 计算××电气工程低压开关柜的综合单价（见图 5-15）。

(2) 重新计算工程量组价

重新计算工程量组价，是指工程量清单给出的分项工程项目的单位，与所用的消耗量定额的单位不同或工程量计算规则不同，需要按定额的计算规则重新计算工程量来确定综合单价。

1) 项目特点

① 内容比较复杂；

② 计量规范与所使用定额中计量单位或工程量计算规则不相同。

2) 组价方法

第一步：重新计算工程量。即根据所使用定额中的工程量计算规则计算工程量。其计算规则及计算方法详见第四章。

第二步：求工料消耗系数。即用重新计算的工程量除以工程量清单（按计量规范计算）中给定的工程量，得到工料消耗系数。

$$工料消耗系数=\frac{定额工程量}{清单工程量}$$

式中，定额工程量指根据所使用定额中的工程量计算规则计算的工程量；清单工程量指根据计量规范计算出来的工程量，即工程量清单中给定的工程量。

第三步：再用该系数取乘以定额中消耗量，得到组价项目的工料消耗量。

工料消耗量＝定额消耗量×工料消耗系数

以后步骤同“直接套用定额组价”的第二步～第四步。

3）组价举例

【例 5-3】 计算××电气工程 SC100 电缆保护管敷设的综合单价（见图 5-16）。

计量规范规定，电缆保护管按设计图示尺寸以长度计算。

定额规定，电缆保护管长度除按设计规定长度计算外，还应按定额中规定的情况增加保护管长度。

（3）复合组价

根据多项定额组价，是指一个项目的综合单价要根据多个定额项目组合而成，这种组价方法较为复杂。

1）项目特点

① 内容复杂；

② 计量规范与所使用定额中工程内容不相同。

2）组价举例

【例 5-4】 计算××电气工程落地式配电箱安装的综合单价（见图 5-17）。

计量规范规定，配电箱安装应包括其基础型钢制作、安装的内容，所以在组合落地式配电箱安装的综合单价时，要将该基础槽钢制作安装组合进落地式配电箱安装的综合单价内。

显然，本项目包括配电箱安装和基础槽钢制作、基础槽钢安装三个部分。

配电箱安装：由于计价规范与定额的工程量计算规则相同，所以直接套用定额即可。

基础槽钢制作：套用“铁构件制作”子目。由于成套落地式配电箱安装定额不包括此内容，所以应将重新计算基础槽钢制作的工程量，用工料消耗系数将工料摊销入配电箱安装内。

基础槽钢安装：由于成套落地式配电箱安装定额不包括此内容，所以应将重新计算基础槽钢安装的工程量，用工料消耗系数将工料摊销入配电箱安装内。

3. 分部分项工程费的计算

分部分项工程费＝Σ(工程量×综合单价)

4. 措施项目费的计算

措施项目费的计算方法为按费率计算。

按费率计算的措施项目费有：安全文明施工费、夜间施工费、二次搬运费、冬雨季施工费及脚手架搭拆费、超高增加费、高层建筑增加费等。

按费率计算，是指按费率乘以分部分项工程定额人工费计算，其计算公式是：

措施费＝分部分项清单定额人工费×费率

（1）措施费的计算基数

措施费的计算基数是指分部分项工程费中定额人工费的总和。措施费的计算基数应当以当地的具体规定为准。

（2）措施费的费率

根据我国目前的实际情况，措施费的费率有按当地行政主管部门规定计算和企业自行确定两种情况。

1）按当地行政主管部门规定计算

为防止建筑安装市场的恶性竞争，确保安全生产、文明施工以及安全文明施工措施的落实到位，切实改善施工从业人员的作业条件和生产环境，防止安全事故发生，有的地方规定文明施工费、安全施工费和临时设施费按当地行政主管部门规定计算。

2）企业自行确定

企业根据自己的情况并结合工程实际自行确定措施费的计算费率。费用包括夜间施工费、二次搬运费。

措施费本应是市场竞争费用，待我国建筑安装市场竞争秩序逐步走上正轨后，措施费都应由企业自行确定。

5. 其他项目费的计算

6. 规费的计算

规费包括社会保险费、住房公积金、工程排污费。规费根据国家法律、法规规定，按照当地省级政府或省级有关权力部门的规定计算。如××省规费的计算规定如下：

（1）社会保险费（包括养老保险费、失业保险费、医疗保险费、工伤保险、生育保险费）

1）养老保险费：按分部分项清单定额人工费＋措施项目清单定额人工费的6.0％～11.0％计算。

2）失业保险费：按分部分项清单定额人工费＋措施项目清单定额人工费的0.6％～1.1％计算。

3）医疗保险费：按分部分项清单定额人工费＋措施项目清单定额人工费的3.0％～4.5％计算。

4）工伤保险费：按分部分项清单定额人工费＋措施项目清单定额人工费的0.8％～1.3％计算。

5）生育保险费：按分部分项清单定额人工费＋措施项目清单定额人工费的0.2％～1.0％计算。

（2）住房公积金：按分部分项清单定额人工费＋措施项目清单定额人工费的2.0％～5.0％计算。

（3）工程排污费：按照工程所在地环保部门规定按实计算。

编制投标报价时，规费按投标人持有的《××省施工企业工程规费计取标准》中核定标准计取，不得纳入投标竞争的范围。

由于各地的规定不尽相同，应注意当地的具体规定。

7. 税金的计算

（1）税金规定

根据我国现行税法规定，建筑安装工程的税金包括营业税、城市维护建设税、教育费附加和地方教育附加四部分。

由于营业税是按“总收入”计算，而“总收入”包括税金本身，总收入（即工程总造价）＝分部分项工程费＋措施项目费＋其他项目费＋规费＋税金。但是，在计算营业税时税金还未计算出来，所以税金只能按“税前造价”计算（税前造价是分部分项工程费、措施项目费、其他项目费及规费之和）。所以税金的计算方法只能是：税金＝（分部分项工程费＋措施项目费＋其他项目费＋规费）×综合税金率。

根据上述规定，综合税金率分别为：

1）综合税金率＝3.48％（工程所在地在市区）；

2）综合税金率＝3.41％（工程所在地在县城、镇）；

3）综合税金率＝3.28％（工程所在地不在市区、县城、镇）。

（2）税金计算

税金的计算见下列各式：

税金＝(分部分项工程费＋措施项目费＋其他项目费＋规费)×3.48％(工程所在地在市区)

税金＝(分部分项工程费＋措施项目费＋其他项目费＋规费)×3.41％(工程所在地在县城、镇)

税金＝(分部分项工程费＋措施项目费＋其他项目费＋规费)×3.28％(工程所在地不在市区、县城、镇)

8. 单位工程费的计算

单位工程费＝分部分项工程费＋措施项目费＋其他项目费＋规费＋税金

9. 单项工程费的计算

单项工程费将“建筑工程”、“装饰工程”、“安装工程”等各个单位工程费汇总即可。

10. 填写封面、总说明

工程总费用计算完成之后，应书写封面及总说明。封面应按计价规范的要求书写。

5.3.6　投标报价表格的组成

1. 投标总价封面（封-3，见图5-6）

应填写投标工程的具体名称，投标人应盖单位公章。

2. 投标总价扉页（扉-3，见图5-7）

投标人编制投标报价时，由投标人单位注册的造价人员编制，投标人盖单位公章，法定代表人或其授权人签字或盖章，编制的造价人员（造价工程师或造价员）签字盖执业专用章。

3. 总说明（表-01，见图5-8）

投标报价总说明的内容应包括：

（1）采用的计价依据；

（2）采用的施工组织设计；

（3）综合单价中包含的风险因素、风险范围（幅度）；

（4）措施项目的依据；

（5）其他有关内容的说明等。

4. 建设项目投标报价汇总表（表-02，见图 5-9）

5. 单项工程投标报价汇总表（表-03，见图 5-10）

6. 单位工程投标报价汇总表（表-04，见图 5-11）

7. 分部分项工程和单价措施项目清单与计价表（表-08，见图 5-12、图 5-13）

编制投标报价时，投标人对表中的“项目编码”、“项目名称”、“项目特征”、“计量单位”、“工程量”均不应作改动。“综合单价”、“合价”自主决定填写，对其中的“暂估价”栏，投标人应将招标文件中提供了暂估材料单价的暂估价进入综合单价，并应计算出暂估单价的材料在“综合单价”及其“合价”中的具体数额，因此，为更详细反映暂估价情况，也可在表中增设一栏“综合单价”其中的“暂估价”。

8. 综合单价分析表（表-09，见图 5-14～图 5-17）

具体内容详见本节［例 5-1］～［例 5-4］。

9. 总价措施项目清单与计价表（表-11，见图 5-18）

编制投标报价时，除“安全文明施工费”必须按规范的强制性规定，按省级或行业建设主管部门的规定计取外，其他措施项目均可根据投标施工组织设计自主报价。

10. 其他项目清单与计价汇总表（表-12，见图 5-19）

编制投标报价时，应按招标工程量清单提供的“暂列金额”和“专业工程暂估价”填写金额，不得变动。“计日工”、“总承包服务费”自主确定报价。

11. 暂列金额明细表（表-12-1，见图 5-20）

招标工程量清单中给出的暂列金额及拟用项目见表-12-1，投标人只需要直接将招标工程量清单中所列的暂列金额纳入投标总价，并且不需要在所列的暂列金额以外再考虑任何其他费用。

12. 材料（工程设备）暂估单价及调整表（表-12-2，见图 5-21）

13. 专业工程暂估价及结算价表（表-12-3，见图 5-22）

投标人应将招标工程量清单中专业工程暂估价表内填写的工程名称、工程内容、暂估金额计入投标总价中。

14. 计日工表（表-12-4，见图 5-23）

编制投标报价时，人工、材料、机械台班单价由投标人自主确定，按已给暂估数量计算合价计入投标总价中。

15. 总承包服务费计价表（表-12-5，见图 5-24）

编制投标报价时，由投标人根据工程量清单中的总承包服务内容，自主决定报价。

16. 规费、税金项目计价表（表-13，见图 5-25）

17. 总价项目进度款支付分解表（表-16，见图 5-26）

18. 发包人提供材料和工程设备一览表（表-20）

19. 承包人提供主要材料和工程设备一览表（表-21 或表-22，见图 5-27、图 5-28）

承包人在投标报价中，按发包人的要求填写。

5.3.7 投标报价表格的应用（以××年××省安装工程定额为依据）

××学校青年教师公寓　弱电安装　工程

投　标　总　价

投 标 人：××安装工程公司
（单位盖章）

××年×月×日

图5-6　投标人投标总价封面

投　标　总　价

招　标　人：××学校

工程名称：××学校青年教师公寓　弱电工程

投标总价（小写）：652794.54

（大写）：陆拾伍万贰仟柒佰玖拾肆元伍角肆分

投　标　人：××安装工程公司
（单位盖章）

法定代表人

或其授权人：×××
（签字或盖章）

编　制　人：×××
（造价人员签字盖专用章）

时间：××年×月×日

图5-7　投标总价扉页

总 说 明

工程名称：××学校青年教师公寓 弱电安装工程　　　　第1页 共1页

1. 工程概况：（略）
2. 投标报价包括范围：为本次招标的青年教师公寓工程施工图范围内的电话线路、有线电视线路、可视对讲系统、火灾自动报警安装工程。
3. 投标报价编制依据：
（1）招标文件、招标工程量清单和有关报价要求，招标文件的补充通知和答疑纪要；
（2）××建筑电气设计事务所设计的弱电施工图纸及投标施工组织设计；
（3）《建设工程工程量清单计价规范》GB 50500—2013以及有关的技术标准、规范和安全管理规定等；
（4）省建设主管部门颁发的计价定额和计价办法及相关计价文件；
（5）材料价格根据本公司掌握的价格情况并参照工程所在地工程造价管理机构××年×月工程造价信息发布的价格。单价中已包括招标文件要求的≤5%的价格波动风险。
4. 其他（略）。

图5-8 投标总价总说明

建设项目投标报价汇总表

工程名称：××学校青年教师公寓 弱电安装工程　　　　第1页 共1页

序号	单项工程名称	金额（元）	其中：（元）		
			暂估价	安全文明施工费	规费
1	××学校青年教师公寓	652794.54	45000	16365.87	15802.23
合计		652794.54	45000	16365.87	15802.23

图5-9 建设项目投标报价汇总表

单项工程投标报价汇总表

工程名称：××学校青年教师公寓 弱电安装工程　　　　第1页 共1页

序号	单位工程名称	金额（元）	其中：（元）		
			暂估价	安全文明施工费	规费
1	××学校青年教师公寓	652794.54	45000	16365.87	15802.23
合计		652794.54	45000	16365.87	15802.23

图5-10 单项工程投标报价汇总表

单位工程投标报价汇总表

工程名称：××学校青年教师公寓 弱电安装工程　　　　第1页 共1页

序号	汇总内容	金额（元）	其中：暂估价（元）
1	分部分项工程	479426.81	45000
1.1	电气设备安装工程	282357.26	45000
1.2	建筑智能化工程	109547.81	
1.3	通信设备及线路工程	87521.74	
2	措施项目	25912.22	—
2.1	其中：安全文明施工费	16365.87	—
3	其他项目	109700	—
3.1	其中：暂列金额	25000	—
3.2	其中：专业工程暂估价	70000	—
3.3	其中：计日工	9440	—
3.4	其中：总承包服务费	5260	—
4	规费	15802.23	—
5	税金	21953.28	—
招标控制价合计=1+2+3+4+5		652794.54	45000

图5-11 单位工程投标报价汇总表

分部分项工程和单价措施项目清单与计价表

工程名称：××学校青年教师公寓　弱电安装工程　　　　第1页　共2页

序号	项目编码	项目名称	计量单位	工程量	金额（元）		
					综合单价	合价	其中 暂估价
		0304 电气设备安装工程					
1	030404004001	低压开关柜（屏）	台	1.00	45646.5	45646.50	45000
2	030408002001	管穿同轴电缆 SYV-75-5	m	107.30	35.90	3852.07	
3	030408003001	电缆保护管 SC100	m	489.10	118.91	58158.88	
		（其他略）					
		分部小计				282357.26	
		0305 建筑智能化工程					
4	030507008001	电视对讲主机安装与调试	台	1.00	5158.80	5158.80	
5	030507008002	电视对讲分机	台	24.00	1048.80	25171.20	
		（其他略）					
		分部小计				109547.81	
本页小计						391905.07	45000
合计						391905.07	45000

图5-12　分部分项工程和单价措施项目清单与计价表

分部分项工程和单价措施项目清单与计价表

工程名称：××学校青年教师公寓　弱电安装工程　　　　第2页　共2页

序号	项目编码	项目名称	计量单位	工程量	金额（元）		
					综合单价	合价	其中 暂估价
		0311 通信设备及线路工程					
6	031103025001	分线箱	个	12.00	647.79	7773.48	
		（其他略）					
		分部小计				87521.74	
本页小计						87521.74	—
合计						479426.81	45000

图5-13　分部分项工程和单价措施项目清单与计价表

综合单价分析表

工程名称：××学校青年教师公寓　弱电安装工程　　　　　　　　第×页　共×页

项目编码	031103025001		项目名称	分线箱（盒）		计量单位	个		工程量	12.00	
清单综合单价组成明细											
定额编号	定额项目名称	定额单位	数量	单价				合价			
				人工费	材料费	机械费	管理费和利润	人工费	材料费	机械费	管理费和利润
CK0026	分线箱	个	1	31.95	54.62	—	12.78	31.95	54.62	—	12.78
人工单价		小计						31.95	54.62	—	12.78
50元/工日		未计价材料费						548.44			
清单项目综合单价								647.79			
材料费明细	主要材料名称、规格、型号					单位	数量	单价（元）	合价（元）	暂估单价（元）	暂估合价（元）
	电话分线箱					个	1.000	460.00	460.00		
	全塑电缆					m	3.30	26.80	88.44		
	其他材料费							—	0	—	
	材料费小计							—	548.44	—	

图5-14　综合单价分析表（一）

综合单价分析表

工程名称：××学校青年教师公寓　弱电安装工程　　　　　　　　第×页　共×页

项目编码	030404004001		项目名称	低压开关柜（屏）		计量单位	台		工程量	1.00	
清单综合单价组成明细											
定额编号	定额项目名称	定额单位	数量	单价				合价			
				人工费	材料费	机械费	管理费和利润	人工费	材料费	机械费	管理费和利润
CB0321	低压开关柜	台	1.000	271.66	185.52	80.66	108.66	271.66	185.52	80.66	108.66
人工单价		小计						271.66	185.52	80.66	108.66
50元/工日		45000						548.44			
清单项目综合单价								45646.50			
材料费明细	主要材料名称、规格、型号					单位	数量	单价（元）	合价（元）	暂估单价（元）	暂估合价（元）
	低压开关柜（CGD190380/220V）					台	1.000			45000	45000
	其他材料费							—	0	—	
	材料费小计							—	0	—	45000

图5-15　综合单价分析表（二）

综合单价分析表

工程名称：××学校青年教师公寓 弱电安装工程　　　　第×页 共×页

项目编码	030408003001		项目名称	电缆保护管		计量单位	m		工程量	489.10	
清单综合单价组成明细											
定额编号	定额项目名称	定额单位	数量	单价				合价			
				人工费	材料费	机械费	管理费和利润	人工费	材料费	机械费	管理费和利润
CB1654	SC100电缆保护管	100m	0.013	1273.15	590.29	69.36	509.26	16.55	7.67	0.90	6.62
人工单价		小计						16.55	7.67	0.90	6.62
50元/工日		未计价材料费						87.17			
清单项目综合单价								118.91			
材料费明细	主要材料名称、规格、型号					单位	数量	单价（元）	合价（元）	暂估单价（元）	暂估合价（元）
	*DN*100钢管					m	1.339	65.10	87.17		
	其他材料费							—	0	—	
	材料费小计							—	87.17	—	

图5-16 综合单价分析表（三）

综合单价分析表

工程名称：××学校青年教师公寓 弱电安装工程　　　　第×页 共×页

项目编码	030404017001		项目名称	配电箱		计量单位	台		工程量	5.00	
清单综合单价组成明细											
定额编号	定额项目名称	定额单位	数量	单价				合价			
				人工费	材料费	机械费	管理费和利润	人工费	材料费	机械费	管理费和利润
CB0347	配电箱	台	1	132.27	34.58	64.56	52.91	132.27	34.58	64.56	52.91
CB2054	铁构件制作	100kg	0.32	376.92	139.43	62.45	150.77	120.61	44.62	19.98	48.25
CB2061	基础槽钢	10m	0.32	72.24	40.01	18.07	28.90	23.12	12.80	5.78	9.25
人工单价		小计						276.00	92.00	90.32	110.41
50元/工日		未计价材料费						7968.00			
清单项目综合单价								8536.73			
材料费明细	主要材料名称、规格、型号					单位	数量	单价（元）	合价（元）	暂估单价（元）	暂估合价（元）
	配电箱					台	1	7800	7800		
	L30×3					kg	33.6	5	168		
	其他材料费							—	0	—	
	材料费小计							—	7968	—	

图5-17 综合单价分析表（四）

总价措施项目清单与计价表

工程名称：××学校青年教师公寓　弱电安装工程　　第1页　共1页

序号	项目编码	项目名称	计算基础	费率（%）	金额（元）	调整费率（%）	调整后金额（元）	备注
1	031302001001	安全文明施工费	定额人工费	25	16365.87			
2	031302002001	夜间施工增加费	定额人工费	2.5	1636.59			
3	031302004001	二次搬运费	定额人工费	1.5	981.95			
4	031302005001	冬雨季施工增加费	定额人工费	2	1309.27			
5	031302006001	已完工程及设备保护费			3000			
6	031301017001	脚手架使用费	定额人工费	4	2618.54			
合计					25912.22			

编制人（造价人员）：×××　　复核人（造价工程师）：×××

图 5-18　总价措施项目清单与计价表

其他项目清单与计价汇总表

工程名称：××学校青年教师公寓　弱电安装工程　　第1页　共1页

序号	项目名称	金额（元）	结算金额（元）	备　注
1	暂列金额	25000		明细详见表-12-1
2	暂估价	70000		
2.1	材料（工程设备）暂估价/结算价	—		明细详见表-12-2
2.2	专业工程暂估价/结算价	70000		明细详见表-12-3
3	计日工	9440		明细详见表-12-4
4	总承包服务费	5260		明细详见表-12-5
5	索赔与现场签证	—		明细详见表-12-6
合计		109700		—

图 5-19　其他项目清单与计价汇总表

暂列金额明细表

工程名称：××学校青年教师公寓　弱电安装工程　　第1页　共1页

序号	项目名称	计量单位	暂定金额（元）	备　注
1	工程量清单中工程量偏差和设计变更	项	10000	
2	政策性调整和材料价格风险	项	10000	
3	其他	项	5000	
合计			25000	—

图 5-20　暂列金额明细表

材料（工程设备）暂估单价及调整表

工程名称：××学校青年教师公寓 弱电安装工程　　　　第1页 共1页

序号	材料（工程设备）名称、规格、型号	计量单位	数量		暂估（元）		确认（元）		差额±（元）		备注
			暂估	确认	单价	合价	单价	合价	单价	合价	
1	低压开关柜（CGD190380/220V）	台	1		45000	45000					用于低压开关柜安装项目
合计						45000					

图5-21 材料（工程设备）暂估单价及调整表

专业工程暂估价及结算价表

工程名称：××学校青年教师公寓 弱电安装工程　　　　第1页 共1页

序号	工程名称	工程内容	暂估金额（元）	结算金额（元）	差额±（元）	备注
1	消防工程	合同图纸中表明的以及消防工程规范和技术说明中规定的各系统中的设备、管道、阀门、线缆等的供应、安装和调试工作	70000			
合计			70000			

图5-22 专业工程暂估价及结算价表

计 日 工 表

工程名称：××学校青年教师公寓 弱电安装工程　　　　第1页 共1页

编号	项目名称	单位	暂定数量	实际数量	综合单价（元）	合价（元）	
						暂定	实际
一	人工						
1	普工	工日	100		50	5000	
2	技工（综合）	工日	60		50	3000	
人工小计						8000	
二	材料						
材料小计						0	
三	施工机械						
施工机械小计						0	
四、企业管理费和利润 按人工费18%计						1440	
总 计						9440	

图5-23 计日工表

总承包服务费计价表

工程名称：××学校青年教师公寓　弱电安装工程　　　　第1页　共1页

序号	项目名称	项目价值（元）	服务内容	计算基础	费率（%）	金额（元）
1	发包人发包专业工程	70000	1. 按专业工程承包人的要求提供施工工作面并对施工现场进行统一管理，对竣工资料进行统一整理汇总。 2. 为专业工程承包人提供垂直运输机械和焊接电源接入点，并承担垂直运输费和电费。	项目价值	7	4900
2	发包人提供材料	45000	对发包人供应的材料进行验收及保管和使用发放	项目价值	0.8	360
	合计	—	—		—	5260

图5-24　总承包服务费计价表

规费、税金项目计价表

工程名称：××学校青年教师公寓　弱电安装工程　　　　第1页　共1页

序号	项目名称	计算基础	计算基数	计算费率（%）	金额（元）
1	规费	定额人工费			15802.23
1.1	社会保险费	定额人工费			12496.32
(1)	养老保险费	定额人工费		11	7272.99
(2)	失业保险费	定额人工费		1.1	727.30
(3)	医疗保险费	定额人工费		4.5	2975.31
(4)	工伤保险费	定额人工费		1.3	859.54
(5)	生育保险费	定额人工费		1	661.18
1.2	住房公积金	定额人工费		5	3305.91
1.3	工程排污费	按工程所在地环境保护部门收取标准，按实计入			
2	税金	分部分项工程费＋措施项目费＋其他项目费＋规费－按规定不计税的工程设备金额		3.48	21953.28
合计					37755.51

编制人（造价人员）：×××　　　　复核人（造价工程师）：×××

图5-25　规费、税金项目计价表

总价项目进度款支付分解表

工程名称：××学校青年教师公寓　弱电安装工程　　　　单位：元

序号	项目名称	总价金额	首次支付	二次支付	三次支付	四次支付	五次支付	
1	安全文明施工费	16365.87	3373.50	3373.50	3206.29	3206.29	3206.29	
2	夜间施工增加费	1636.59	327.30	327.30	327.30	327.30	327.39	
3	二次搬运费	981.95	196.39	196.39	196.39	196.39	196.39	
	略							
4	社会保险费	12496.32	2499.30	2499.30	2499.30	2499.30	2499.12	
5	住房公积金	3305.91	661.20	661.20	661.20	661.20	661.11	
合计								

编制人（造价人员）：×××　　　　复核人（造价工程师）：×××

图 5-26　总价项目进度款支付分解表

承包人提供主要材料和工程设备一览表（适用于造价信息差额调整法）

工程名称：××学校青年教师公寓　弱电安装工程　　　　第 1 页　共 1 页

序号	名称、规格、型号	单位	数量	风险系数（%）	基准单价（元）	投标单价（元）	发承包人确认单价（元）	备注
1	电力电缆 YJV（4×50+1×25）	m	375	≤5	145	142		
2	电力电缆 YJV（4×25+1×16）	m	142	≤5	87	87		
3	电力电缆 YJV（5×16）	m	56	≤5	58	60		
	（略）							

图 5-27　承包人提供主要材料和工程设备一览表（适用于造价信息差额调整法）

承包人提供主要材料和工程设备一览表（适用于价格指数差额调整法）

工程名称：××学校青年教师公寓　弱电安装工程　　　　第 1 页　共 1 页

序号	名称、规格、型号	变值权重 B	基本价格指数 F_0	现行价格指数 F_t	备　注
1	人工	0.18	110%		
2	钢管	0.15	6000 元/t		
3	电缆 SYV-75-5	0.06	254 元/m		
4	机械费	0.03	100%		
	定值权重 A	0.58	—	—	
合计		1	—	—	

图 5-28　承包人提供主要材料和工程设备一览表（适用于价格指数差额调整法）

5.4　楼宇智能化工程竣工结算编制

5.4.1　竣工结算概述

1. 竣工结算的概念

竣工结算是在承包人完成施工合同约定的全部工程内容，发包人依法组织竣工验收合格后，由发承包双方按照合同约定的工程造价条款，即已签约合同价、合同价款调整（包括工程变更、索赔和现场签证）等事项确定的最终工程造价。

工程完工后，发承包双方必须在合同约定时间内办理工程竣工结算。

2. 竣工结算的编制单位

工程竣工结算应由承包人或受其委托具有相应资质的工程造价咨询人编制，并应由发包人或受其委托具有相应资质的工程造价咨询人核对。实行总承包的工程，由总承包人对竣工结算的编制负总责。根据《工程造价咨询企业管理办法》（建设部令第149号）的规定，承包人、发包人均可委托具有工程造价咨询资质的工程造价咨询企业编制或核对竣工结算。

当发承包双方或一方对工程造价咨询人出具的竣工结算文件有异议时，可向工程造价管理机构投诉，申请对其进行执业质量鉴定。

3. 竣工结算的作用

竣工结算是反映工程造价计价规定执行情况的最终文件。竣工结算办理完毕，发包人应将竣工结算文件报送工程所在地或有该工程管辖权的行业管理部门的工程造价管理机构备案，竣工结算文件应作为工程竣工验收备案、交付使用的必备文件。

（1）竣工结算是确定工程竣工结算总造价的经济文件。

（2）竣工结算是发承包人双方办理最终工程竣工结算的重要依据。

（3）竣工结算是承包方企业进行内部成本核算的重要依据。

5.4.2　竣工结算的编制依据

1.《建设工程工程量清单计价规范》GB 50500—2013；

2. 工程合同；

3. 发承包双方实施过程中已确认的工程量及其结算的合同价款；

4. 发承包双方实施过程中已确认调整后追加（减）的合同价款；

5. 建设工程设计文件及相关资料；

6. 投标文件；

7. 其他依据。

5.4.3　竣工结算的编制内容

1. 分部分项工程

办理竣工结算时，分部分项工程应依据发承包双方确认的工程量与已标价工程量清单的综合单价计算；发生调整的，应以发承包双方确认调整的综合单价计算。

2. 措施项目

措施项目中的单价项目应依据发承包双方确认的工程量与已标价工程量清单的综合单价计算；发生调整的，应以发承包双方确认调整的综合单价计算。

措施项目中的总价项目应依据已标价工程量清单的项目和金额计算；发生调整的，应以发承包双方确认调整的金额计算，其中安全文明施工费应按照国家或省级、行业建设主管部门的规定计算。施工过程中，国家或省级、行业建设主管部门对安全文明施工费进行了调整的，措施项目中的安全文明施工费应作相应调整。

3. 其他项目

(1) 计日工

计日工的费用应按发包人实际签证确认的数量和合同约定的相应单价计算。

(2) 暂估价

暂估价中的材料是招标采购的，其单价按中标价在综合单价中调整。暂估价中的材料为非招标采购的，其单价按发承包双方最终确认的单价在综合单价中调整。

暂估价中的专业工程是招标采购的，其金额按中标价计算。暂估价中的专业工程为非招标采购的，其金额按发承包双方与分包人最终确认的金额计算。

(3) 总承包服务费

总承包服务费应依据已标价工程量清单金额计算；发生调整的，应以发承包双方确认调整的金额计算。

(4) 索赔费用

索赔事件产生的费用在办理竣工结算时应在其他项目中反映。索赔金额应依据发承包双方确认的索赔事项和金额计算。

(5) 现场签证费用

现场签证产生的费用在办理竣工结算时应在其他项目中反映。现场签证金额应依据发承包双方签证资料确认的金额计算。

(6) 暂列金额

合同价款中的暂列金额在用于各项价款调整、索赔与现场签证后，暂列金额应减去合同价款调整（包括索赔、现场签证）金额计算，如有余额归发包人，若出现差额，则由发包人补足并反映在相应工程的合同价款中。

4. 规费和税金

竣工结算中规费和税金应按照国家或省级、行业建设主管部门对规费和税金的计取标准计算。规费中的工程排污费应按工程所在地环境保护部门规定的标准缴纳后按实列入。

5.4.4 竣工结算的编制方法

竣工结算编制的基本方法：竣工结算价＝合同价＋调整价

合同价是指合同订立的价。

调整价是指按合同约定应该调整的价。调整价内容主要包括工程量调整价、工料价格调整价、政策性调整价、索赔费用、合同以外零星项目费用以及奖惩费用等。

1. 工程量调整

工程量调整主要是指施工过程中设计变更或工程量清单的工程量计算误差造成的工程量增减变化。其调整价的计算公式为：

$$工程量调整 = \Sigma(工程量 \times 综合单价)$$

(1) 工程量

工程量主要是指设计变更和清单误差的工程数量。一般情况下，固定总价包干的合同不存在工程量调整。工程量是否调整要视合同的具体规定。

（2）综合单价

综合单价的确定如下：

合同中已有适用于变更工程的价格，按合同已有的价格确定；

合同中只有类似于变更工程的价格，可以参照类似价格确定；

合同中没有适用或类似于变更工程的价格，由承包人或发包人提出适当的变更价格，经双方认可后确定。

2. 工料价格调整

《建设工程工程量清单计价规范》GB 50500—2013 将物价变化的合同价款调整方法分为价格指数调整价格差额和造价信息调整价格差额两大类，与国家发展和改革委员会等九部委发布的56号令中的《通用合同条款》"16.1 物价波动引起的价格调整"中规定的两种物价波动引起的价格调整方式是一致的，是目前国内使用频率最多的。

（1）价格指数调整价格差额

该方法具有运用简单、管理方便、可操作性强的特点，在国际上以及国内一些专业工程中广泛采用。

$$\Delta P = P_0\left[A + \left(B_1 \times \frac{F_{t1}}{F_{01}} + B_2 \times \frac{F_{t2}}{F_{02}} + B_3 \times \frac{F_{t3}}{F_{03}} + \cdots + B_n \times \frac{F_{tn}}{F_{0n}}\right) - 1\right] \quad (5\text{-}1)$$

式中，ΔP——需调整的价格差额；

P_0——约定的付款证书中承包人应得到的已完成工程量的金额，此项金额应不包括价格调整、不计质量保证金的扣留和支付、预付款的支付和扣回，约定的变更及其他金额已按现行价格计价的，也不计在内；

A——定值权重（即不调部分的权重）；

B_1、B_2、B_3、…、B_n——各可调因子的变值权重（即可调部分的权重），为各可调因子在投标函投标总报价中所占的比例；

F_{t1}、F_{t2}、F_{t3}、…、F_{tn}——各可调因子的现行价格指数，指约定的付款证书相关周期最后一天的前42天的各可调因子的价格指数；

F_{01}、F_{02}、F_{03}、…、F_{0n}——各可调因子的基本价格指数，指基准日期的各可调因子的价格指数。

以上价格调整公式中的各可调因子、定值和变值权重，以及基本价格指数及其来源在投标函附录价格指数和权重表中约定。价格指数应首先采用工程造价管理机构提供的价格指数，缺乏上述价格指数时，可采用工程造价管理机构提供的价格代替。

【例 5-5】 某工程约定采用价格指数法调整合同价款，具体约定见图 5-64 数据，本期完成合同价款为：129754.25 元，其中已按现行价格计算的计日工价款 4700 元，发承包双方确认应增加的索赔金额 1692.35 元，请计算应调整的合同价款差额。

【解析】

（1）本期完成合同价款应扣除已按现行价格计算的计日工价款和确认的索赔金额。

$$129754.25 - 4700 - 1692.35 = 123361.90(\text{元})$$

（2）用式（5-1）计算：

$$\Delta P = 123361.90 \times \left[0.58 + \left(0.18 \times \frac{121}{110} + 0.15 \times \frac{6150}{6000} + 0.06 \times \frac{268}{254} + 0.03 \times \frac{100}{100}\right) - 1\right]$$

$$= 3091.09(\text{元})$$

本期应增加合同价款 3091.09 元。

（3）假如此例中人工费单独按照《建设工程工程量清单计价规范》GB 50500—2013 第 3.4.2 条第 2 款的规定进行调整，则应扣除人工费所占变值权重，将其列入定值权重。用式（5-1）：

$$\Delta P = 123361.90 \times \left[0.76 + \left(0.15 \times \frac{6150}{6000} + 0.06 \times \frac{268}{254} + 0.03 \times \frac{100}{100}\right) - 1\right]$$

$$= 870.58(\text{元})$$

本期应增加合同价款 870.58 元。

（2）造价信息调整价格差额

【例 5-6】 某工程采用电力电缆由承包人提供，所需规格见图 5-63。施工期间，在采购电力电缆时，其单价分别为 YJV（4×50+1×25）：153 元/m；YJV（4×25+1×16）：90 元/m；YJV（5×16）：59 元/m，合同约定的材料单价如何调整？

【解析】

（1）YJV（4×50+1×25）：$\frac{153}{145} - 1 = 5.52\%$

投标单价低于基准价，按基准价算，已超过约定的风险系数，应予调整：

$$142 + 145 \times 0.45\% = 143(\text{元})$$

（2）YJV（4×25+1×16）：$\frac{90}{87} - 1 = 3.45\%$

投标单价等于基准价，以基准价算，未超过约定的风险系数，不予调整。

（3）YJV（5×16）：$\frac{59}{58} - 1 = 1.72\%$

投标单价高于基准价，按报价算，未超过约定的风险系数，不予调整。

3. 政策性调整价

政策性调整价主要是指按合同规定可以调整的政策性费用。比如规费、安全文明施工费等。

由于规费是按有关部门规定收取的费用，有的地区规定规费不参与市场竞争，工程投标报价时不计入总报价，在办理结算时按规定计算进入结算总价。安全施工费也是如此。

4. 合同以外零星项目费用

发包人要求承包人完成合同以外零星项目的费用。计算公式如下：

$$\text{人工费} = \Sigma(\text{签证用工数量} \times \text{人工单价})$$

$$\text{材料费} = \Sigma(\text{签证材料数量} \times \text{材料单价})$$

$$\text{机械费} = \Sigma(\text{签证机械台班数量} \times \text{机械台班单价})$$

5. 索赔费用

索赔费用是指发承包人未能按合同约定履行自己的各项义务或发生错误，给另一方造成经济损失的，由受损方按合同约定提出索赔，索赔金额按合同约定支付。

$$\text{索赔费用} = \text{承包人索赔费用} - \text{发包人索赔费用}$$

(1) 承包人索赔费用

是指非承包人原因造成承包人损失的费用。如由于发包人进行设计变更造成施工现场塔吊闲置、停窝工损失、材料浪费等。

(2) 发包人索赔费用

是指非发包人原因造成发包人损失的费用。

6. 奖惩费用

如合同约定获得奖项或提前工期时，发包人给承包人予以奖励，奖励费用按合同约定计算。如合同约定由于承包人的原因（承包人施工组织不善等）造成工期延后，发包人给承包人以惩罚，惩罚费按合同约定计算。

5.4.5 竣工结算表格的组成

1. 竣工结算书封面（封-4）

应填写竣工工程的具体名称，发承包双方应盖其单位公章，如委托工程造价咨询人办理的，还应加盖其单位公章。

【示例】 发承包双方自行办理竣工结算封面（见图 5-29）。

【示例】 发包人委托工程造价咨询人核对竣工结算封面（见图 5-30）。

××学校青年教师公寓　弱电安装　工程

竣工结算书

发　包　人：××学校
（单位盖章）

承　包　人：××安装工程公司
（单位盖章）

××年×月×日

图 5-29　发承包双方自行办理竣工结算封面

××学校青年教师公寓　弱电安装　工程

竣工结算书

发　包　人：××学校
（单位盖章）

承　包　人：××安装工程公司
（单位盖章）

造价咨询人：××工程造价咨询企业
（单位盖章）

××年×月×日

图5-30　发包人委托工程造价咨询人核对竣工结算封面

2. 竣工结算总价扉页（扉-4）

承包人自行编制竣工结算总价，由承包人单位注册的造价人员编制，承包人盖单位公章，法定代表人或其授权人签字或盖章，编制的造价人员（造价工程师或造价员）在编制人栏签字盖执业专用章。

发包人自行核对竣工结算时，由发包人单位注册的造价工程师核对，发包人盖单位公章，法定代表人或其授权人签字或盖章，造价工程师在核对人栏签字盖执业专用章。

【示例】 承包人自行编制发包人自行核对竣工结算扉页（见图5-31）。

××学校青年教师公寓　弱电安装　工程

竣工结算总价

签约合同价（小写）：652794.54元　　（大写）：陆拾伍万贰仟柒佰玖拾肆元伍角肆分

竣工结算价（小写）：648859.91元　　（大写）：陆拾肆万捌仟捌佰伍拾玖元玖角壹分

发　包　人：××学校（单位盖章）　　承　包　人：××安装工程公司（单位盖章）

法定代表人或其授权人：××学校 ×××（签字或盖章）　　法定代表人或其授权人：××安装工程公司 ×××（签字或盖章）

编　制　人：×××（造价人员签字盖专用章）　　核　对　人：×××（造价工程师签字盖专用章）

编 制 时 间：××年×月×日　　核 对 时 间：××年×月×日

图5-31　承包人自行编制发包人自行核对竣工结算扉页

【示例】 承包人自行编制发包人委托工程造价咨询人核对的竣工结算扉页（见图5-32）。

××学校青年教师公寓 弱电安装 工程

竣工结算总价

签约合同价（小写）：652794.54 元　　（大写）：陆拾伍万贰仟柒佰玖拾肆元伍角肆分

竣工结算价（小写）：648859.91 元　　（大写）：陆拾肆万捌仟捌佰伍拾玖元玖角壹分

发 包 人：××学校（单位盖章）　　承 包 人：××安装工程公司（单位盖章）　　造价咨询人：××工程造价企业（单位资质专用章）

法定代表人 ××学校 或其授权人：×××（签字或盖章）　　法定代表人 ××安装工程公司 或其授权人：×××（签字或盖章）　　法定代表人 ××工程造价企业 或其授权人：×××（签字或盖章）

编 制 人：×××（造价人员签字盖专用章）　　核 对 人：×××（造价工程师签字盖专用章）

编制时间：××年×月×日　　核对时间：××年×月×日

图 5-32 承包人自行编制发包人委托工程造价咨询人核对的竣工结算扉页

发包人委托工程造价咨询人核对竣工结算时，由工程造价咨询人单位注册的造价工程师核对，发包人盖单位公章，法定代表人或其授权人签字或盖章；工程造价咨询人盖单位资质专用章，法定代表人或其授权人签字或盖章，造价工程师在核对人栏签字盖执业专用章。

除非出现发包人拒绝或不答复承包人竣工结算书的特殊情况，竣工结算办理完毕后，竣工结算总价封面发承包双方的签字、盖章应当齐全。

3. 总说明（表-01）

竣工结算总说明的内容应包括：

（1）工程概况；

（2）编制依据；

（3）工程变更；

（4）工程价款调整；

（5）索赔；

（6）其他等。

【示例】 承包人竣工结算总说明（见图 5-33）。

总 说 明

工程名称：××学校青年教师公寓 弱电安装工程　　　　第 1 页 共 1 页

1. 工程概况：（略）

2. 竣工结算编制依据：

（1）施工合同；

（2）竣工图、发包人确认的实际完成工程量和索赔及现场签证资料；

（3）省工程造价管理机构发布的人工费调整文件。

3. 本工程合同价为 652794.54 元，结算价为 658314.75 元。结算价中包括消防专业工程结算价款。

合同中消防工程暂估价为 70000 元，结算价为 67800 元。发包人供应的低压开关柜 1 台暂估价 45000 元，实际结算价 44560 元。

专业工程价款和发包人供应材料价款已由发包人支付给我公司，我公司已按合同约定支付给专业工程承包人和供应商。

4. 综合单价变化说明：

（1）省工程造价管理机构发布人工费调整文件，规定从××年×月×日起人工费调增 10%。本工程根据文件规定，人工费进行了调增并调整了相应综合单价，具体详见综合单价分析表。

（2）发包人供应的低压开关柜，原招标文件暂估价为 45000 元/台，实际供应价为 44560 元/台，根据实际供应价调整了相应项目综合单价。

5. 其他说明（略）。

图 5-33 承包人竣工结算总说明

【示例】 发包人竣工结算总说明（见图 5-34）。

总　说　明

工程名称：××学校青年教师公寓　弱电安装工程　　　　　　　　　　　第1页　共1页

1. 工程概况：（略）

2. 竣工结算核对依据：

（1）承包人报送的竣工结算；

（2）施工合同；

（3）竣工图、发包人确认的实际完成工程量和索赔及现场签证资料；

（4）省工程造价管理机构发布的人工费调整文件。

3. 核对情况说明：

原报送结算金额为658314.75元，核对后确认金额为648859.91元，金额变化的主要原因为：

（1）原报送结算中，发包人供应的低压开关柜，结算单价为44560元/台，根据进货凭证和付款记录，发包人供应低压开关柜的价格核对确认为44480元/台，并调整了相应项目综合单价和总承包服务费。

（2）计日工9440元，实际支付6490元，节支2950元；总承包服务费5260元，实际支付5101.84元，节支158.16元；规费15802.23元，实际支付17544.52元，超支1742.29元；税金21953.28元，实际支付21820.96元，节支132.32元。增减相抵超支1498.19元。

（3）暂列金额25000元，主要用于工程量偏差及设计变更2232.28元，用于索赔及现场签证16018.37元，用于人工费调整1836.53元，发包人供应低压开关柜暂估价变更−520元，暂列金额节余5432.82元。加上（2）项超支1498.19元，比签约合同价节余3934.63元。

4. 其他（略）。

图5-34　发包人竣工结算总说明

4. 建设项目竣工结算汇总表（表-05，见图5-35）

建设项目竣工结算汇总表

工程名称：××学校青年教师公寓　弱电安装工程　　　　　　　　　　　第1页　共1页

序号	单项工程名称	金额（元）	其中：（元）	
			安全文明施工费	规费
1	××学校青年教师公寓	648859.91	18170.32	17544.52
合计		648859.91	18170.32	17544.52

图5-35　建设项目竣工结算汇总表

5. 单项工程竣工结算汇总表（表-06，见图 5-36）

单项工程竣工结算汇总表

工程名称：××学校青年教师公寓　弱电安装工程　　　　第 1 页　共 1 页

序号	单位工程名称	金额（元）	其中：（元）	
			安全文明施工费	规费
1	××学校青年教师公寓	648859.91	18170.32	17544.52
合计		648859.91	18170.32	17544.52

图 5-36　单项工程竣工结算汇总表

6. 单位工程竣工结算汇总表（表-07，见图 5-37）

单位工程竣工结算汇总表

工程名称：××学校青年教师公寓　弱电安装工程　　　　第 1 页　共 1 页

序号	汇 总 内 容	金额（元）
1	分部分项工程	485645.77
1.1	电气设备安装工程	284654.48
1.2	建筑智能化工程	112641.54
1.3	通信设备及线路工程	88349.75
2	措施项目	28438.45
2.1	其中：安全文明施工费	18170.32
3	其他项目	95410.21
3.1	其中：暂列金额	67800
3.2	其中：专业工程暂估价	6490
3.3	其中：计日工	5101.84
3.4	其中：总承包服务费	16018.37
4	规费	17544.52
5	税金	21820.96
竣工结算总价合计＝1＋2＋3＋4＋5		648859.91

图 5-37　单位工程竣工结算汇总表

7. 分部分项工程和单价措施项目清单与计价表（表-08，见图 5-38、图 5-39）

分部分项工程和单价措施项目清单与计价表

工程名称：××学校青年教师公寓　弱电安装工程　　　　第 1 页　共 2 页

序号	项目编码	项目名称	计量单位	工程量	金额（元）		
					综合单价	合价	其中
							暂估价
		0304 电气设备安装工程					
1	030404004001	低压开关柜（屏）	台	1.00	45153.67	45153.67	
2	030408002001	管穿同轴电缆 SYV-75-5	m	156.34	36.13	5648.56	
3	030408003001	电缆保护管 SC100	m	467.83	120.57	56406.26	
		（其他略）					
		分部小计				284654.48	
		0305 建筑智能化工程					
4	030507008001	电视对讲主机安装与调试	台	1.00	5163.84	5163.84	
5	030507008002	电视对讲分机	台	24.00	1052.95	25270.80	
		（其他略）					
		分部小计				112641.54	
本页小计						397296.02	
合计						397296.02	

图 5-38　分部分项工程和单价措施项目清单与计价表（一）

分部分项工程和单价措施项目清单与计价表

工程名称：××学校青年教师公寓　弱电安装工程　　　　第 2 页　共 2 页

序号	项目编码	项目名称	计量单位	工程量	金额（元）		
					综合单价	合价	其中
							暂估价
		0311 通信设备及线路工程					
6	031103025001	分线箱	个	12.00	650.99	7811.88	
		（其他略）					
		分部小计				88349.75	
本页小计						88349.75	
合计						485645.77	

图 5-39　分部分项工程和单价措施项目清单与计价表（二）

编制竣工结算时，使用本表可取消“暂估价”。

8. 综合单价分析表（表-09，见图 5-40～图 5-42）

综合单价分析表

工程名称：××学校青年教师公寓　弱电安装工程　　　　第×页　共×页

项目编码	030404004001		项目名称	低压开关柜（屏）		计量单位		台	工程量		1.00
清单综合单价组成明细											
定额编号	定额项目名称	定额单位	数量	单价				合价			
				人工费	材料费	机械费	管理费和利润	人工费	材料费	机械费	管理费和利润
CB0321	低压开关柜	台	1.000	298.83	185.52	80.66	108.66	298.83	185.52	80.66	108.66
人工单价		小　计						298.83	185.52	80.66	108.66
55元/工日		未计价材料费						44480			
清单项目综合单价								45153.67			
材料费明细	主要材料名称、规格、型号					单位	数量	单价（元）	合价（元）	暂估单价（元）	暂估合价（元）
	低压开关柜（CGD190380/220V）					台	1.000	44480	44480		
	其他材料费							—	0	—	
	材料费小计							—	44480	—	

图 5-40　综合单价分析表（一）

综合单价分析表

工程名称：××学校青年教师公寓　弱电安装工程　　　　第×页　共×页

项目编码	030408003001		项目名称	电缆保护管		计量单位		m	工程量		467.83
清单综合单价组成明细											
定额编号	定额项目名称	定额单位	数量	单价				合价			
				人工费	材料费	机械费	管理费和利润	人工费	材料费	机械费	管理费和利润
CB1654	SC100电缆保护管	100m	0.013	1400.47	590.29	69.36	509.26	18.21	7.67	0.90	6.62
人工单价		小　计						18.21	7.67	0.90	6.62
55元/工日		未计价材料费						87.17			
清单项目综合单价								120.57			
材料费明细	主要材料名称、规格、型号					单位	数量	单价（元）	合价（元）	暂估单价（元）	暂估合价（元）
	*DN*100钢管					m	1.339	65.10	87.17		
	其他材料费							—	0	—	
	材料费小计							—	87.17	—	

图 5-41　综合单价分析表（二）

综合单价分析表

工程名称：××学校青年教师公寓　弱电安装工程　　　　　　　　第×页　共×页

项目编码	031103025001		项目名称	分线箱（盒）		计量单位	个		工程量	12.00	
清单综合单价组成明细											
定额编号	定额项目名称	定额单位	数量	单价				合价			
				人工费	材料费	机械费	管理费和利润	人工费	材料费	机械费	管理费和利润
CK0026	分线箱	个	1	35.15	54.62	—	12.78	35.15	54.62	—	12.78
人工单价		小计						35.15	54.62	—	12.78
55元/工日		未计价材料费						548.44			
清单项目综合单价								650.99			
材料费明细	主要材料名称、规格、型号					单位	数量	单价（元）	合价（元）	暂估单价（元）	暂估合价（元）
	电话分线箱					个	1.000	460.00	460.00		
	全塑电缆					m	3.30	26.80	88.44		
	其他材料费							—	0	—	
	材料费小计							—	548.44	—	

图5-42　综合单价分析表（三）

编制工程结算时，应在已标价工程量清单中的综合单价分析表中将确定的调整过的人工单价、材料单价等进行置换，形成调整后的综合单价。

9. 综合单价调整表（表-10，见图5-43）

综合单价调整表

工程名称：××学校青年教师公寓　弱电安装工程　　　　　　　　第1页　共1页

序号	项目编码	项目名称	已标价清单综合单价（元）					调整后综合单价（元）				
			综合单价	其中				综合单价	其中			
				人工费	材料费	机械费	管理费和利润		人工费	材料费	机械费	管理费和利润
1	030404004001	低压开关柜	45646.50	271.66	45185.52	80.66	108.66	45153.67	298.83	44665.52	80.66	108.66
2	030408003001	电缆保护管	118.91	16.55	94.84	0.90	6.62	120.57	18.21	94.84	0.90	6.62
3	031103025001	分线箱	647.79	31.95	603.06	—	12.78	650.99	35.15	603.06	—	12.78
		（其他略）										
造价工程师（签章）：　发包人代表（签章）： 日期：××年×月×日							造价工程师（签章）：　发包人代表（签章）： 日期：××年×月×日					

图5-43　综合单价调整表

本表用于因各种合同约定调整因素出现时调整综合单价，此表实际上是一个汇总性质的表，各种调整依据应附表后，项目编码、项目名称必须与已标价工程量清单保持一致，不得发生错漏，以免发生争议。

10. 总价措施项目清单与计价表（表-11，见图 5-44）

总价措施项目清单与计价表

工程名称：××学校青年教师公寓　弱电安装工程　　　　第1页　共1页

序号	项目编码	项目名称	计算基础	费率（%）	金额（元）	调整费率（%）	调整后金额（元）	备注
1	031302001001	安全文明施工费	定额人工费	25	16365.87	25	18170.32	
2	031302002001	夜间施工增加费	定额人工费	2.5	1636.59	2.5	1817.03	
3	031302004001	二次搬运费	定额人工费	1.5	981.95	1.5	1090.22	
4	031302005001	冬雨季施工增加费	定额人工费	2	1309.27	2	1453.63	
5	031302006001	已完工程及设备保护费			3000		3000	
6	031301017001	脚手架使用费	定额人工费	4	2618.54	4	2907.25	
合　计					25912.22		28438.45	

编制人（造价人员）：×××　　　　复核人（造价工程师）：×××

图 5-44　总价措施项目清单与计价表

编制工程结算时，如省级或行业建设主管部门调整了安全文明施工费，应按调整后的标准计算此费用，其他总价措施项目经发承包双方协商进行调整的，按调整后的标准计算。

11. 其他项目清单与计价汇总表（表-12，见图 5-45）

其他项目清单与计价汇总表

工程名称：××学校青年教师公寓　弱电安装工程　　　　第1页　共1页

序号	项目名称	金额（元）	结算金额（元）	备　注
1	暂列金额		—	明细详见表-12-1
2	暂估价	70000	67800	
2.1	材料（工程设备）暂估价/结算价	—	—	明细详见表-12-2
2.2	专业工程暂估价/结算价	70000	67800	明细详见表-12-3
3	计日工	9440	6490	明细详见表-12-4
4	总承包服务费	5260	5101.84	明细详见表-12-5
5	索赔与现场签证	—	16018.37	明细详见表-12-6
合　计		109700	95410.21	—

图 5-45　其他项目清单与计价汇总表

编制或核对工程结算，“专业工程暂估价”按实际分包结算价填写，“计日工”、“总承包服务费”按双方认可的费用填写，如发生“索赔”或“现场签证”费用，按双方认可的金额计入该表。

12. 材料（工程设备）暂估单价及调整表（表-12-2）

【示例】 承包人报送（见图 5-46）。

材料（工程设备）暂估单价及调整表

工程名称：××学校青年教师公寓　弱电安装工程　　　　第 1 页　共 1 页

序号	材料（工程设备）名称、规格、型号	计量单位	数量		暂估（元）		确认（元）		差额±（元）		备注
			暂估	确认	单价	合价	单价	合价	单价	合价	
1	低压开关柜（CGD190380/220V）	台	1	1	45000	45000	44560	44560	−440	−440	用于低压开关柜安装项目
合　计						45000		44560		−440	

图 5-46　承包人报送材料（工程设备）暂估单价及调整表

【示例】 发承包人确认（见图 5-47）。

材料（工程设备）暂估单价及调整表

工程名称：××学校青年教师公寓　弱电安装工程　　　　第 1 页　共 1 页

序号	材料（工程设备）名称、规格、型号	计量单位	数量		暂估（元）		确认（元）		差额±（元）		备注
			暂估	确认	单价	合价	单价	合价	单价	合价	
1	低压开关柜（CGD190380/220V）	台	1	1	45000	45000	44480	44480	−520	−520	用于低压开关柜安装项目
合　计						45000		44480		−520	

图 5-47　发承包人确认材料（工程设备）暂估单价及调整表

13. 专业工程暂估价及结算价表（表-12-3，见图 5-48）

专业工程暂估价及结算价表

工程名称：××学校青年教师公寓　弱电安装工程　　　　第 1 页　共 1 页

序号	工程名称	工程内容	暂估金额（元）	结算金额（元）	差额±（元）	备注
1	消防工程	合同图纸中表明的以及消防工程规范和技术说明中规定的各系统中的设备、管道、阀门、线缆等的供应、安装和调试工作	70000	67800	−2200	
合　计			70000	67800	−2200	

图 5-48　专业工程暂估价及结算价表

14. 计日工表（表-12-4，见图 5-49）

计 日 工 表

工程名称：××学校青年教师公寓 弱电安装工程　　第 1 页 共 1 页

编号	项目名称	单位	暂定数量	实际数量	综合单价（元）	合价（元）	
						暂定	实际
一	人工						
1	普工	工日	100	80	50	5000	4000
2	技工（综合）	工日	60	30	50	3000	1500
人工小计							5500
二	材料						
材料小计							0
三	施工机械						
施工机械小计							0
四、企业管理费和利润 按人工费 18%计							990
总 计							6490

图 5-49 计日工表

结算时，实际数量按发承包双方确认的填写。

15. 总承包服务费计价表（表-12-5，见图 5-50）

总承包服务费计价表

工程名称：××学校青年教师公寓 弱电安装工程　　第 1 页 共 1 页

序号	项目名称	项目价值（元）	服务内容	计算基础	费率（%）	金额（元）
1	发包人发包专业工程	67800	1. 按专业工程承包人的要求提供施工工作面并对施工现场进行统一管理，对竣工资料进行统一整理汇总。 2. 为专业工程承包人提供垂直运输机械和焊接电源接入点，并承担垂直运输费和电费。	项目价值	7	4746
2	发包人提供材料	44480	对发包人供应的材料进行验收及保管和使用发放	项目价值	0.8	355.84
	合 计	—	—		—	5101.84

图 5-50 总承包服务费计价表

办理工程结算时，发承包双方应按承包人已标价工程量清单中的报价计算，如发承包双方确定调整的，按调整后的金额计算。

16. 索赔与现场签证计价汇总表（表-12-6，见图5-51）

索赔与现场签证计价汇总表

工程名称：××学校青年教师公寓　弱电安装工程　　　　第1页　共1页

序号	签证及索赔项目名称	计量单位	数量	单价（元）	合价（元）	索赔及签证依据
1	暂停施工				2518.37	001
2	安装防火卷帘门	处	3	4500	13500	002
—	本页小计	—	—	—	16018.37	—
—	合计	—	—	—	16018.37	—

图5-51　索赔与现场签证计价汇总表

本表是对发承包双方签证认可的“费用索赔申请（核准）表”和“现场签证表”的汇总。

17. 费用索赔申请（核准）表（表-12-7，见图5-52）

费用索赔申请（核准）表

工程名称：××学校青年教师公寓　弱电安装工程　　　　标段：　　编号：001

<table>
<tr><td colspan="2">致：××学校青年教师公寓建设办公室

根据施工合同条款第12条的约定，由于你方工作需要的原因，我方要求索赔金额（大写）贰仟伍佰壹拾捌元叁角柒分（小写2518.37），请予核准。

附：1. 费用索赔的详细理由和依据：根据发包人“关于暂停施工的通知”（详见附件1）。
2. 索赔金额的计算：详见附件2。
3. 证明材料：监理工程师确认的现场工人、机械、周转材料数量及租赁合同（略）。

承包人（章）　（略）

造价人员：×××　承包人代表：×××　日　期：××年×月×日</td></tr>
<tr><td>复核意见：

根据施工合同条款第12条的约定，你方提出的费用索赔申请经复核：
□不同意此项索赔，具体意见见附件。
☑同意此项索赔，索赔金额的计算，由造价工程师复核。

监理工程师：×××

日　期：××年×月×日</td><td>复核意见：

根据施工合同条款第12条的约定，你方提出的费用索赔申请经复核，索赔金额为（大写）贰仟伍佰壹拾捌元叁角柒分（小写2518.37）。

造价工程师：×××

日　期：××年×月×日</td></tr>
<tr><td colspan="2">审核意见：

□不同意此项索赔。
☑同意此项索赔，与本期进度款同期支付。

发包人（章）　（略）

发包人代表：×××

日　期：××年×月×日</td></tr>
</table>

图5-52　费用索赔申请（核准）表

本表将费用索赔申请与核准设置于一个表，非常直观。使用本表时，承包人代表应按合同条款的约定阐述原因，附上索赔证据、费用计算报发包人，经监理工程师复核（按照发包人的授权不论是监理工程师或发包人现场代表均可），经造价工程师（此处造价工程师可以是发包人现场管理人员，也可以是发包人委托的工程造价咨询企业的人员）复核具体费用，经发包人审核后生效，该表以在选择栏中“□”内作标识“√”表示。

18. 现场签证表（表-12-8，见图 5-53）

现 场 签 证 表

工程名称：××学校青年教师公寓　弱电安装工程　　　　标段：　　　　编号：002

<table>
<tr><td>施工部位</td><td>学校指定位置</td><td>日期</td><td>×× 年 × 月 × 日</td></tr>
<tr><td colspan="4">致：××学校青年教师公寓建设办公室

根据×××（指令人姓名）×× 年 × 月 × 日的口头指令或你方×××（或监理人）×× 年 × 月 × 日的书面通知，我方要求完成此项工作应支付价款金额为（大写）壹万叁仟伍佰元（小写 13500.00 ），请予核准。

附：1. 签证事由及原因：为防火防范的需要，学校新增加 3 处防火卷帘门。
2. 附图及计算式：（略）。

承包人（章）　　（略）
造价人员：×××　承包人代表：×××　日　　期：××年×月×日</td></tr>
<tr><td colspan="2">复核意见：

你方提出的此项签证申请经复核：
□不同意此项签证，具体意见见附件。
☑同意此项签证，签证金额的计算，由造价工程师复核。

监理工程师：×××

日　　期：××年×月×日</td><td colspan="2">复核意见：

☑此项签证按承包人中标的计日工单价计算，金额为（大写）壹万叁仟伍佰元，（小写13500.00）。
□此项签证因无计日工单价，金额为（大写）________，（小写________）。

造价工程师：×××

日　　期：××年×月×日</td></tr>
<tr><td colspan="4">审核意见：

□不同意此项签证。
☑同意此项签证，价款与本期进度款同期支付。

发包人（章）　　（略）

发包人代表：×××

日　　期：××年×月×日</td></tr>
</table>

图 5-53　现场签证表

现场签证种类繁多，发承包双方在工程实施过程中来往信函就责任事件的证明均可称为现场签证。但并不是所有的签证均可马上算出价款，有的需要经过索赔程序，这时的签证仅是索赔的依据，有的签证可能根本不涉及价款。本表仅是针对现场签证需要价款结算支付的一种，其他内容的签证也可适用。考虑到招标时招标人对计日工项目的预估难免会有遗漏，造成实际施工发生后无相应的计日工单价，现场签证只能包括单价一并处理。因此在汇总时，有计日工单价的可归并于计日工，如无计日工单价的归并于现场签证，以示区别。当然，现场签证全部汇总于计日工也是一种可行的处理方式。

19. 规费、税金项目计价表（表-13，见图 5-54）

规费、税金项目计价表

工程名称：××学校青年教师公寓　弱电安装工程　　　　第 1 页　共 1 页

序号	项目名称	计算基础	计算基数	计算费率（%）	金额（元）
1	规费	定额人工费			17544.52
1.1	社会保险费	定额人工费			13874.12
(1)	养老保险费	定额人工费		11	8074.89
(2)	失业保险费	定额人工费		1.1	807.49
(3)	医疗保险费	定额人工费		4.5	3303.36
(4)	工伤保险费	定额人工费		1.3	954.30
(5)	生育保险费	定额人工费		1	734.08
1.2	住房公积金	定额人工费		5	3670.40
1.3	工程排污费	按工程所在地环境保护部门收取标准，按实计人			
2	税金	分部分项工程费＋措施项目费＋其他项目费＋规费－按规定不计税的工程设备金额		3.48	21820.96
合　计					39365.48

编制人（造价人员）：×××　　　　复核人（造价工程师）：×××

图 5-54 规费、税金项目计价表

20. 工程计量申请（核准）表（表-14）

21. 预付款支付申请（核准）表（表-15）

【示例】 承包人报送（见图 5-55）。

【示例】 发包人复核（见图 5-56）。

22. 总价项目进度款支付分解表（表-16）

具体内容详见本章第三节。

23. 进度款支付申请（核准）表（表-17）

预付款支付申请（核准）表

工程名称：××学校青年教师公寓　弱电安装工程　　标段：　编号：001

致：××学校

我方根据施工合同的约定，现申请支付工程预付款额为（大写）柒万贰仟零贰拾陆元（小写72026.00），请予核准。

序号	名称	申请金额（元）	复核金额（元）	备注
1	已签约合同价款金额	652794.54		
2	其中：安全文明施工费	16365.87		
3	应支付的预付款	65279		
4	应支付的安全文明施工费	6747		
5	合计应支付的预付款	72026		

承包人（章）　（略）

造价人员：×××　承包人代表：×××　日　期：××年×月×日

复核意见：

□与合同约定不相符，修改意见见附件。

□与合同约定相符，具体金额由造价工程师复核。

监理工程师：×××

日　期：××年×月×日

复核意见：

你方提出的支付申请经复核，应支付预付款金额为（大写）________，（小写________）。

造价工程师：×××

日　期：××年×月×日

审核意见：

□不同意。

□同意，支付时间为本表签发后的15天内。

发包人（章）　（略）

发包人代表：×××

日　期：××年×月×日

图5-55　承包人报送预付款支付申请（核准）表

预付款支付申请（核准）表

工程名称：××学校青年教师公寓　弱电安装工程　　　　标段：　　　　编号：001

致：××学校

我方根据施工合同的约定，现申请支付工程预付款额为（大写）柒万贰仟零贰拾陆元（小写72026.00），请予核准。

序号	名 称	申请金额（元）	复核金额（元）	备注
1	已签约合同价款金额	652794.54	652794.54	
2	其中：安全文明施工费	16365.87	16365.87	
3	应支付的预付款	65279	61589	
4	应支付的安全文明施工费	6747	6747	
5	合计应支付的预付款	72026	68336	

计算依据见附件。　　　　承包人（章）　（略）

造价人员：×××　承包人代表：×××　日　期：××年×月×日

复核意见：

□与合同约定不相符，修改意见见附件。

☑与合同约定相符，具体金额由造价工程师复核。

监理工程师：×××

日　期：××年×月×日

复核意见：

你方提出的支付申请经复核，应支付预付款金额为（大写）陆万捌仟叁佰叁拾陆元，（小写68336.00）。

造价工程师：×××

日　期：××年×月×日

审核意见：

□不同意。

☑同意，支付时间为本表签发后的 15 天内。

发包人（章）　（略）

发包人代表：×××

日　期：××年×月×日

图 5-56　发包人复核预付款支付申请（核准）表

【示例】 承包人报送（见图 5-57）。

进度款支付申请（核准）表

工程名称：××学校青年教师公寓　弱电安装工程　　　标段：　　　　编号：001

致：××学校

我方于××至××期间已完成了××工作，根据施工合同的约定，现申请支付本周期的合同款额为（大写）玖万壹仟伍佰叁拾捌元伍角玖分（小写 91538.59），请予核准。

序号	名　称	实际金额（元）	申请金额（元）	复核金额（元）	备注
1	累计已完成的合同价款	100977.27	—		
2	累计已实际支付的合同价款	90879.54	—		
3	本周期合计完成的合同价款	129120.80	116208.72		
3.1	本周期已完成单价项目的金额	123294.84			
3.2	本周期应支付的总价项目的金额	1165.20			
3.3	本周期已完成的计日工价款	379.26			
3.4	本周期应支付的安全文明施工费	3373.50			
3.5	本周期应增加的合同价款	908.00			
4	本周期合计应扣减的金额	24670.13	24670.13		
4.1	本周期应抵扣的预付款	24670.13			
4.2	本周期应扣减的金额	0			
5	本周期应支付的合同价款	104450.67	91538.59		

附：上述3、4详见附件清单。　　　　承包人（章）　（略）

造价人员：×××　承包人代表：×××　日　期：××年×月×日

复核意见：

□与实际施工情况不相符，修改意见见附件。
□与实际施工情况相符，具体金额由造价工程师复核。

监理工程师：×××

日　期：××年×月×日

复核意见：

你方提出的支付申请经复核，本周期已完成合同款额为（大写）＿＿＿＿，（小写＿＿＿＿），本周期应支付金额为（大写）＿＿＿＿，（小写＿＿＿＿）。

造价工程师：×××

日　期：××年×月×日

审核意见：

□不同意。
□同意，支付时间为本表签发后的15天内。

发包人（章）　（略）
发包人代表：×××

日　期：××年×月×日

图 5-57　承包人报送进度款支付申请（核准）表

【示例】 发包人复核（见图 5-58）。

进度款支付申请（核准）表

工程名称：××学校青年教师公寓　弱电安装工程　　　　标段：　　　　编号：001

致：××学校

我方于 ×× 至 ×× 期间已完成了 ×× 工作，根据施工合同的约定，现申请支付本周期的合同款额为（大写） 玖万壹仟伍佰叁拾捌元伍角玖分 （小写 91538.59 ），请予核准。

序号	名　称	实际金额（元）	申请金额（元）	复核金额（元）	备注
1	累计已完成的合同价款	100977.27	—	100977.27	
2	累计已实际支付的合同价款	90879.54	—	90879.54	
3	本周期合计完成的合同价款	129120.80	116208.72	116208.72	
3.1	本周期已完成单价项目的金额	123294.84			
3.2	本周期应支付的总价项目的金额	1165.20			
3.3	本周期已完成的计日工价款	379.26			
3.4	本周期应支付的安全文明施工费	3373.50			
3.5	本周期应增加的合同价款	908.00			
4	本周期合计应扣减的金额	24670.13	24670.13	24720.25	
4.1	本周期应抵扣的预付款	24670.13		24670.13	
4.2	本周期应扣减的金额	0		50.12	
5	本周期应支付的合同价款	104450.67	91538.59	91488.47	

附：上述 3、4 详见附件清单。　　　　承包人（章）　（略）

造价人员：×××　　承包人代表：×××　　日　期：××年×月×日

复核意见：

□与实际施工情况不相符，修改意见见附件。

☑与实际施工情况相符，具体金额由造价工程师复核。

监理工程师：×××

日　期：××年×月×日

复核意见：

你方提出的支付申请经复核，本周期已完成合同款额为（大写）壹拾贰万玖仟壹佰贰拾元捌角，（小写 129120.80），本周期应支付金额为（大写）玖万壹仟肆佰捌拾捌元肆角柒分，（小写91488.47）。

造价工程师：×××

日　期：××年×月×日

审核意见：

□不同意。

☑同意，支付时间为本表签发后的 15 天内。

发包人（章）　（略）

发包人代表：×××

日　期：××年×月×日

图 5-58　发包人复核进度款支付申请（核准）表

24. 竣工结算款支付申请（核准）表（表-18）。

【示例】 承包人报送（见图 5-59）。

竣工结算款支付申请（核准）表

工程名称：××学校青年教师公寓　弱电安装工程　　　　标段：　　　　编号：001

致：××学校

我方于××至××期间已完成合同约定的工作，工程已经完工，根据施工合同的约定，现申请支付竣工结算合同款额为（大写）陆万肆仟零叁拾元捌角壹分（小写 64030.81），请予核准。

序号	名　称	申请金额（元）	复核金额（元）	备注
1	竣工结算合同价款总额	648859.91		
2	累计已实际支付的合同价款	552386.10		
3	应预留的质量保证金	32443		
4	应支付的竣工结算款金额	64030.81		

承包人（章）　（略）

造价人员：×××　承包人代表：×××　日　期：××年×月×日

复核意见：

□与实际施工情况不相符，修改意见见附件。

□与实际施工情况相符，具体金额由造价工程师复核。

监理工程师：×××

日　期：××年×月×日

复核意见：

你方提出的竣工结算款支付申请经复核，竣工结算款总额为（大写）______，（小写______），扣除前期支付以及质量保证金后应支付金额为（大写）______，（小写______）。

造价工程师：×××

日　期：××年×月×日

审核意见：

□不同意。

□同意，支付时间为本表签发后的 15 天内。

发包人（章）　（略）

发包人代表：×××

日　期：××年×月×日

图 5-59　承包人报送竣工结算款支付申请（核准）表

【示例】 发包人复核（见图 5-60）。

竣工结算款支付申请（核准）表

工程名称：××学校青年教师公寓　弱电安装工程　　　标段：　　　编号：001

致：××学校

我方于 ×× 至 ×× 期间已完成合同约定的工作，工程已经完工，根据施工合同的约定，现申请支付竣工结算合同款额为（大写）陆万肆仟零叁拾元捌角壹分（小写 64030.81），请予核准。

序　号	名　　称	申请金额（元）	复核金额（元）	备注
1	竣工结算合同价款总额	648859.91	648859.91	
2	累计已实际支付的合同价款	552386.10	552386.10	
3	应预留的质量保证金	32443	32443	
4	应支付的竣工结算款金额	64030.81	64030.81	

承包人（章）　（略）

造价人员：×××　承包人代表：×××　日　期：××年×月×日

复核意见：

□与实际施工情况不相符，修改意见见附件。
☑与实际施工情况相符，具体金额由造价工程师复核。

监理工程师：×××

日　期：××年×月×日

复核意见：

你方提出的竣工结算款支付申请经复核，竣工结算款总额为（大写）陆拾肆万捌仟捌佰伍拾玖元玖角壹分，（小写648859.91），扣除前期支付以及质量保证金后应支付金额为（大写）陆万肆仟零叁拾元捌角壹分，（小写64030.81）。

造价工程师：×××

日　期：××年×月×日

审核意见：

□不同意。
☑同意，支付时间为本表签发后的 15 天内。

发包人（章）　（略）

发包人代表：×××

日　期：××年×月×日

图 5-60　发包人复核竣工结算款支付申请（核准）表

25. 最终结清支付申请（核准）表（表-19）

【示例】 承包人报送（见图5-61）。

最终结清支付申请（核准）表

工程名称：××学校青年教师公寓 弱电安装工程 标段： 编号：001

致：××学校

我方于××至××期间已完成了缺陷修复工作，根据施工合同的约定，现申请支付最终结清合同款额为（大写）叁万贰仟肆佰肆拾叁元（小写32443.00），请予核准。

序号	名称	申请金额（元）	复核金额（元）	备注
1	已预留的质量保证金	32443		
2	应增加因发包人原因造成缺陷的修复金额	0		
3	应扣减承包人不修复缺陷、发包人组织修复的金额	0		
4	最终应支付的合同价款	32443		

附：上述2、3详见附件清单。 承包人（章） （略）

造价人员：××× 承包人代表：××× 日期：××年×月×日

复核意见：

□与实际施工情况不相符，修改意见见附件。
□与实际施工情况相符，具体金额由造价工程师复核。

监理工程师：×××

日期：××年×月×日

复核意见：

你方提出的支付申请经复核，最终应支付金额为（大写）________，（小写________）。

造价工程师：×××

日期：××年×月×日

审核意见：

□不同意。
□同意，支付时间为本表签发后的15天内。

发包人（章） （略）

发包人代表：×××

日期：××年×月×日

图5-61 承包人报送最终结清支付申请（核准）表

【示例】 发包人复核（见图 5-62）。

26. 发包人提供材料和工程设备一览表（表-20）

最终结清支付申请（核准）表

工程名称：××学校青年教师公寓　弱电安装工程　　　　标段：　编号：001

致：××学校

我方于××至××期间已完成了缺陷修复工作，根据施工合同的约定，现申请支付最终结清合同款额为（大写）叁万贰仟肆佰肆拾叁元（小写32443.00），请予核准。

序号	名 称	申请金额（元）	复核金额（元）	备注
1	已预留的质量保证金	32443	32443	
2	应增加因发包人原因造成缺陷的修复金额	0	0	
3	应扣减承包人不修复缺陷、发包人组织修复的金额	0	0	
4	最终应支付的合同价款	32443	32443	

附：上述 2、3 详见附件清单。　　　　承包人（章）　（略）

造价人员：×××　承包人代表：×××　日　期：××年×月×日

复核意见：

□与实际施工情况不相符，修改意见见附件。

☑与实际施工情况相符，具体金额由造价工程师复核。

监理工程师：×××

日　期：××年×月×日

复核意见：

你方提出的支付申请经复核，最终应支付金额为（大写）叁万贰仟肆佰肆拾叁元（小写32443.00）。

造价工程师：×××

日　期：××年×月×日

审核意见：

□不同意。

☑同意，支付时间为本表签发后的 15 天内。

发包人（章）　（略）

发包人代表：×××

日　期：××年×月×日

图 5-62　发包人复核最终结清支付申请（核准）表

27. 承包人提供主要材料和工程设备一览表（表-21、表-22，见图5-63、图5-64）

5.4.6 竣工结算表格的应用（以××年××省安装工程定额为依据）

承包人提供主要材料和工程设备一览表

（适用于造价信息差额调整法）

工程名称：××学校青年教师公寓　弱电安装工程　　　　第1页　共1页

序号	名称、规格、型号	单位	数量	风险系数（%）	基准单价（元）	投标单价（元）	发承包人确认单价（元）	备注
1	电力电缆 YJV（4×50+1×25）	m	375	≤5	145	142	143	
2	电力电缆 YJV（4×25+1×16）	m	142	≤5	87	87	87	
3	电力电缆 YJV（5×16）	m	56	≤5	58	60	60	

图5-63　承包人提供主要材料和工程设备一览表（适用于造价信息差额调整法）

承包人提供主要材料和工程设备一览表

（适用于价格指数差额调整法）

工程名称：××学校青年教师公寓　弱电安装工程　　　　第1页　共1页

序号	名称、规格、型号	变值权重B	基本价格指数F_0	现行价格指数F_t	备注
1	人工	0.18	110%	121%	
2	钢管	0.15	6000元/t	6150元/t	
3	电缆 SYV-75-5	0.06	254元/m	268元/m	
4	机械费	0.03	100%	100%	
	定值权重A	0.58	—	—	
合计		1	—	—	

图5-64　发承包双方确认的承包人提供主要材料和工程设备一览表（适用于价格指数差额调整法）

本 章 小 结

建设项目工程造价计算的特点之一就是需要进行多次计价。建设工程造价文件有投资估算、设计概算、施工图预算、施工预算、标底、标价、竣工结算及竣工决算等。本章对楼宇智能化工程施工图预算、招标控制价、投标报价、竣工结算进行介绍，尤其是对施工图预算、投标报价及竣工结算的编制进行着重介绍，其他阶段的造价编制从略。

思 考 题 与 练 习

1. 楼宇智能化工程施工图预算的编制依据、方法、内容及程序。
2. 楼宇智能化工程招标控制价的编制依据、方法、内容及程序。
3. 楼宇智能化工程投标报价的编制方法、内容及程序。
4. 楼宇智能化工程竣工结算的编制程序、方法、内容及程序。

第6章　楼宇智能化工程计价实例

【能力目标】

通过学习熟悉定额计价和工程量清单计价两种计价方法，熟练掌握两种计价方式的计价过程及要点，达到能应用两种计价方法进行楼宇智能化的工程计价。为了加强比较，两种计价方法采用同一套图纸进行实例分析，便于分析理解两种计价方法的异同。

6.1　楼宇智能化工程施工图预算编制实例

6.1.1　某茶室弱电工程施工图

1. 设计说明

(1) 工程名称：私人商住楼。

(2) 建筑规模：本工程室内外高差为0.3m，主体部分为二层，建筑高度9.30m，建筑面积328.07m^2。

(3) 本工程为框架结构。

(4) 网络、电话配线箱TOP及电视配线箱TV设于一层楼梯间。

(5) 每个商铺设电视、网络及电话插座。

(6) 网络线采用超五类4对对绞线。1根超五类4对对绞线穿PC16，2根穿PC20，3、4根穿PC25，5、6根穿PC32，7～10根穿PC40。

(7) 电视干线采用同轴电缆SYWV-75-9，分支线采用同轴电缆SYWV-75-5，1根SKWV-75-5穿PC16，2、3根穿PC25，4、5根穿PC32，6、7、8根穿PC40。

(8) 应急照明部分不计算。

(9) 其他未尽事宜应严格按照国家现行相关规范、规程及标准进行施工。

2. 施工图（图6-1～图6-3）

图例及主要材料　　　　**表6-1**

图例符号	名　称	规格及型号	安装方式	单位	数量
⊥	网络、电话信息插座		H=0.3m暗设	个	10
TV ⊥	电视插座		H=0.3m暗设	个	8
——	电话电缆	HYA10-2×0.5	穿钢管	m	详图
——	超五类4对对绞线		穿塑料管	m	详图
——	2芯网络光纤		穿钢管	m	详图
——	同轴电缆	SYWV-75-9	穿钢管	m	详图
——	同轴电缆	SYWV-75-5	穿塑料管	m	详图
▶◀	网络、电话配线箱	(300×300×100) TOP	H=1.5m暗设	个	1
▶◀	电视配线箱	(200×300×100) TV	H=1.5m暗设	个	1

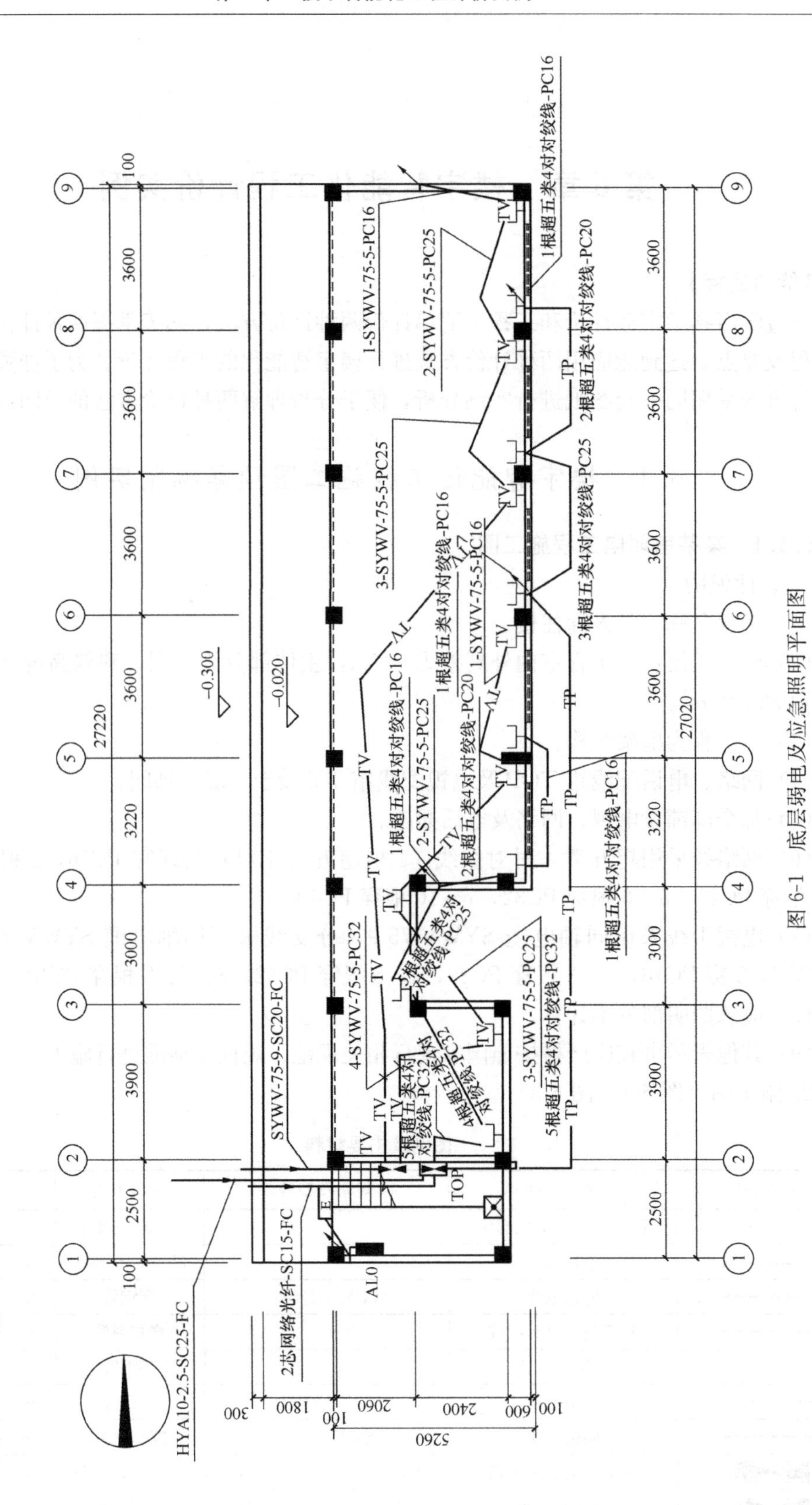

图 6-1　底层弱电及应急照明平面图

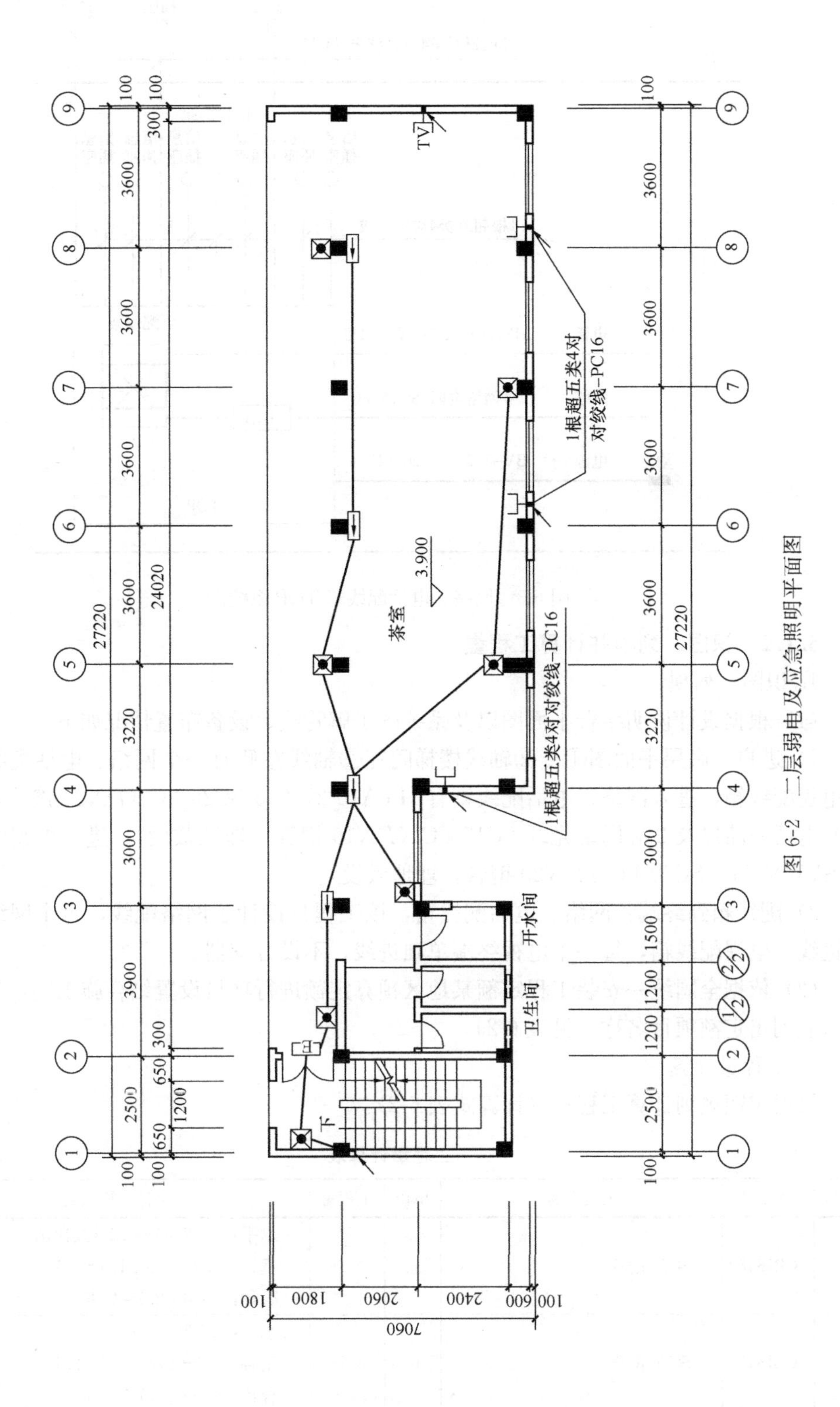

图 6-2　二层弱电及应急照明平面图

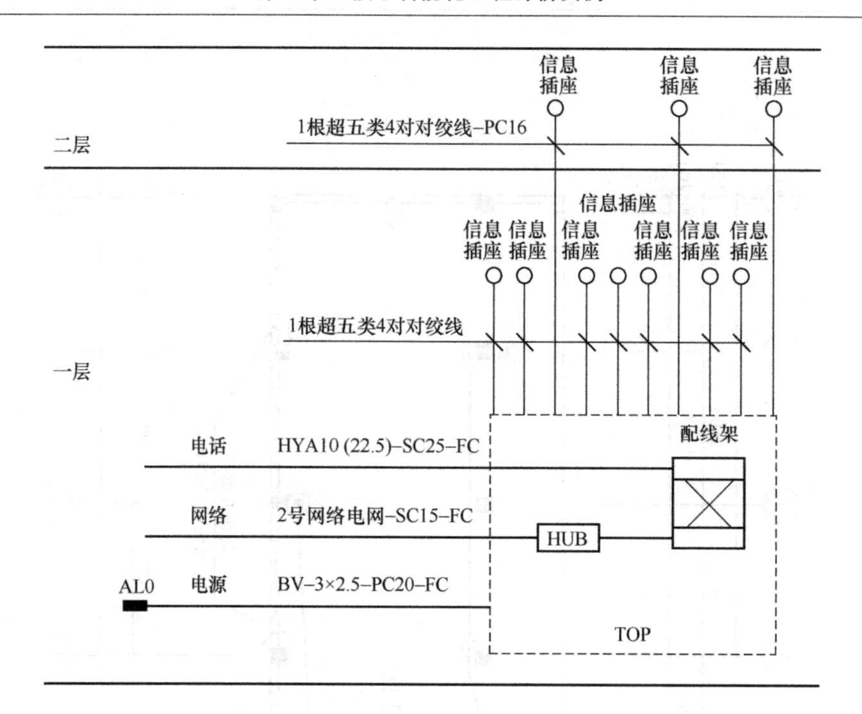

图 6-3　网络、电话配线箱 TOP 系统图

6.1.2　识图、列项并计算工程量

1. 识图、列项

（1）根据设计说明结合平面图以及系统图了解管线、设备布置情况如下：

1）进户：底层平面图①－②轴线楼梯间在②轴线左侧有一个网络、电话配线箱和一个电视配线箱，进入网络、电话配线箱有 HYA10-2×0.5-SC25-FC（*DN*25 钢管，埋地敷设）电话回路以及 2 芯网络光纤-SC15-FC（*DN*15 钢管，埋地敷设）；进入电视配线箱的是 SYWV-75-9-SC20-FC（*DN*20 钢管，埋地敷设）。

2）配线箱到终端：网络、电话配线箱，该工程只设计了网络配线，每个网络终端单独进线。电视配线箱，每一个电视终端单独进线，不设分支器。

（2）依据全国统一安装工程定额某地区预算定额进行项目设置结合施工图，包括材料设备表列出定额项目名称（见表 6-2）。

2. 工程量计算

根据定额规则计算工程量（计算式表 6-2）：

工程量计算表　　　　表 6-2

序号	定额编号	项目名称	单位	工程量	计　算　式
1	CB1648	SC25 配管	m	9.36	水平：4＋2.06＋0.6（按比例）＝6.66 垂直：0.9＋0.3＋1.5＝2.7 合计：6.66＋2.7＝9.36
2	CB1647	SC20 配管	m	8.76	水平：4＋2.06＝6.06 垂直：0.9＋0.3＋1.5＝2.7 合计：6.06＋2.7＝8.76
3	CB1646	SC15 配管	m	9.36	见序 1

续表

序号	定额编号	项目名称	单位	工程量	计 算 式
4	CK0059	两芯网络光纤	m	9.36	见序3
5	CL0362	同轴电缆SYWV-75-9	m	8.76	见序2
6	CK0105	进户电话线HYA102×0.5	m	9.36	见序1
7	CB1735	PC32配管	m	56.44	(1) TV(4根) 水平上：3.9+3.0+3.22+3.6+3.6+2.4+0.6=20.32 水平下：2.4+3.9=6.3 垂直：配线箱处1.5×2处=3.0 小计：20.32+6.3+3.0=29.22 (2) 网络 水平上：(2.4−0.6)(5根)+(3.9+2.4)(4根)=8.1 水平下：(2.4−0.6+0.6+3.9+3.0+3.22+3.6)(5根)=16.12 垂直：1.5×2处(5根)=3.0 小计：8.1+16.12+3.0=27.22 合计：29.22+27.22=56.44
8	CB1734	PC25配管	m	26.02	(1) TV 水平上：3.6(3根)+3.6(2根)=7.2 水平下：(2.4+3.0)(3根)+2.4+0.6+3.22(2根)=11.62 小计：7.2+11.62=18.82 (2) 网络 水平上：(3.0+0.6)(3根)=3.6 水平下：3.6(3根)=3.6 小计：7.2 合计：18.82+7.2=26.02
9	CB1733	PC20配管	m	5.4	网络 水平上：2.4−0.6=1.8 水平下：3.6 合计：1.8+3.6=5.4(2根)
10	CB1733	PC16配管	m	30.82	TV 水平：3.0+3.6=6.6 垂直：3.9(到2楼)+8个插座×0.3=6.3 小计：6.6+6.3=12.9 网络水平：3.22 垂直：3.9×3(到2楼)+10个插座×0.3=14.7 小计：3.22+14.7=17.92 合计：12.9+17.92=30.82
11	CK0046	超五类四对对绞线(网络)	m	193.02	(1.8+16.12+3.0)×5+6.3×4+7.2×3+5.4×2+30.82=193.02
12	CL0362	同轴电缆SYWV-75-5(电视)	m	169.22	29.22×4+(3.6+3.0)×3+(3.6+6.22)×2+12.9=169.22
13	CL0361	同轴电缆头	个	2	
14	CL0357	电视插座	个	8	(底层)7+(二层)1=8
15	CL0358	插座底盒	个	8	
16	CL0357	网络插座	个	10	(底层)7+(二层)3=10
17	CL0358	插座底盒	个	10	
18	CK0027	电视配线箱	台	1	1
19	CK0027	网络、电话配线箱	台	1	1

计算说明：

（1）进户部分配管距外墙皮暂按 4.0m 考虑，埋深按室外地坪 0.9m 考虑。

（2）图中很多部分配管考虑设计标注按斜线，实际计算安装沿地沿墙直线敷设。

6.1.3　套用定额计算人工费、材料费和机具费并进行工料分析

该项费用根据工程量结合定额单价进行计算，同时汇总计算各项费用，并进行材料分析及汇总（见表 6-6）。

6.1.4　按照工程造价计算过程计算工程造价（见表 6-5）

6.1.5　填制相关表格

预算书表格附后（见表 6-3）

封　面　　　　表 6-3

建设工程造价预算书

建设单位：某个体经营户　　　　单位工程名称：私人商住楼工程

施工单位：某安装工程公司　　　　工程建设地点：某市区

工程规模：328.07m²　工程造价：9600.49 元　　　　单位造价：29.26 元/m²

建设（监理）单位：盖章　　　　施工（编制）单位：盖章

技术负责人：王武　　　　技术负责人：刘谷

审核人资格证章：盖章　　　　编制人：马钰

时间：2013 年 6 月 21 日　　　　时间：2013 年 6 月 20 日

编　制　说　明　　　　表 6-4

工程名称：私人商住楼工程

编制依据	施工图号	
	合同	
	使用定额	某地区预算定额
	材料价格	当地造价信息资料及市场价
	其他	1. 该工程为商住楼，主体为两层，建筑面积 328.07m²。 2. 工程在市区。 3. 人工费调整系数为 88%。 4. 配电箱进线配管按照 4m 水平长度考虑。 5. 暂列金额：按 10%考虑。

工 程 费 用 表 表6-5

工程名称：私人商住楼工程

费用名称	计算公式	费率	金额（元）
1 分部分项工程费	A.1+A.2+A.3+A.4		8065.62
1.1 人工费			825.06
1.2 材料费			350.72
1.3 未计价材料费			6441.14
1.4 机械费			81.2
1.5 企业管理费	1.1×测定费率	27.45%	227.22
1.6 利润	1.1×测定费率	17%	140.26
2 措施费			206.25
2.1 安全文明施工费			206.25
2.1.1 环境保护费	1.1×规定费率	1%	8.25
2.1.2 安全施工费	1.1×规定费率	4%	33.00
2.1.3 文明施工费	1.1×规定费率	7%	57.75
2.1.4 临时设施费	1.1×规定费率	13%	107.26
3 价差调整			726.05
3.1 人工费调整	1.1×地区规定费率	88%	726.05
4 其他项目费			82.51
4.1 暂列金额	1×费率	10%	82.51
4.2 专业工程暂估价	按计价规定估算		
4.3 计日工			
4.4 总承包服务费			
5 规费			197.2
5.1 社会保险费			155.95
5.1.1 养老保险费	1.1×规定费率	11%	90.76
5.1.2 失业保险费	1.1×规定费率	1.1%	9.08
5.1.3 医疗保险费	1.1×规定费率	4.5%	37.13
5.1.4 生育保险费	1.1×规定费率	1.0%	8.25
5.1.5 工伤保险费	1.1×规定费率	1.3%	10.73
5.2 住房公积金	1.1×规定费率	5%	41.25
6. 税金	（1+2+3+4+5）×规定费率	3.48%	322.86
工程造价	1+2+3+4+5+6		9600.49

工程计价表

表 6-6

工程名称：私人商住楼工程

定额编号	项目名称	单位	工程量	安装工程费							未计价材料（或设备）				
				单位价值			总价值				材料名称	单位	数量	单价	合价
				人工费	材料费	机械费	合计	人工费	材料费	机械费					
CB1648	SC25 钢管暗敷	100m	0.094	304.68	160.35	36.19	47.11	28.64	15.07	3.40	*DN*25 钢管	m	9.682	9.65	93.43
CB1647	SC20 钢管暗敷	100m	0.088	251.28	95.17	24.32	32.63	22.11	8.37	2.14	*DN*20 钢管	m	9.064	6.62	60.00
CB1646	SC15 钢管暗敷	100m	0.094	235.58	81.56	24.32	32.10	22.14	7.67	2.29	*DN*15 钢管	m	9.682	5.11	49.48
CK0059	两芯网络光纤	100m	0.094	54.31	2.17	3.63	5.65	5.11	0.20	0.34	两芯网络光纤	m	9.588	15.80	151.49
CL0362	同轴电缆 SYWV-75-9	100m	0.088	40.39		4.35	3.94	3.55		0.38	同轴电缆 SYWV-75-9	m	8.976	25.00	224.40
CK0105	进户电话线 HYA102×0.5	100m	0.094	44.72	9.18	2.90	5.34	4.20	0.86	0.27	进户电话线 HYA102×0.5	m	9.588	22.60	216.69
CB1735	PC32 配管暗敷	100m	0.564	356.36	136.08	28.93	294.05	200.99	76.75	16.32	塑料管（PC32）	m	60.021	7.80	468.16
CB1734	PC25 配管暗敷	100m	0.26	336.82	121.45	28.93	126.67	87.57	31.58	7.52	塑料管（PC25）	m	27.669	5.50	152.18
CB1733	PC20 配管暗敷	100m	0.054	324.22	145.81	19.29	26.42	17.51	7.87	1.04	塑料管（PC20）	m	5.762	4.70	27.08
CB1733	PC16 配管暗敷	100m	0.308	324.22	145.81	19.29	150.71	99.86	44.91	5.94	塑料管（PC16）	m	32.864	3.50	115.02
CK0046	超五类四对对绞线（网络）	100m	1.93	16.29			31.44	31.44			超五类四对对绞线	m	197.825	6.80	1345.21
CL0362	同轴电缆 SYWV-75-5	100m	1.692	40.39		4.35	75.70	68.34		7.36	同轴电缆 SYWV-75-5	m	172.584	6.50	1121.80
CL0357	电视插座	个	8	3.57	0.01	1.90	43.84	28.56	0.08	15.20	电视插座	个	8.08	18.50	149.48
CL0358	电视插座底盒	10个	0.8	49.71	0.41		40.10	39.77	0.33		用户暗盒	个	8.08	1.80	14.54
CL0357	网络插座	个	10	3.57	0.01	1.90	54.80	35.70	0.10	19.00	网络插座	个	10.1	15.00	151.50
CL0358	电视插座底盒	10个	1	49.71	0.41		50.12	49.71	0.41		用户暗盒	个	10.1	1.80	18.18
CK0027	电视配线箱	个	1	39.93	78.26		118.19	39.93	78.26		全塑电缆	m	3.3	12.50	41.25
											电视配线箱	个	1	800.00	800.00
CK0027	网络、电话配线箱	个	1	39.93	78.26		118.19	39.93	78.26		全塑电缆	m	3.3	12.50	41.25
											网络、电话配线箱	个	1	1200.00	1200.00
	合计						1257.00	825.06	350.72	81.20	未计价材料费：				6441.14

材料汇总表 **表 6-7**

工程名称：私人商住楼工程

序号	材料编码	材料名称	单位	数量	备注	分类
01	UR000001	*DN*25 钢管	m	9.682		主材
02	UR000002	*DN*20 钢管	m	9.064		主材
03	UR000003	*DN*15 钢管	m	9.682		主材
04	UR000004	两芯网络光纤	m	9.588		主材
05	UR000005	同轴电缆 SYWV-75-9	m	8.976		主材
06	UR000006	进户电话线 HYA102×0.5	m	9.588		主材
07	UR000008	塑料管（PC32）	m	60.021		主材
08	UR000009	塑料管（PC25）	m	27.669		主材
09	UR000010	塑料管（PC20）	m	5.762		主材
10	UR000011	塑料管（PC16）	m	32.864		主材
11	UR000012	超五类四对对绞线	m	197.825		主材
12	UR000013	同轴电缆 SYWV-75-5	m	172.584		主材
13	70129100	用户暗盒	个	18.18		主材
14	UR000014	网络插座	个	10.1		主材
15	UR000015	电视插座	个	8.08		主材
16	70101900	全塑电缆	m	6.6		主材
17	UR000016	电视配线箱	个	1		主材
18	UR000017	网络、电话配线箱	个	1		主材

6.2 楼宇智能化工程量清单编制实例

1. 背景资料：根据第一节的设计图纸资料列项并计算清单工程量

2. 根据设计说明、材料设备表、系统图和平面图了解熟悉整个工程情况，根据《通用安装工程工程量计算规范》GB 50856—2013。列置清单项目名称并计算清单工程量，见表 6-8：

清单工程量计算表 **表 6-8**

工程名称：私人商住楼工程

序号	项目编码	项目名称	单位	工程量	计算式
1	030411001001	配管 SC25	m	9.36	见第一节计算表
2	030411001002	配管 SC20	m	8.76	
3	030411001003	配管 SC15	m	9.36	
4	030502007004	两芯网络光纤	m	9.36	
5	030505005005	射频同轴电缆	m	8.76	
6	030502005006	电话线 HYA102×0.5	m	9.36	
7	030411001007	配管 PC32	m	56.44	
8	030411001008	配管 PC25	m	26.02	
9	030411001009	配管 PC20	m	5.4	
10	030411001010	配管 PC16	m	30.82	
11	030502005011	超五类四对对绞线（网络）	m	193.02	
12	030505005012	射频同轴电缆	m	169.22	
13	030502004013	电视插座	个	8	
14	030502012014	信息插座	个	10	
15	030502003015	电视配线箱	台	1	
16	030502003016	网络、电话配线箱	台	1	

说明：注意与第一节的工程量计算表进行分析比较，分析其异同点。

3. 按照清单表格格式填制工程量清单表

（封面和扉页见前面相关章节，此处不再详列）

总　说　明　　　　**表6-9**

工程名称：	私人商住楼工程
1. 工程概况	
私人商住楼工程的弱电工程部分，包括：电视、电话及网络安装工程。	
2. 工程招标和分包范围：图纸及说明要求的全部范围。	
3. 工程量清单编制依据：《建设工程工程量清单计价规范》GB 50500—2013、《通用安装工程工程量计算规范》GB 50856—2013。	
4. 工程质量、材料、施工等的特殊要求：按设计及规范要求。	
5. 其他需说明的问题 该清单未考虑埋地电缆土方及图中的应急照明部分。	

分部分项工程量清单与计价表　　　　**表6-10**

工程名称：私人商住楼工程

序号	项目编码	项目名称	项目特征描述	计量单位	工程量	金额（元）		
						综合单价	合价	其中
								暂估价
1	030411001001	配管SC25	1. 名称：电气配管 2. 材质：钢管 3. 规格：*DN*25 4. 配置形式：埋地暗敷 5. 接地要求：自然接地	m	9.360			
2	030411001002	配管SC20	1. 名称：电气配管 2. 材质：钢管 3. 规格：*DN*20 4. 配置形式：埋地暗敷 5. 接地要求：自然接地	m	8.760			
3	030411001003	配管SC15	1. 名称：电气配管 2. 材质：钢管 3. 规格：*DN*15 4. 配置形式：埋地暗敷 5. 接地要求：自然接地	m	9.360			
4	030502007004	两芯网络光纤	1. 名称：网络光纤 2. 规格：两芯 3. 敷设方式：穿钢管埋地	m	9.360			
5	030505005005	射频同轴电缆	1. 名称：同轴电缆 2. 规格：SYWV-75-9 3. 敷设方式：穿钢管埋地暗敷	m	8.760			

续表

<table>
<tr><th rowspan="3">序号</th><th rowspan="3">项目编码</th><th rowspan="3">项目名称</th><th rowspan="3">项目特征描述</th><th rowspan="3">计量单位</th><th rowspan="3">工程量</th><th colspan="3">金额（元）</th></tr>
<tr><th rowspan="2">综合单价</th><th rowspan="2">合价</th><th>其中</th></tr>
<tr><th>暂估价</th></tr>
<tr><td>6</td><td>030502005006</td><td>电话线 HYA102×0.5</td><td>1. 名称：电话电缆 HYA10
2. 规格：2×0.5
3. 敷设方式：穿钢管埋地暗敷</td><td>m</td><td>9.360</td><td></td><td></td><td></td></tr>
<tr><td>7</td><td>030411001007</td><td>配管 PC32</td><td>1. 名称：电气配管
2. 材质：塑料管
3. 规格：DN32
4. 配置形式：沿地沿墙暗敷</td><td>m</td><td>56.440</td><td></td><td></td><td></td></tr>
<tr><td>8</td><td>030411001008</td><td>配管 PC25</td><td>1. 名称：电气配管
2. 材质：塑料管
3. 规格：DN25
4. 配置形式：沿地沿墙暗敷</td><td>m</td><td>26.020</td><td></td><td></td><td></td></tr>
<tr><td>9</td><td>030411001009</td><td>配管 PC20</td><td>1. 名称：电气配管
2. 材质：塑料管
3. 规格：DN20
4. 配置形式：沿地沿墙暗敷</td><td>m</td><td>5.400</td><td></td><td></td><td></td></tr>
<tr><td>10</td><td>030411001010</td><td>配管 PC16</td><td>1. 名称：电气配管
2. 材质：塑料管
3. 规格：DN16
4. 配置形式：沿地沿墙暗敷</td><td>m</td><td>30.820</td><td></td><td></td><td></td></tr>
<tr><td>11</td><td>030502005011</td><td>超五类四对对绞线（网络）</td><td>1. 名称：超五类四对对绞线
2. 线缆对数：4 对
3. 敷设方式：穿塑料管沿地沿墙暗敷</td><td>m</td><td>193.020</td><td></td><td></td><td></td></tr>
<tr><td>12</td><td>030505005012</td><td>射频同轴电缆</td><td>1. 名称：同轴电缆
2. 规格：SYWV-75-5
3. 敷设方式：穿塑料管暗敷</td><td>m</td><td>169.220</td><td></td><td></td><td></td></tr>
<tr><td>13</td><td>030502004013</td><td>电视插座</td><td>1. 名称：电视插座
2. 安装方式：暗敷
3. 底盒材质、规格：塑料，86×86</td><td>个</td><td>8.000</td><td></td><td></td><td></td></tr>
<tr><td>14</td><td>030502012014</td><td>信息插座</td><td>1. 名称：信息插座
2. 类别：网络信息
3. 安装方式：暗装
4. 底盒材质、规格：塑料，86×86</td><td>个</td><td>10.000</td><td></td><td></td><td></td></tr>
<tr><td>15</td><td>030502003015</td><td>电视配线箱</td><td>1. 名称：电视配线箱
2. 材质：铁质
3. 规格：(200×300×100)
4. 安装方式：嵌入</td><td>个</td><td>1.000</td><td></td><td></td><td></td></tr>
<tr><td>16</td><td>030502003016</td><td>网络、电话配线箱</td><td>1. 名称：网络、电话配线箱
2. 材质：铁质
3. 规格：300×300×100
4. 安装方式：嵌入</td><td>个</td><td>1.000</td><td></td><td></td><td></td></tr>
<tr><td></td><td></td><td></td><td></td><td></td><td></td><td></td><td></td><td></td></tr>
<tr><td colspan="7">合　计</td><td></td><td></td></tr>
</table>

单价措施项目清单与计价表　　　　表 6-11

工程名称：私人商住楼工程

序号	项目编码	项目名称	项目特征描述	计量单位	工程量	金额（元）	
						综合单价	合 价
		专业措施项目					
1	031301001	工程系统检测、检验		项			
2	031301002	脚手架搭拆		项			
3	031301003	其他措施		项			
		小计					
合　　计							

总价措施项目清单计价表　　　　表 6-12

工程名称：私人商住楼工程

序号	项目编码	项目名称	计算基础	费率（%）	金额（元）	调整费率（%）	调整后金额（元）	备注
1	031302001	安全文明施工						
	①	环境保护	分部分项清单定额人工费	1				
	②	文明施工	分部分项清单定额人工费	4				
	③	安全施工	分部分项清单定额人工费	7				
	④	临时设施	分部分项清单定额人工费	13				
2	031302002	夜间施工费	分部分项清单定额人工费	2.5				
3	031302003	二次搬运费	分部分项清单定额人工费	1.5				
4	031302004	冬雨季施工	分部分项清单定额人工费	2				
合　　计								

其他项目清单计价汇总表　　　　表 6-13

工程名称：私人商住楼工程

序号	项 目 名 称	金额（元）	结算金额（元）	备　注
1	暂列金额	888.76		明细详见表 6-13-1
2	暂估价			
2.1	材料暂估价	—		明细详见表 6-13-2
合　　计		888.76		—

暂列金额明细表　　　　表 6-13-1

工程名称：私人商住楼工程

序号	项目名称	计量单位	暂定金额（元）	备注
1	暂列金额	项	888.76	
合　　计			888.76	—

材料（工程设备）暂估单价及调整表 **表 6-13-2**

工程名称：私人商住楼工程

序号	材料（工程设备）名称、规格、型号	计量单位	数量		单价（元）		合价（元）		差额±（元）		备注
			暂估	确认	暂估	确认	暂估	确认	单价	合价	
1	电视配线箱	个	1.000		800.00		800.00				
2	网络、电话配线箱	个	1.000		1200.00		1200.00				
合　计							2000.00				

规费、税金项目计价表 **表 6-14**

工程名称：私人商住楼工程

序号	项目名称	计算基础	计算基数	计算费率（%）	金额（元）
1	规　费	定额人工费			
1.1	社会保障费	定额人工费			
(1)	养老保险费	定额人工费			
(2)	失业保险费	定额人工费			
(3)	医疗保险费	定额人工费			
(4)	工伤保险费	定额人工费			
(5)	生育保险费	定额人工费			
1.2	住房公积金	定额人工费			
1.3	工程排污费	按工程所在地环境保护部门收取标准，按实计入			
2	税金	分部分项工程费＋措施项目工程费＋其他项目费＋规费－按规定不计税的工程设备金额			
合　计					—

6.3 楼宇智能化工程投标价编制实例

6.3.1 熟悉图纸及清单

1. 图纸及清单：见本章第一、二节的图纸及工程量清单。

2. 依据清单项目特征及规范规定的清单工程内容列置清单子目名称并计算清单工程量，根据工程图纸和清单项目特征描述确定计价工程项目并计算计价工程量，计价工程量的计算根据有关定额的工程量计算规则进行。私人商住楼工程清单工程量和计价工程量对照表如表 6-15（计算过程详见本章第一节和第二节）。

清单工程量和计价工程量对照表 **表 6-15**

工程名称：私人商住楼工程

清单工程量				
序号	项目编码	项目名称	单位	数量
1	030411001001	配管 SC25	m	9.36
2	030411001002	配管 SC20	m	8.76
3	030411001003	配管 SC15	m	9.36
4	030502007004	两芯网络光纤	m	9.36
5	030505005005	射频同轴电缆	m	8.76
6	030502005006	电话线 HYA102×0.5	m	9.36
7	030411001007	配管 PC32	m	56.44
8	030411001008	配管 PC25	m	26.02
9	030411001009	配管 PC20	m	5.4
10	030411001010	配管 PC16	m	30.82
11	030502005011	超五类四对对绞线（网络）	m	193.02
12	030505005012	射频同轴电缆	m	169.22
13	030502004013	电视插座	个	8
14	030502012014	信息插座	个	10
15	030502003015	电视配线箱	台	1
16	030502003016	网络、电话配线箱	台	1

定额工程量				
序号	定额编号	项目名称	单位	工程量
1	CB1648	SC25 配管	m	9.36
2	CB1647	SC20 配管	m	8.76
3	CB1646	SC15 配管	m	9.36
4	CK0059	两芯网络光纤	m	9.36
5	CL0362	同轴电缆 SYWV-75-9	m	8.76
6	CK0105	进户电话线 HYA102×0.5	m	9.36
7	CB1735	PC32 配管	m	56.44
8	CB1734	PC25 配管	m	26.02
9	CB1733	PC20 配管	m	5.4
10	CB1733	PC16 配管	m	30.82
11	CK0046	超五类四对对绞线（网络）	m	193.02
12	CL0362	同轴电缆 SYWV-75-5（电视）	m	169.22
13	CL0361	同轴电缆头	个	2
14	CL0357	电视插座	个	8
15	CL0358	插座底盒		
16	CL0357	网络插座	个	10
17	CL0358	插座底盒		
18	CK0027	电视配线箱	台	1
19	CK0027	网络、电话配线箱	台	1

3. 计算清单综合单价（见表 6-16）

综合单价的确定方法详见本篇第五章。

综合单价分析表 **表 6-16**

工程名称：私人商住楼工程

项目编码		030411001001 (1)		项目名称		配管 SC25		计量单位	m	工程量	9.360
清单综合单价组成明细											
定额编号	定额名称	定额单位	数量	单价				合价			
				人工费	材料费	机械费	管理费和利润	人工费	材料费	机械费	管理费和利润
CB1648	电气设备安装 钢管敷设 砖、混凝土结构暗配 钢管公称直径 ≤25mm	100m	0.010	572.80	160.28	36.19	121.87	5.73	1.60	0.36	1.22
人工单价		小计						5.73	1.60	0.36	1.22
元/工日		未计价材料费						9.94			
清单项目综合单价								18.85			
材料费明细	主要材料名称、规格、型号					单位	数量	单价（元）	合价（元）	暂估单价（元）	暂估合价（元）
	钢管 SC25					m	1.030	9.65	9.94		
	其他材料费							—	1.60	—	
	材料费小计							—	11.54	—	
项目编码		030411001002 (2)		项目名称		配管 SC20		计量单位	m	工程量	8.760
清单综合单价组成明细											
定额编号	定额名称	定额单位	数量	单价				合价			
				人工费	材料费	机械费	管理费和利润	人工费	材料费	机械费	管理费和利润
CB1647	电气设备安装 钢管敷设 砖、混凝土结构暗配 钢管公称直径 ≤20mm	100m	0.010	472.41	95.18	24.32	100.51	4.72	0.95	0.24	1.01
人工单价		小计						4.72	0.95	0.24	1.01
元/工日		未计价材料费						6.82			
清单项目综合单价								13.74			
材料费明细	主要材料名称、规格、型号					单位	数量	单价（元）	合价（元）	暂估单价（元）	暂估合价（元）
	钢管 SC20					m	1.030	6.62	6.82		
	其他材料费							—	0.95	—	
	材料费小计							—	7.77	—	

续表

<table>
<tr><td colspan="2">项目编码</td><td colspan="2">030411001003
(3)</td><td>项目名称</td><td colspan="2">配管SC15</td><td>计量单位</td><td>m</td><td>工程量</td><td>9.360</td></tr>
<tr><td colspan="12">清单综合单价组成明细</td></tr>
<tr><td rowspan="2">定额编号</td><td rowspan="2">定额名称</td><td rowspan="2">定额单位</td><td rowspan="2">数量</td><td colspan="4">单价</td><td colspan="4">合价</td></tr>
<tr><td>人工费</td><td>材料费</td><td>机械费</td><td>管理费和利润</td><td>人工费</td><td>材料费</td><td>机械费</td><td>管理费和利润</td></tr>
<tr><td>CB1646</td><td>电气设备安装 钢管敷设 砖、混凝土结构暗配钢管公称直径≤15mm</td><td>100m</td><td>0.010</td><td>442.89</td><td>81.50</td><td>24.32</td><td>94.23</td><td>4.43</td><td>0.82</td><td>0.24</td><td>0.94</td></tr>
<tr><td colspan="2">人工单价</td><td colspan="6">小计</td><td>4.43</td><td>0.82</td><td>0.24</td><td>0.94</td></tr>
<tr><td colspan="2">元/工日</td><td colspan="6">未计价材料费</td><td colspan="4">5.26</td></tr>
<tr><td colspan="8">清单项目综合单价</td><td colspan="4">11.69</td></tr>
<tr><td rowspan="4">材料费明细</td><td colspan="5">主要材料名称、规格、型号</td><td>单位</td><td>数量</td><td>单价(元)</td><td>合价(元)</td><td>暂估单价(元)</td><td>暂估合价(元)</td></tr>
<tr><td colspan="5">钢管SC15</td><td>m</td><td>1.030</td><td>5.11</td><td>5.26</td><td></td><td></td></tr>
<tr><td colspan="7">其他材料费</td><td>—</td><td>0.82</td><td>—</td><td></td></tr>
<tr><td colspan="7">材料费小计</td><td>—</td><td>6.08</td><td>—</td><td></td></tr>
<tr><td colspan="2">项目编码</td><td colspan="2">030502007004
(4)</td><td>项目名称</td><td colspan="2">两芯网络光纤</td><td>计量单位</td><td>m</td><td>工程量</td><td>9.360</td></tr>
<tr><td colspan="12">清单综合单价组成明细</td></tr>
<tr><td rowspan="2">定额编号</td><td rowspan="2">定额名称</td><td rowspan="2">定额单位</td><td rowspan="2">数量</td><td colspan="4">单价</td><td colspan="4">合价</td></tr>
<tr><td>人工费</td><td>材料费</td><td>机械费</td><td>管理费和利润</td><td>人工费</td><td>材料费</td><td>机械费</td><td>管理费和利润</td></tr>
<tr><td>CK0059</td><td>管、暗槽内穿放光缆≤12芯</td><td>100m</td><td>0.010</td><td>102.10</td><td>2.23</td><td>3.63</td><td>21.72</td><td>1.02</td><td>0.02</td><td>0.04</td><td>0.22</td></tr>
<tr><td colspan="2">人工单价</td><td colspan="6">小计</td><td>1.02</td><td>0.02</td><td>0.04</td><td>0.22</td></tr>
<tr><td colspan="2">元/工日</td><td colspan="6">未计价材料费</td><td colspan="4">16.12</td></tr>
<tr><td colspan="8">清单项目综合单价</td><td colspan="4">17.41</td></tr>
<tr><td rowspan="4">材料费明细</td><td colspan="5">主要材料名称、规格、型号</td><td>单位</td><td>数量</td><td>单价(元)</td><td>合价(元)</td><td>暂估单价(元)</td><td>暂估合价(元)</td></tr>
<tr><td colspan="5">两芯网络光纤</td><td>m</td><td>1.020</td><td>15.80</td><td>16.12</td><td></td><td></td></tr>
<tr><td colspan="7">其他材料费</td><td>—</td><td>0.02</td><td>—</td><td></td></tr>
<tr><td colspan="7">材料费小计</td><td>—</td><td>16.14</td><td>—</td><td></td></tr>
</table>

续表

项目编码			030505005005（5）	项目名称		射频同轴电缆		计量单位	m	工程量	8.760
清单综合单价组成明细											
定额编号	定额名称	定额单位	数量	单价				合价			
				人工费	材料费	机械费	管理费和利润	人工费	材料费	机械费	管理费和利润
CL0362	分配网络设备穿放同轴电缆 管/暗槽内穿放≤Φ9	100m	0.010	75.93		4.35	16.16	0.76		0.04	0.16
人工单价		小计						0.76		0.04	0.16
元/工日		未计价材料费						25.50			
清单项目综合单价								26.46			
材料费明细	主要材料名称、规格、型号					单位	数量	单价（元）	合价（元）	暂估单价（元）	暂估合价（元）
	同轴电缆 SYWV-75-9					m	1.020	25.00	25.50		
	其他材料费							—		—	
	材料费小计							—	25.50	—	

项目编码			030502005006（6）	项目名称		电话线 HYA102×0.5		计量单位	m	工程量	9.360
清单综合单价组成明细											
定额编号	定额名称	定额单位	数量	单价				合价			
				人工费	材料费	机械费	管理费和利润	人工费	材料费	机械费	管理费和利润
CK0105	管、暗槽内穿放多芯电缆 ≤10 对	100m	0.010	84.07	9.25	2.90	17.89	0.84	0.09	0.03	0.18
人工单价		小计						0.84	0.09	0.03	0.18
元/工日		未计价材料费						23.05			
清单项目综合单价								24.19			
材料费明细	主要材料名称、规格、型号					单位	数量	单价（元）	合价（元）	暂估单价（元）	暂估合价（元）
	电话线 HYA102×0.5					m	1.020	22.60	23.05		
	其他材料费							—	0.09	—	
	材料费小计							—	23.14	—	

续表

项目编码		030411001007(7)		项目名称		配管 PC32		计量单位	m	工程量	56.440
清单综合单价组成明细											
定额编号	定额名称	定额单位	数量	单价				合价			
				人工费	材料费	机械费	管理费和利润	人工费	材料费	机械费	管理费和利润
CB1735	电气设备安装 塑料管敷设 砖、混凝土结构明配 硬质聚氯乙烯管 公称直径 ≤32mm	100m	0.010	669.96	136.09	28.93	142.54	6.70	1.36	0.29	1.43
人工单价		小计						6.70	1.36	0.29	1.43
元/工日		未计价材料费						8.30			
清单项目综合单价								18.08			
材料费明细	主要材料名称、规格、型号					单位	数量	单价（元）	合价（元）	暂估单价（元）	暂估合价（元）
	塑料管(PC32)					m	1.064	7.80	8.30		
	其他材料费							—	1.36	—	
	材料费小计							—	9.66	—	
项目编码		030411001008		项目名称		配管 PC25		计量单位	m	工程量	26.020
清单综合单价组成明细											
定额编号	定额名称	定额单位	数量	单价				合价			
				人工费	材料费	机械费	管理费和利润	人工费	材料费	机械费	管理费和利润
CB1734	电气设备安装 塑料管敷设 砖、混凝土结构明配 硬质聚氯乙烯管 公称直径 ≤25mm	100m	0.010	633.22	121.44	28.93	134.73	6.33	1.21	0.29	1.35
人工单价		小计						6.33	1.21	0.29	1.35
元/工日		未计价材料费						5.85			
清单项目综合单价								15.04			
材料费明细	主要材料名称、规格、型号					单位	数量	单价（元）	合价（元）	暂估单价（元）	暂估合价（元）
	塑料管(PC25)					m	1.064	5.50	5.85		
	其他材料费							—	1.22	—	
	材料费小计							—	7.07	—	

续表

项目编码		030411001009(9)	项目名称		配管 PC20		计量单位	m	工程量	5.400
清单综合单价组成明细										
定额编号	定额名称	定额单位	数量	单价				合价		
				人工费	材料费	机械费	管理费和利润	人工费	材料费	机械费	管理费和利润
CB1733	电气设备安装 塑料管敷设 砖、混凝土结构明配 硬质聚氯乙烯管 公称直径≤20mm	100m	0.010	609.53	145.82	19.29	129.69	6.10	1.46	0.19	1.30
人工单价		小计						6.10	1.46	0.19	1.30
元/工日		未计价材料费						5.01			
清单项目综合单价								14.06			
材料费明细	主要材料名称、规格、型号				单位	数量		单价（元）	合价（元）	暂估单价（元）	暂估合价（元）
	塑料管(PC20)				m	1.067		4.70	5.01		
	其他材料费							—	1.46	—	
	材料费小计							—	6.47	—	
项目编码		030411001010(10)	项目名称		配管 PC16		计量单位	m	工程量	30.820
清单综合单价组成明细										
定额编号	定额名称	定额单位	数量	单价				合价		
				人工费	材料费	机械费	管理费和利润	人工费	材料费	机械费	管理费和利润
CB1733	电气设备安装 塑料管敷设 砖、混凝土结构明配 硬质聚氯乙烯管 公称直径≤20mm	100m	0.010	609.53	145.80	19.29	129.69	6.10	1.46	0.19	1.30
人工单价		小计						6.10	1.46	0.19	1.30
元/工日		未计价材料费						3.73			
清单项目综合单价								12.78			
材料费明细	主要材料名称、规格、型号				单位	数量		单价（元）	合价（元）	暂估单价（元）	暂估合价（元）
	塑料管(PC16)				m	1.067		3.50	3.73		
	其他材料费							—	1.46	—	
	材料费小计							—	5.19	—	

续表

项目编码		030502005011(11)		项目名称		超五类四对对绞线(网络)		计量单位	m	工程量	193.020
清单综合单价组成明细											
定额编号	定额名称	定额单位	数量	单价				合价			
				人工费	材料费	机械费	管理费和利润	人工费	材料费	机械费	管理费和利润
CK0046	线槽/桥架/支架/活动地板内明布放测试4对对绞电缆	100m	0.010	30.63			6.52	0.31			0.07
人工单价		小计						0.31			0.07
元/工日		未计价材料费						6.97			
清单项目综合单价								7.34			
材料费明细	主要材料名称、规格、型号					单位	数量	单价(元)	合价(元)	暂估单价(元)	暂估合价(元)
	超五类四对对绞线					m	1.025	6.80	6.97		
	其他材料费							—		—	
	材料费小计							—	6.97	—	
项目编码		030505005012(12)		项目名称		射频同轴电缆		计量单位	m	工程量	169.220
清单综合单价组成明细											
定额编号	定额名称	定额单位	数量	单价				合价			
				人工费	材料费	机械费	管理费和利润	人工费	材料费	机械费	管理费和利润
CL0362	分配网络设备穿放同轴电缆 管/暗槽内穿放≤Φ9	100m	0.010	75.93		4.35	16.16	0.76		0.04	0.16
CL0361	分配网络设备制作同轴电缆接头 地面	10个	0.0012	46.74	0.41		9.94	0.06			0.01
人工单价		小计						0.82		0.04	0.17
元/工日		未计价材料费						7.37			
清单项目综合单价								8.40			
材料费明细	主要材料名称、规格、型号					单位	数量	单价(元)	合价(元)	暂估单价(元)	暂估合价(元)
	超五类四对对绞线					m	1.020	6.80	6.94		
	电缆终端头					个	0.012	36.00	0.43		
	其他材料费							—		—	
	材料费小计							—	7.37	—	

续表

<table>
<tr><td colspan="2">项目编码</td><td>030502004013（13）</td><td colspan="2">项目名称</td><td colspan="2">电视插座</td><td>计量单位</td><td>个</td><td>工程量</td><td>8.000</td></tr>
<tr><td colspan="12">清单综合单价组成明细</td></tr>
<tr><td rowspan="2">定额编号</td><td rowspan="2">定额名称</td><td rowspan="2">定额单位</td><td rowspan="2">数量</td><td colspan="4">单　价</td><td colspan="4">合　价</td></tr>
<tr><td>人工费</td><td>材料费</td><td>机械费</td><td>管理费和利润</td><td>人工费</td><td>材料费</td><td>机械费</td><td>管理费和利润</td></tr>
<tr><td>CL0357</td><td>分配网络设备调试用户终端 暗装</td><td>个</td><td>1.000</td><td>6.71</td><td>0.02</td><td>1.90</td><td>1.43</td><td>6.71</td><td>0.02</td><td>1.90</td><td>1.43</td></tr>
<tr><td>CL0358</td><td>分配网络设备埋设暗盒86×86、75×100</td><td>10个</td><td>0.100</td><td>93.45</td><td>0.42</td><td></td><td>19.88</td><td>9.35</td><td>0.04</td><td></td><td>1.99</td></tr>
<tr><td colspan="2">人工单价</td><td colspan="6">小计</td><td>16.06</td><td>0.06</td><td>1.90</td><td>3.42</td></tr>
<tr><td colspan="2">元/工日</td><td colspan="6">未计价材料费</td><td colspan="4">20.50</td></tr>
<tr><td colspan="8">清单项目综合单价</td><td colspan="4">41.93</td></tr>
<tr><td rowspan="5">材料费明细</td><td colspan="5">主要材料名称、规格、型号</td><td>单位</td><td>数量</td><td>单价（元）</td><td>合价（元）</td><td>暂估单价（元）</td><td>暂估合价（元）</td></tr>
<tr><td colspan="5">电视插座</td><td>个</td><td>1.010</td><td>18.50</td><td>18.68</td><td></td><td></td></tr>
<tr><td colspan="5">用户暗盒</td><td>个</td><td>1.010</td><td>1.80</td><td>1.82</td><td></td><td></td></tr>
<tr><td colspan="7">其他材料费</td><td>—</td><td>0.06</td><td>—</td><td></td></tr>
<tr><td colspan="7">材料费小计</td><td>—</td><td>20.56</td><td>—</td><td></td></tr>
<tr><td colspan="2">项目编码</td><td>030502012014（14）</td><td colspan="2">项目名称</td><td colspan="2">信息插座</td><td>计量单位</td><td>个</td><td>工程量</td><td>10.000</td></tr>
<tr><td colspan="12">清单综合单价组成明细</td></tr>
<tr><td rowspan="2">定额编号</td><td rowspan="2">定额名称</td><td rowspan="2">定额单位</td><td rowspan="2">数量</td><td colspan="4">单　价</td><td colspan="4">合　价</td></tr>
<tr><td>人工费</td><td>材料费</td><td>机械费</td><td>管理费和利润</td><td>人工费</td><td>材料费</td><td>机械费</td><td>管理费和利润</td></tr>
<tr><td>CL0357</td><td>分配网络设备调试用户终端 暗装</td><td>个</td><td>1.000</td><td>6.71</td><td>0.01</td><td>1.90</td><td>1.43</td><td>6.71</td><td>0.01</td><td>1.90</td><td>1.43</td></tr>
<tr><td>CL0358</td><td>分配网络设备埋设暗盒86×86、75×100</td><td>10个</td><td>0.100</td><td>93.45</td><td>0.41</td><td></td><td>19.88</td><td>9.35</td><td>0.04</td><td></td><td>1.99</td></tr>
<tr><td colspan="2">人工单价</td><td colspan="6">小计</td><td>16.06</td><td>0.05</td><td>1.90</td><td>3.42</td></tr>
<tr><td colspan="2">元/工日</td><td colspan="6">未计价材料费</td><td colspan="4">16.97</td></tr>
<tr><td colspan="8">清单项目综合单价</td><td colspan="4">38.39</td></tr>
<tr><td rowspan="5">材料费明细</td><td colspan="5">主要材料名称、规格、型号</td><td>单位</td><td>数量</td><td>单价（元）</td><td>合价（元）</td><td>暂估单价（元）</td><td>暂估合价（元）</td></tr>
<tr><td colspan="5">信息插座</td><td>个</td><td>1.010</td><td>15.00</td><td>15.15</td><td></td><td></td></tr>
<tr><td colspan="5">用户暗盒</td><td>个</td><td>1.010</td><td>1.80</td><td>1.82</td><td></td><td></td></tr>
<tr><td colspan="7">其他材料费</td><td>—</td><td>0.05</td><td>—</td><td></td></tr>
<tr><td colspan="7">材料费小计</td><td>—</td><td>17.02</td><td>—</td><td></td></tr>
</table>

续表

项目编码		030502003015(15)		项目名称		电视配线箱		计量单位	个	工程量	1.000
清单综合单价组成明细											
定额编号	定额名称	定额单位	数量	单价				合价			
				人工费	材料费	机械费	管理费和利润	人工费	材料费	机械费	管理费和利润
CK0027	分线箱≤10对	个	1.000	75.07	78.26		15.97	75.07	78.26		15.97
人工单价		小计						75.07	78.26		15.97
元/工日		未计价材料费						841.25			
清单项目综合单价								1010.55			
材料费明细	主要材料名称、规格、型号					单位	数量	单价(元)	合价(元)	暂估单价(元)	暂估合价(元)
	电视配线箱					个	1.000			800.00	800.00
	其他材料费							—	119.51	—	
	材料费小计							—	119.51	—	800.00

项目编码		030502003016(16)		项目名称		网络、电话配线箱		计量单位	个	工程量	1.000
清单综合单价组成明细											
定额编号	定额名称	定额单位	数量	单价				合价			
				人工费	材料费	机械费	管理费和利润	人工费	材料费	机械费	管理费和利润
CK0027	分线箱≤10对	个	1.000	75.07	78.26		15.97	75.07	78.26		15.97
人工单价		小计						75.07	78.26		15.97
元/工日		未计价材料费						1241.25			
清单项目综合单价								1410.55			
材料费明细	主要材料名称、规格、型号					单位	数量	单价(元)	合价(元)	暂估单价(元)	暂估合价(元)
	网络、电话配线箱					个	1.000			1200.00	1200.00
	其他材料费							—	119.51	—	
	材料费小计							—	119.51	—	1200.00

6.3.2 分部分项工程费用计算

分部分项工程清单与计价表 **表 6-17**

工程名称：私人商住楼工程

序号	项目编码	项目名称	项目特征描述	计量单位	工程量	金额（元）		
						综合单价	合价	其中 暂估价
1	030411001001	配管 SC25	1. 名称：电气配管 2. 材质：钢管 3. 规格：*DN*25 4. 配置形式：埋地暗敷 5. 接地要求：自然接地	m	9.360	18.85	176.44	
2	030411001002	配管 SC20	1. 名称：电气配管 2. 材质：钢管 3. 规格：*DN*20 4. 配置形式：埋地暗敷 5. 接地要求：自然接地	m	8.760	13.74	120.36	
3	030411001003	配管 SC15	1. 名称：电气配管 2. 材质：钢管 3. 规格：*DN*15 4. 配置形式：埋地暗敷 5. 接地要求：自然接地	m	9.360	11.69	109.42	
4	030502007004	两芯网络光纤	1. 名称：网络光纤 2. 规格：两芯 3. 敷设方式：穿钢管埋地	m	9.360	17.41	162.96	
5	030505005005	射频同轴电缆	1. 名称：同轴电缆 2. 规格：SYWV-75-9 3. 敷设方式：穿钢管埋地暗敷	m	8.760	26.46	231.79	
6	030502005006	电话线 HYA102×0.5	1. 名称：电话电缆 HYA10 2. 规格：2×0.5 3. 敷设方式：穿钢管埋地暗敷	m	9.360	24.19	226.42	
7	030411001007	配管 PC32	1. 名称：电气配管 2. 材质：塑料管 3. 规格：*DN*32 4. 配置形式：沿地沿墙暗敷	m	56.440	18.08	1020.44	
8	030411001008	配管 PC25	1. 名称：电气配管 2. 材质：塑料管 3. 规格：*DN*25 4. 配置形式：沿地沿墙暗敷	m	26.020	15.04	391.34	
9	030411001009	配管 PC20	1. 名称：电气配管 2. 材质：塑料管 3. 规格：*DN*20 4. 配置形式：沿地沿墙暗敷	m	5.400	14.06	75.92	

续表

序号	项目编码	项目名称	项目特征描述	计量单位	工程量	金额（元）		
						综合单价	合价	其中 暂估价
10	030411001010	配管 PC16	1. 名称：电气配管 2. 材质：塑料管 3. 规格：*DN*16 4. 配置形式：沿地沿墙暗敷	m	30.820	12.78	393.88	
11	030502005011	超五类四对对绞线（网络）	1. 名称：超五类四对对绞线 2. 线缆对数：4 对 3. 敷设方式：穿塑料管沿地沿墙暗敷	m	193.020	7.34	1416.77	
12	030505005012	射频同轴电缆	1. 名称：同轴电缆 2. 规格：SYWV-75-5 3. 敷设方式：穿塑料管暗敷	m	169.220	8.40	1421.45	
13	030502004013	电视插座	1. 名称：电视插座 2. 安装方式：暗敷 3. 底盒材质、规格：塑料，86×86	个	8.000	41.93	335.44	
14	030502012014	信息插座	1. 名称：信息插座 2. 类别：网络信息 3. 安装方式：暗装 4. 底盒材质、规格：塑料，86×86	个	10.000	38.39	383.90	
15	030502003015	电视配线箱	1. 名称：电视配线箱 2. 材质：铁质 3. 规格：(200×300×100) 4. 安装方式：嵌入	个	1.000	1010.55	1010.55	800.00
16	030502003016	网络、电话配线箱	1. 名称：网络、电话配线箱 2. 材质：铁质 3. 规格：300×300×100 4. 安装方式：嵌入	个	1.000	1410.55	1410.55	1200.00
合　计							8887.63	2000.00

6.3.3　计算措施项目费

该项目未对单价措施项目清单（包括系统检测与检验、脚手架）进行报价，只对总价措施项目进行了报价（见表 6-18）。

总价措施项目清单计价表　　　　**表 6-18**

工程名称：私人商住楼工程

序号	项目编码	项目名称	计算基础	费率（%）	金额（元）	调整费率（%）	调整后金额（元）	备注
1	031302001	安全文明施工			207.15			
	①	环境保护	分部分项清单定额人工费	1	8.29			

续表

序号	项目编码	项目名称	计算基础	费率（%）	金额（元）	调整费率（%）	调整后金额（元）	备注
	②	文明施工	同上	4	33.14			
	③	安全施工	同上	7	58.00			
	④	临时设施	同上	13	107.72			
2	031302002	夜间施工增加	同上	2.5	20.71			
3	031302003	二次搬运	同上	1.5	12.43			
4	031302004	冬雨季施工增加	同上	2	16.57			
合计					256.86			

6.3.4 计算其他项目费

其他项目费包括暂列金额、暂估价（材料暂估价和专业工程暂估价）、计日工、总承包服务费等。该项目只计算了暂列金额，按照分部分项工程费的10%记取（根据设计深度及可变因素多少一般按照10%～15%考虑）。材料暂估价的费用已经包括在分部分项工程费用中，此处只是按照清单要求列出暂估的单价及主要材料价格。按照规范要求，投标人对暂列金额及暂估价不予调整，所以此项目费用就和第二节的表格相同（见本章第二节），此处只列出承包人提供主要材料和工程设备价格一览表（见表6-19）。

承包人提供主要材料和工程设备一览表

（适用造价信息差额调整法） **表6-19**

工程名称：私人商住楼工程

序号	名称、规格、型号	单位	数量	风险系数（%）	基准单价（元）	投标单价（元）	发承包人确认单价（元）	备注
1	钢管 SC25	m	9.641			9.65		
2	钢管 SC20	m	9.023			6.62		
3	钢管 SC15	m	9.641			5.11		
4	两芯网络光纤	m	9.547			15.80		
5	同轴电缆 SYWV-75-9	m	8.935			25.00		
6	电话线 HYA102×0.5	m	9.547			22.60		
7	塑料管（PC16）	m	32.885			3.50		
8	塑料管（PC32）	m	60.063			7.80		
9	塑料管（PC25）	m	27.690			5.50		
10	塑料管（PC20）	m	5.762			4.70		
11	超五类四对对绞线	m	370.450			6.80		
12	电缆终端头	个	2.020			36.00		
13	用户暗盒	个	18.180			1.80		
14	电视插座	个	8.080			18.50		
15	信息插座	个	10.100			15.00		
16	全塑电缆	m	6.600			12.50		
17	电视配线箱	个	1.000			800.00		
18	网络、电话配线箱	个	1.000			1200.00		
	合　计							

6.3.5　计算规费

规费属于不可竞争的费用，企业在投标时要按照企业本身所持有的取费证进行报价（见表6-20）。

规费、税金项目计价表　　表6-20

工程名称：私人商住楼工程

序号	项目名称	计算基础	计算基数	计算费率（%）	金额（元）
1	规费	定额人工费			198.03
1.1	社会保障费	定额人工费			156.60
(1)	养老保险费	定额人工费		11	91.14
(2)	失业保险费	定额人工费		1.1	9.11
(3)	医疗保险费	定额人工费		4.5	37.29
(4)	工伤保险费	定额人工费		1.3	10.77
(5)	生育保险费	定额人工费		1	8.29
1.2	住房公积金	定额人工费		5	41.43
1.3	工程排污费	按工程所在地环境保护部门收取标准，按实计入			
2	税金	分部分项工程费＋措施项目工程费＋其他项目费＋规费－按规定不计税的工程设备金额		3.48	356.05
合　计					554.08

6.3.6　汇总单位工程造价（见表6-21）

单位工程投标价汇总表　　表6-21

工程名称：私人商住楼工程

序号	汇总内容	金额（元）	其中：暂估价（元）
1	分部分项工程	8887.63	2000.00
2	措施项目	256.86	—
2.1	其中：安全文明施工费	207.15	—
3	其他项目	888.76	—
3.1	其中：暂列金额	888.76	—
3.2	其中：专业工程暂估价		—
3.3	其中：计日工		—
3.4	其中：总承包服务费		—
4	规费	198.03	—
5	税金	356.05	—
招标控制价/投标报价合计＝1＋2＋3＋4＋5		10587.33	2000.00

6.4 楼宇智能化工程竣工结算编制实例

6.4.1 有关资料

1. 工程名称：×××大厦数字楼宇可视对讲系统。

2. 该工程的报价书附后（见表6-22）。

3. 工程在实施过程中出现的变更情况如下：

(1)承发包双方实际核定的电源线(RVV2×1.0)为680m，PVC25为210m，合同中有一条是：工程量数量增减超过5%的，决算时按以下规定调整。

1) 当 $Q_1>1.05Q_0$ 时，$C=1.05Q_0\times P_0+(Q_1-1.05Q_0)\times P_1$。

2) 当 $Q_1<0.9Q_0$ 时，$C=0.95Q_0\times P_0+(0.95Q_0-Q_1)\times P_1$。

式中，C——调整后项目结算价；

Q_0——投标时工程量；

Q_1——实际发生工程量；

P_0——投标文件的综合单价；

P_1——调整后该清单项目综合单价$=P_0\times(1+3\%)$。

(2) 工程实施过程中发生脚手架费用2000.00元，该项费用属于承包方在投标时没有考虑到的费用，同时未办理签证。

(3) 因为管线方向修改发生凿槽刨沟费用400.00元，有发包方签字的签证单。

(4) 发生箱体安装二次喷漆（喷字）300.00元。

(5) 因土建队伍施工造成该承包方工期延误5天。

6.4.2 分析计算增减费用

1. 管线工程量调差

(1)电源线(RVV21×.0)：

$1.05\times600\times3.29+(680-1.05\times600)\times3.29\times(1+3\%)-1976.36=265.78$(元)

(2) PVC25：

$1.05\times1800\times3.62+(2100-1.05\times1800)\times3.62\times(1+3\%)-6507.54=1117.27$(元)

2. 脚手架费用属于投标人自动认可不予记取的费用，故不作调整。

3. 因发包方原因线路更改，费用应做调整，增加槽刨沟费用400.00元。

4. 箱体安装未包括二次喷字的费用，故要做调整，增加费用300.00元。

5. 工期延误非承包方原因，工期可顺延，但不调整费用。

6.4.3 计算竣工结算造价

结算价＝(259，065.19＋265.78＋1117.27＋400.00＋300.00)×(1＋3.48%)＝270236.00(元)

×××大厦数字楼宇可视对讲系统报价 表 6-22

序号	名称及说明	型号规格	品牌	单位	数量	人工费	材料费	机械费	管理费	利润	综合单价	预算价
一、管理中心设备												
1	管理电脑	M6900	联想	台	1	200.00	4,200.00	0.00	138.30	210.00	4,748.30	4,748.30
2	智能小区控制软件	SF5	视得安	套	1	1,050.00	7,000.00	0.00	252.00	350.00	8,652.00	8,652.00
3	管理中心机	MC4D	视得安	台	1	855.00	5,700.00	0.00	205.20	285.00	7,045.20	7,045.20
4	分区选择器	DH1	视得安	台	1	337.50	2,250.00	0.00	81.00	112.50	2,781.00	2,781.00
5	电源	APW1	视得安	台	1	45.00	300.00	0.00	10.80	15.00	370.80	370.80
6	小计											23,597.30
二、单元设备												
1	单元门口机	EC17SLDGK	视得安	台	2	445.50	2,970.00	0.00	106.92	148.50	3,670.92	7,341.84
2	单元门口机电源	PW1	视得安	台	2	78.75	525.00	0.00	18.90	26.25	648.90	1,297.80
3	单元门口机预埋盒		视得安	台	2	150.00	0.00	0.00	4.50	0.00	154.50	309.00
4	开锁器	N2	视得安	台	2	13.50	90.00	0.00	3.24	4.50	111.24	222.48
5	室内分机	C631WHGA	视得安	台	180	104.63	697.50	0.00	25.11	34.88	862.11	155,179.80
6	分机电源	APW1	视得安	台	9	45.00	300.00	0.00	10.80	15.00	370.80	3,337.20
7	电池盒	DCB	视得安	台	12	13.50	90.00	0.00	3.24	4.50	111.24	1,334.88
8	12V 电池	12V/6A	视得安	个	24	9.00	60.00	0.00	2.16	3.00	74.16	1,779.84
9	小计											167,688.12

续表

序号	名称及说明	型号规格	品牌	单位	数量	人工费	材料费	机械费	管理费	利润	综合单价	预算价
三、联网设备												
1	楼层分配器	FS1	视得安	台	45	45.00	300.00	0.00	10.80	15.00	370.80	16,686.00
2	转换器	RS1	视得安	台	1	67.50	450.00	0.00	16.20	22.50	556.20	556.20
3	视频分配器	VM1	视得安	台	1	63.00	420.00	0.00	15.12	21.00	519.12	519.12
4	楼内主干联网信号线	超五类双绞线	TCL	箱	1	117.00	780.00	0.00	28.08	39.00	964.08	964.08
5	入户分机信号线	超五类双绞线	TCL	箱	28	117.00	780.00	0.00	28.08	39.00	964.08	26,994.24
6	电源线	RVV2×1.0	华亿	百米	6	39.98	266.50	0.00	9.59	13.33	329.39	1,976.36
7	紧急按钮	HO-01B	豪恩	个	180	1.95	13.00	0.00	0.47	0.65	16.07	2,892.24
8	紧急按钮信号线	RVV2×0.5	华亿	百米	30	21.06	140.40	0.00	5.05	7.02	173.53	5,206.03
9	燃气探测器	LH-88	豪恩	个	20	10.73	71.50	0.00	2.57	3.58	88.37	1,767.48
10	燃气探测器信号线	RVV4×0.5	华亿	百米	7	42.90	286.00	0.00	10.30	14.30	353.50	2,474.47
11	PVC管	$\phi 25$	联塑	百米	18	43.88	292.50	0.00	10.53	14.63	361.53	6,507.54
12	辅材	定购	国产	批	1	150.00	1,000.00	0.00	36.00	50.00	1,236.00	1,236.00
13	小　计											67,779.77
14	系统造价											259,065.19
15	税金 259065.19×3.48%											9015.47
16	工程投标价（取整）大写：贰拾陆万捌仟零佰捌拾壹元整											268081.00

说明：紧急按钮及燃气探测器的管由甲方敷设，我公司只负责线路及穿管部分。

法定代表人或代理人（签字或盖章）

本　章　小　结

本章是关于楼宇智能化工程造价编制实例的学习，包括定额计价、工程量清单的编制，投标价的编制以及结算价的编制。通过实例的学习进一步巩固工程造价知识的学习，同时结合实例形成工程计价的整体知识框架结构体系。

思考题与练习

1. 定额计价和工程量清单计价其费用计算有何区别？
2. 清单工程量和子目工程量有什么区别和联系？
3. 工程量清单编制中如何进行项目特征描述？有何作用？
4. 结算的编制和投标价的编制有什么区别？

本篇编后语

目前，社会上存在各种各样的工程计量和计价软件，但是对于楼宇智能化工程造价的学习一定要建立在手工算量和计价的基础之上。手工操作是基础，软件应用是提升，两者缺一不可，这样才能更好掌握知识结构体系及关键环节问题实质。同时在学习中能够结合国家有关规范及当地计价依据和计价办法进行工程造价实训，将会取得更佳的学习效果。

第 2 篇　楼宇智能化工程施工组织与管理

第7章 楼宇智能化工程施工项目管理概述

【能力目标】

了解楼宇智能化施工的特点；掌握施工管理的主要内容与程序；能结合工程特点做好施工项目管理的整个程序。

7.1 楼宇智能化工程施工的特点

随着社会经济的发展、楼宇智能化技术的进步，工程项目施工管理越来越受到人们的重视，其组织管理水平的高低成为制约企业生存与发展的重要因素。

7.1.1 系统集成度高

楼宇智能化工程施工的目标是以建筑为平台，兼备建筑设备、办公自动化及通信网络系统，集结构、系统、服务管理及它们之间的最优化组合，提供一个安全、高效、舒适、便利的建筑环境。楼宇智能化，是以现代控制技术、现代计算机技术、现代通信技术和现代图形图像显示技术等高新技术为基础，以现代建筑为载体的各种功能的系统集成。也就是将智能建筑中分离的不同功能的子系统，如智能建筑的系统集成中心、综合布线系统、建筑设备管理系统、通信网络系统、办公自动化系统等，通过最优的综合统筹设计，使之集成为一个相互关联的、统一协调的系统，实现对建筑的集中监控、管理、信息共享与综合应用，提高物业管理水平，降低建筑总体运行费用，实现对建筑内各类事件的全局管理，提供给用户更安全舒适的工作环境和更高效的办公条件。因此，楼宇智能化工程施工具有系统集成度高、技术先进、功能完善等特点。

7.1.2 工程施工技术难度大

由于楼宇智能化施工项目涉及计算机及其网络技术，信息通信技术、数据处理技术、视频监控技术，以及自动控制技术、传感器应用技术、结构化综合布线技术等多种专业技术，设备有包括声学、光学及电子学等种类繁杂的大量声、光、电设备，所以技术复杂，形成多专业混合施工。加上高标准的质量要求，这就增加了施工技术的难度。因此，从设计到施工管理人员的选择、施工技术、管理措施、设备材料选购等多方面需提供保证，以确保实现优质工程的目标。

7.1.3 组织协调管理难度大

楼宇智能化工程施工项目由于子系统较多，可能会出现施工单位多、组织协调管理难的问题。为了避免和杜绝施工单位各自为战的状况，各子系统的承包单位应在总承包商的统一指挥下，建立完整的管理体系，在总施工综合进度计划的控制下，实行全面质量管理，按照统一的施工规范和标准进行施工。

7.1.4 设备种类多、选型量大

楼宇智能化施工项目使用的设备种类繁杂，涉及大量的软、硬件设备、声光电设备、

施工材料及电子零配件。这些产品产自不同的国家、不同的企业，遵循不同的制造标准，用于不同的环境和条件，存在性能、质量、价格上的重大差异。因此，设备、材料的种类多，选型订购难度大。为了确保工程质量和施工的顺利展开，施工单位需在施工准备阶段充分做好物资准备。配备必要的管理供应力量，建立严格的管理制度，编制准确的设备、材料计划，做好设备、材料供应工作。

此外，对于楼宇智能化信息管理集成系统、结构化综合布线和计算机网络系统使用的各类设备和材料的保管需要较高的储存条件，且不宜在施工现场长期存放，避免过长时间的储存造成损坏。

7.1.5 工程量大，施工周期较长

楼宇智能化工程项目，包括深化设计、施工准备、施工管理、设备选购、安装、调试直至竣工验收。由于多项应用技术综合施工，各类终端距控制中心距离各异，造成桥架管线的数量多，设备种类多，使用线缆的品种多、数量大，安装工程量大，各施工单位之间交叉施工多，配合土建、装修、强电等专业施工的时间长，因此项目周期一般较长。但在设备安装调试阶段，工作量大、时间紧。

根据上述特点，各施工单位应做好施工前各项准备工作，抽调最好的施工力量，制定最佳的施工方案，优化劳动组合、服从全局、精心高效地组织施工，克服各种困难，保证施工顺利进行。

7.2 施工项目管理的主要内容与程序

施工项目管理是以施工项目为管理对象，以项目经理责任制为中心，以合同为依据，按施工项目的内在规律，实现资源的优化配置和对各生产要素进行有效的计划、组织、指导、控制，取得最佳的经济效益的过程。

7.2.1 施工项目管理的主要内容

1. 建立施工项目管理组织，制定管理制度

由企业牵头组建项目经理部，法定代表人委托对工程项目施工过程全面负责的项目管理者，明确项目经理部各组织机构的职责、权利，制定相应的项目管理制度。

2. 编制施工项目管理规划

（1）编制项目管理规划大纲

规划大纲是项目管理工作中具有战略性、全局性和宏观性的指导文件，一般在投标前由企业管理层编制。

（2）编制项目管理实施规划

实施规划是对规划大纲进行的细化，应由项目经理在开工前组织编制，用于指导施工，一般中小型项目的实施规划可以用施工组织设计来代替。

3. 进行项目管理的目标控制

施工项目管理的内容主要有：进度管理、质量管理、成本管理、安全和环境管理、合同管理、资源管理、现场管理、信息管理。

4. 竣工验收、交工结算

到了项目收尾阶段，应做好收尾工作，如进行竣工验收、工程移交、竣工结算、解散

项目管理班子。

7.2.2 施工项目管理的特点

1. 施工项目的管理者是建筑施工企业

建筑施工企业一般情况下，都会自行安排项目经理对施工项目进行管理。由业主单位或监理单位进行的工程项目管理中涉及的施工阶段管理，仍属建设项目管理，不能视为施工项目管理。

2. 施工项目管理的对象是施工项目

施工项目管理即工程项目在实施阶段的管理。这个阶段的特点是持续时间长，人、材、机、资金等的投入量大，涉及的项目参与单位多，组织协调工作量大。

3. 施工项目管理的内容

站在施工单位的角度对项目进行的目标控制和管理协调，其核心内容是“三控三管一协调”，即成本控制、进度控制、质量控制，职业健康安全与环境管理、合同管理、信息管理和组织协调。

4. 施工项目管理要求强化组织协调工作

主要强化方法是项目经理的优选，建立组织管理机构，配备称职的管理人员，使管理工作科学化、信息化，建立起动态的控制体系。

5. 施工项目管理与建设项目管理是不同的

其区别为：

(1) 管理任务不同

施工项目管理的任务是生产出建筑产品，取得利润；建设项目管理任务是取得符合要求的，能发挥应有效益的固定资产。

(2) 管理内容不同

施工项目管理是涉及从投标开始到交工为止的全部生产组织与管理及维修，建设项目管理的内容涉及投资周转和建设的全过程的管理。

(3) 管理范围不同

施工项目管理由工程承包合同规定了承包范围，是建设项目、单项工程或单位工程的施工；而建设项目管理的范围是由可行性研究报告确定的所有工程，是一个建设项目。

(4) 管理主体不同

施工项目管理的主体是施工企业，而建设项目管理的主体是建设单位或其他委托的咨询监理单位。

7.2.3 施工项目管理的程序

施工项目管理的程序是项目承包人从介入项目到退出项目的全过程。

1. 承接业务、签订工程施工合同

企业获得招标信息后，首先必须要认真查验信息的可靠性。同时做出还要对招标人的信誉、实力等方面进行了解，根据企业自身实际情况正确做出投标决策。决定投标后，购买、分析招标文件，收集项目相关资料，按照招标文件的规定编制、递交投标文件。经过评标被确定为中标人后，双方根据招投标文件的要求和中标的条件签订工程施工合同。

2. 提交项目策划、设定目标成本

编制施工预算，测算出施工工程人机料的需求量，并设定目标成本，用以指导监督施工，并作为项目经理与公司签订项目管理目标责任书的依据。

3. 委任项目经理、组建项目部

组建项目经理部，建立以项目经理为主的工作机构，配备人员和做好各项准备工作。项目经理部在项目经理领导下，作为项目管理的组织机构，负责施工项目从开工到竣工的全过程施工生产经营的管理，是企业在某一工程项目上的管理层，同时对作业层负有管理与服务双重职能。作业层工作的质量取决于项目经理部的工作质量。

4. 编制并完善施工组织设计和施工计划

根据工程项目自身特点、合同规定的工期要求等，分别编制进度、成本、质量、安全和资源管理等计划。为实现对施工项目的科学管理，保证工程开工后施工活动能有序、高效、科学合理地进行，还需编制完善施工组织设计，用以指导自施工准备、开工、施工，直至交工验收的整个过程，协调施工过程中各施工单位、各施工工种、各资源之间的相互关系。

5. 正式的施工管理

工程项目部根据施工计划和施工组织设计，对拟建的工程项目在施工过程中的进度、质量、安全、成本进行控制，对现场平面布置，人机料的安排等方面进行指挥、协调。

6. 工程竣工验收、交工结算

该阶段是对建设项目进行全面竣工验收、工程价款结算和办理移交。验收前，建设单位要组织设计、施工等单位进行初验，提出竣工报告，整理工程技术档案与竣工资料，移交建设单位保存。验收合格后，施工单位向建设单位办理工程移交，办理工程竣工结算。

7. 保修期的管理

在工程竣工验收后，按合同规定的责任期内进行的售后服务，进行必要的维护和保修，以保证正常使用。

本　章　小　结

本章主要介绍了楼宇智能化工程施工的特点和施工项目管理的主要内容和程序。

楼宇智能化施工的特点：(1) 系统集成高度；(2) 工程施工技术难度大；(3) 组织协调管理幅度大；(4) 设备种类多、选型量大；(5) 工程量大，施工周期一般较长。

施工项目管理的主要内容：建立施工项目管理组织、进行施工项目的管理和编制施工项目管理规划。

施工项目管理的特点：(1) 施工项目的管理者是施工企业；(2) 施工项目管理的对象是施工项目；(3) 施工项目管理的内容是在较长时间持续进行的有序过程中，按阶段的不同而变化，各阶段管理的内容差异很大；(4) 施工管理项目要求强化组织协调工作；(5) 施工项目管理与建设项目管理是不同的。

施工项目管理的程序：承接业务、签订工程施工合同；提交项目策划、设定目标成本；委任项目经理、组建项目部；编制完善工程施工计划、施工组织设计；现场管理；工程竣工验收、交工结算；保修期的管理。

思考题与练习

1. 施工项目管理的主要内容和特点?
2. 楼宇智能化技术自身的特点?
3. 施工项目管理的程序?

第8章　楼宇智能化工程施工项目招投标与合同管理

【能力目标】

了解招投标的概念及适用范围和各招标方式，了解合同管理的基本原理，了解基本的合同条款，了解工程索赔的基本概念；熟悉招投标的相关法规，熟悉合同订立、履行、变更、转让、终止的具体规定，熟悉索赔的相关法规；掌握招投标的程序和招标文件的编写，掌握索赔的程序和索赔报告单的编写。

8.1　招投标概述

在市场经济条件下的商品交易过程中，买方往往希望能够从市场中选择最佳的合作伙伴，以期最大程度地节省资金，在最短时间内获取最符合自己要求的合格产品。然而，如何对市场上众多卖方及其提供的产品或服务进行有效的鉴别筛选成为买方的难题。招投标制度正是在这一背景下产生和发展的，它通过既定的程序和方法，最大程度地促成卖方之间的良性有序竞争，帮助买方做出最有利于自身利益的决定。

我国根据国情，于2000年1月1日颁布实施了《中华人民共和国招标投标法》（以下简称《招标投标法》），国务院和各级地方人大也后续配套了一系列行政法规及地方性法规和规章。

8.1.1　招投标的概念

1. 招投标的概念

招投标是招标和投标的简称。招投标是一种交易手段，其主要思想是“有序竞争，择优选择”，被广泛应用于建设工程的交易环节。

招标是指招标人根据国家相关法律法规的规定，按照一定的程序和方法发包工程、货物或服务的过程。一般而言，将发包人称为招标人。

投标是指投标人按照国家相关法律法规和招标人的要求，以报价的方式获得工程、货物或服务的承包机会的过程。一般而言，将参与竞争的承包商称为投标人。

2. 招投标的原则

招标投标活动应当遵循公开、公平、公正和诚实信用的原则。

（1）公开原则

公开原则是要求招标投标活动具有透明度，实行招标信息、招标程序公开，即发布招标通告，公开开标，公开中标结果，使每一个投标人获得同等的信息，知悉招标的一切条件和要求。

（2）公平原则

公平原则是要求给予所有投标人平等的机会，使其享有同等的权利并履行相应的义务，不歧视任何一方。

(3) 公正原则

公正原则是要求评标时按事先公布的标准对待所有的投标人。

"公开、公平、公正"三原则又称为"三公"原则。鉴于"三公"原则在招标投标活动中的重要性,《招标投标法》始终以其为主线,在总则及各章的各个条款中予以具体体现。

(4) 诚实信用原则

诚实信用原则也称诚信原则,是民事活动的基本原则之一。《中华人民共和国民法通则》第4条规定,"民事活动应当遵循自愿、公平、等价有偿、诚实信用的原则。"这条原则的含义是,招标投标当事人应以诚实、善意的态度行使权利,履行义务,以维持双方的利益平衡,以及自身利益与社会利益的平衡。在当事人之间的利益关系中,诚信原则要求尊重他人利益,保证彼此都能得到自己应得的利益。在当事人与社会的利益关系中,诚信原则要求当事人不得通过自己的活动损害第三人和社会的利益,必须在法律范围内以符合其社会经济目的的方式行使自己的权利。从这一原则出发,《招标投标法》规定了不得规避招标、串通投标、泄露标底、骗取中标、转包合同等诸多义务,要求当事人遵守,并规定了相应的罚则。

8.1.2 适用范围

《招标投标法》规定在中华人民共和国境内进行下列工程建设项目,包括项目的勘察、设计、施工、监理以及与工程建设有关的重要设备、材料等的采购,必须进行招标:

1. 大型基础设施、公用事业等关系社会公共利益、公众安全的项目。

2. 全部或者部分使用国有资金投资或者国家融资的项目。

3. 使用国际组织或者外国政府贷款、援助资金的项目。

《工程建设项目招标范围和规模标准规定》(2000年国家发改委第3号令)进一步对上述招标范围进行了阐述和明确。此外,还明确规定上述范围内的各类工程建设项目,包括项目的勘察、设计、施工、监理以及与工程建设有关的重要设备、材料等的采购,达到下列标准之一的,必须进行招标:

(1) 施工单项合同估算价在200万元人民币以上的;

(2) 重要设备、材料等货物的采购,单项合同估算价在100万元人民币以上的;

(3) 勘察、设计、监理等服务的采购,单项合同估算价在50万元人民币以上的;

(4) 单项合同估算价低于1.2.3项规定的标准,但项目总投资额在3000万元人民币以上的。

8.1.3 招投标活动的主体

整个招投标活动参与方众多,有建设单位、承包单位、招投标代理机构、评标专家、政府监管部门等,不同单位在招投标活动中扮演不同的角色。

1. 招标人

招标人是提出招标项目、进行招标的法人或其他组织。在建设工程招投标中,招标人一般指业主(即建设单位)。当工程中存在总分包关系时,总承包商在选择分包商的过程中也充当招标人的角色。

2. 投标人

投标人是指想要通过投标与招标人建立合同关系的人。在建设工程招投标中,投标人一般是指施工单位、设计单位、监理单位、供货商等。

3. 招投标代理机构

招投标代理机构作为中介，以专业机构的角色受聘于招标人或投标人，帮助其顺利发包或承包项目。

4. 评标专家

评标专家本身就是行业内的经济、技术方面的专家，临时受聘于招标人并组成临时的评标专家委员会，帮助招标人从专业角度审查投标人的投标文件并推荐中标候选人。

5. 政府部门

政府监管部门作为监督人全程参与项目的招投标活动以维护正常的招投标秩序，确保投标人之间的有序竞争。

8.1.4　招标的条件

为了维护正常的招标投标秩序，国家相关法律法规设立了允许招标的先决条件，凡依法必须进行招标的项目必须满足这些条件才能够进行招标。

1. 招标人应具备的招标条件

（1）自主招标

招标人自行办理招标事宜，应当具有编制招标文件和组织评标的能力，具体包括：

1）具有项目法人资格（或者法人资格）；

2）具有与招标项目规模和复杂程度相适应的工程技术、概预算、财务和工程管理等方面专业技术力量；

3）有从事同类工程建设项目招标的经验；

4）设有专门的招标机构或者拥有 3 名以上专职招标业务人员；

5）熟悉和掌握招标投标法及有关法规规章。

（2）招标代理机构

招标人有权自行选择招标代理机构，委托其办理招标事宜。招标代理机构是依法设立、从事招标代理业务并提供相关服务的社会中介组织。招标代理机构应当具备下列条件：

1）有从事招标代理业务的营业场所和相应资金；

2）有能够编制招标文件和组织评标的相应专业力量；

3）有可以作为评标委员会成员人选的技术、经济等方面的专家库，且这些专家与各投标人之间没有利害关系。

2. 招标项目应具备的招标条件

根据各建设项目的不同建设任务，其条件有些许不同，但都与《招标投标法》的要求相符合。

（1）建设工程项目施工招标应具备的条件

《工程建设项目施工招标投标办法》规定：依法必须招标的工程建设项目，应具备下列条件才能够进行施工招标：

1）招标人已经依法成立；

2）初步设计及概算应当履行审批手续的，已经批准；

3）招标范围、招标方式和招标组织形式等应当履行手续的，已经核准；

4）有相应资金或资金来源已经落实；

5）有招标所需的设计图纸及技术资料。

（2）建设工程项目进行货物招标应具备的条件

《工程建设项目货物招标投标办法》规定：依法必须招标的工程建设项目，应当具备下列条件才能进行货物（与项目有关的重要设备、材料等）招标：

1）招标人已经依法成立；

2）按照国家有关规定应当履行项目审批、核准或者备案手续的，已经审批、核准或者备案；

3）有相应资金或资金来源已经落实；

4）能够提出货物的使用与技术要求。

8.1.5 工程施工招标的方式

招标分为公开招标和邀请招标。

公开招标，是指招标人以招标公告的方式邀请不特定的法人或者其他组织投标。

邀请招标，是指招标人以投标邀请书的方式邀请特定的法人或者其他组织投标。

这两种方式的区别主要在于：

1. 发布信息的方式不同。公开招标采用公告的形式发布，邀请招标采用投标邀请书的形式发布。

2. 选择的范围不同。公开招标因使用招标公告的形式，针对的是一切潜在的对招标项目感兴趣的法人或其他组织，招标人事先不知道投标人的数量。邀请招标针对招标人已经了解的法人或其他组织，而且事先已经知道投标者的数量。

3. 竞争的范围不同。由于公开招标使所有符合条件的法人或其他组织都有机会参加投标，竞争的范围较广，竞争性体现得比较充分，招标人拥有绝对的选择余地，容易获得最佳招标效果。邀请招标中投标人的数目有限，竞争的范围有限，招标人拥有的选择余地相对较小，有可能提高中标的合同价，也有可能将某些在技术上或报价上更有竞争力的承包商漏掉。

4. 公开的程度不同。公开招标中，所有的活动都必须严格按照预先指定并为大家所知的程序和标准公开进行，大大减少了作弊的可能。相比而言，邀请招标的公开程度逊色一些，产生不法行为的机会也就多一些。

5. 时间和费用不同。由于邀请招标不发公告，招标文件只送几家，使整个招投标的时间大大缩短，招标费用也相应减少。公开招标的程序比较复杂，从发布公告，投标人作出反应，评标，到签订合同，要经过许多程序、准备许多文件，因而耗时较长，费用也比较高。

由此可见，两种招标方式各有千秋，招标方式的选择，由招标人根据项目的特点自主决定。但若国家或其他资金提供方（如外国政府或国际组织）有其他要求，应从其要求。

《招标投标法》规定：国务院发展计划部门确定的国家重点项目和省、自治区、直辖市人民政府确定的地方重点项目应当进行公开招标。若这些项目不适宜公开招标的，经国务院发展计划部门或省、自治区、直辖市人民政府批准，可以进行邀请招标。

世界银行的《世行采购指南》也把国际竞争性招标（公开招标）作为最能充分实现资金的经济和效率要求的方式，要求借款国以此作为最基本的采购方式。只有在国际竞争性招标不是最经济和有效的情况下，才可采用其他方式。

在某些特定情况下，如由于项目技术复杂或有特殊要求，涉及专利权保护，受自然资源或环境限制，新技术或技术规格事先难以确定等原因，可供选择的具备资格的投标单位数量有限，实行公开招标不适宜或不可行。在这种情况下，招标人可选用邀请招标方式进行招标。

8.2 施 工 招 标

工程施工招标，是指在工程项目的初步设计或施工图设计完成后，用招标的方式选择施工单位的招标。施工单位最终向业主交付按招标设计文件规定的建筑产品。

8.2.1 项目施工招标的程序（以公开招标为例）

建设工程项目施工招标的程序详见图 8-1。

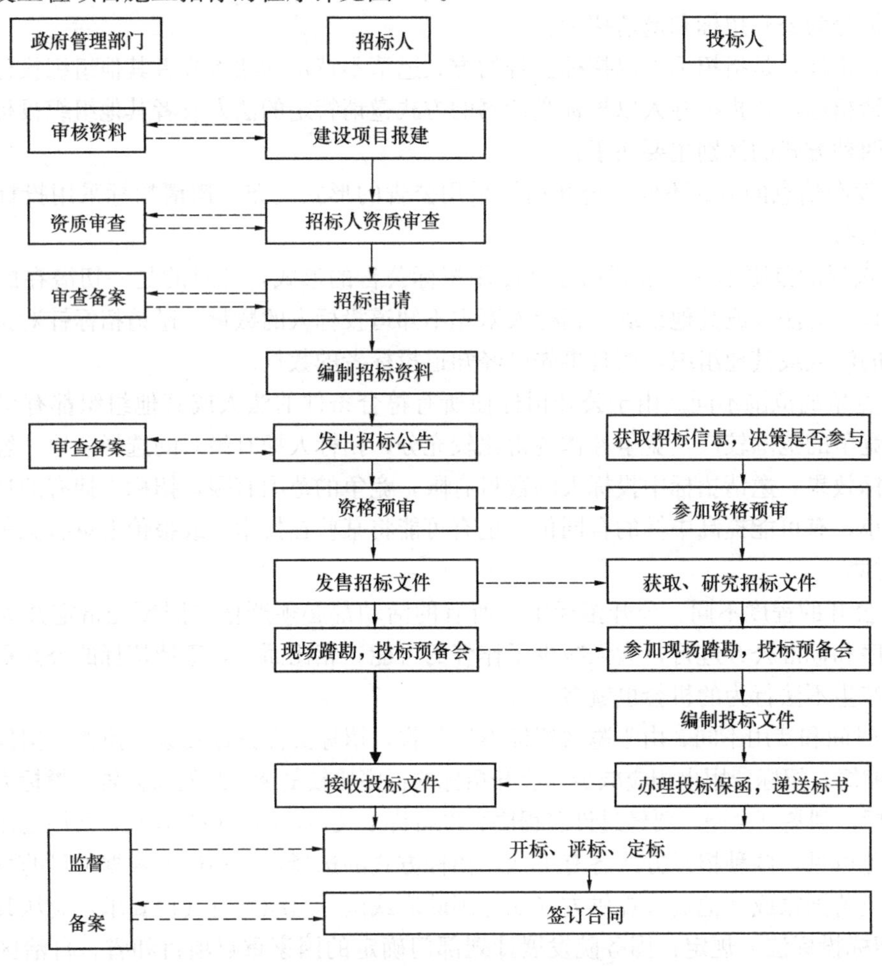

图 8-1　施工招标程序

1. 建设工程项目报建

建设单位须按照《工程建设项目报建管理办法》的规定进行报建，并由当地建设行政主管部门审批同意后办理招标事宜。

2. 审查招标人资质

招标人根据自身实际情况确定自行招标或选择招标代理机构，并向管理机构备案。

3. 招标申请

招标人填写《建设工程招标申请表》，将拟进行招标项目的主要信息及其他招标信息报管理机构审批。

4. 编制资格审查文件和招标文件

(1) 资格审查文件

资格审查是由招标人（或评标人）对潜在投标人进行的审查，通过预设条件，排除不符合要求的潜在投标人，提高招标工作的效率。

资格审查有资格预审和资格后审两种形式。前者在潜在投标人领取招标文件之前进行，由招标人组建的资格审查委员会进行审查，并且只对审查合格的潜在投标人发放招标文件；后者由评标委员会在评标时进行审查。两种资格审查方式时间不一样，审查人不一样。

资格审查文件是招标人对潜在投标人资质、业绩、技术力量等方面的审查文件。只有通过资格审查的潜在投标人才能参与投标（或评标）。

(2) 编制招标文件

招标文件是招标人对于项目的具体要求的集合，也包括拟签订的合同条款和格式、工程量清单、图纸及投标文件格式等。

5. 发布招标公告或投标邀请书

(1) 招标公告

招标公告的媒介有专门的规定，原国家计委指定《中国日报》、《中国经济导报》、《中国建设报》和《中国采购与招标网》为发布依法必须招标项目招标公告的媒介，其中，三家纸质媒介，一家网络媒介。在发布招标公告时，必须至少在上述三家纸质媒介中选择一家媒介发布公告，并且须将同样的公告抄送至网络媒介。招标公告的发布时间最短不得少于五个工作日。由此，从传播渠道和公示时间上做出了政策性的规定，最大程度地确保了招标信息的有效传递。

(2) 投标邀请书

经审批同意采用邀请招标的项目，招标人须向三个以上具备承担招标项目能力、资信良好的潜在投标人发出投标邀请书，邀请其参加投标。投标邀请书的主要内容和招标公告一致。

6. 进行资格审查

潜在投标人获取招标信息后，到招标人处报名并进行资格审查。

7. 发放招标文件

招标人对资格审查合格的潜在投标人发放招标文件。

8. 组织现场踏勘

招标人为帮助投标人获取项目的详细信息，组织投标人前往待建工程现场进行踏勘，以利于其了解现场实际情况，为投标人制作符合招标人要求的投标文件做铺垫。

9. 投标预备会

投标预备会也称答疑会，旨在搜集并答复各投标人关于招标文件、图纸和现场踏勘时发现的问题和疑问。一般而言，投标人的疑问和招标人的解答都以书面形式为佳，最后形成的会议纪要及问题解答资料为招标文件的补充内容。

10. 招标文件的澄清与修改

针对投标人在投标预备会中反馈的问题，招标人对招标文件做进一步澄清或修改。为保证投标人的合法权益，此澄清和修改应在投标截止日至少十五日前，以书面形式通知所有招标文件收受人。该澄清和修改的内容作为招标文件的组成部分。

11. 接收投标文件

招标人在事前规定的投标截止日之前接收投标人提交的投标文件。一旦超过投标截止日规定时间，视为放弃投标，投标人不得再提交投标文件，招标人也不得再接收投标文件。自招标文件发出之日起至投标截止日，最短不得少于二十日。

招标人可要求参与投标的投标人缴纳投标保证金，投标保证金缴纳时限与投标文件保持一致。

12. 组织开标

由招标人主持开标。开标时间须与投标截止时间一致，达到无缝链接。开标地点一般在各地建设工程交易中心，由主管部门进行监督，如有需要也可邀请公证机构进行公证。开标主要目的在于向各投标人公布所接收的全部投标文件的主要内容（如报价、工期等），以示公平、公正、公开，也利于投标人互相监督。

13. 评标

评标由招标人在当地政府构建的“评标专家库”中随机抽取并临时组建的评标专家委员会负责进行。评标委员会的人数应是 5 人以上的单数，由经济、技术方面的专家组成。评标专家是临时、随机抽选的，从制度上保证了“三公”。

评标专家根据既定的评标标准和评标办法对每位投标人的投标文件进行量化评定，并根据分数高低列出中标候选人的名单。

14. 定标

招标人根据评标专家提供的中标候选人的名单，确定排名第一的中标候选人为中标人。若排名第一的中标候选人因各种原因不能签订合同，招标人则与排名第二的中标候选人签订合同。中标候选人的名单包括三个投标人。

15. 发放中标通知书

招标人发布中标通知书，公示中标人名称。招标人须在五日内退还未中标人的投标保证金。至于中标人的投标保证金，双方可依据招标文件中的约定，或退还，或转为履约保证金。

16. 签订合同

招标人与中标人须在发出中标通知书后三十日内订立书面合同，招标工作至此告一段落。

8.2.2　对招标人的要求

在整个招标过程中，为保证“三公”，促进竞争，还对招标人的行为作出了规定：

1. 招标人不得以不合理的条件限制或排斥投标人，不得对潜在投标人实行歧视待遇；

2. 招标文件不得要求或者注明特定的生产供应者以及含倾向性或者排斥潜在投标人的其他内容；

3. 招标人不得向他人透露获取招标文件的潜在投标人的名称、数量以及可能影响公平竞争的有关招标投标的其他情况。

4. 招标人不得向中标人提出压低报价、增加工作量、缩短工期或其他违背中标人意愿的要求，以此作为发出中标通知书和签订合同的条件。

8.2.3 招标文件的内容

招标文件是招标人根据项目的特点和需要编制的。它是整个招标工作的依据和基础，包括招标人对招标项目的技术要求、对投标人资格审查的标准、投标报价要求和评标标准等所有实质性要求和条件以及拟签订合同的主要条款。

根据《标准施工招标文件》，招标文件包括以下内容：

1. 招标公告（投标邀请书）；
2. 投标人须知；
3. 评标办法（经评审的最低投标价法和综合评估法）；
4. 合同条款及格式；
5. 工程量清单；
6. 图纸；
7. 技术标准和要求；
8. 投标文件格式。

8.3 施 工 投 标

施工单位通过投标参与竞争，并以报价的手段获取招标项目的施工承包权的过程，就是施工投标。

8.3.1 施工投标的主要工作

1. 获取招标项目信息

投标人由专人通过国家指定的招标公告媒介或其他渠道获取拟招标项目信息，并决定是否参与投标。

2. 获取资格审查文件并接受招标人审查

投标人按招标人的要求准备资格审查材料并接受审查。

3. 购买并研究招标文件

通过资格审查的投标人在招标人处购买招标文件，了解项目详细信息。投标人应对招标文件进行全面而细致的分析，对设计图纸、工程技术文件、合同条款等方面的分析尤为重要，这是关系投标策略拟定，发现索赔机会等工作的关键。

4. 参加现场踏勘

投标人参加由招标人组织的现场踏勘，了解项目实地信息。一般而言，应注意项目所在地的地理位置、地质地貌、水电通信、交通、周边环境等方面，以便投标人制定有针对性的施工规划和方案。

5. 提出疑问

投标人就招标文件和现场踏勘中的疑问向招标人提出。一般而言，以书面方式为宜。

6. 编制并提交投标文件

投标文件的组成和编制要求一般在招标文件中会做出详细的规定。

投标文件编制完成以后，应在招标人规定的时限内到指定的地点提交投标文件。投标文件应按照相应的规定和招标人的要求封装并签字盖章。若招标人有缴纳投标保证金的要求也应一并满足。

7. 参加开标会

投标人参加开标会。了解竞争对手信息，以便了解自己在竞争中所处地位，为后续工作做好准备。

8. 接收中标通知书

9. 签订合同

招标人在中标通知书发出以后的 30 个工作日内与中标的投标人签订施工合同。双方不得背离招标文件和投标文件再签订对其有实质性更改的合同。

8.3.2　投标报价决策

招投标既是招标人与投标人的博弈，又是投标人与投标人的博弈。无论对弈者是谁，在建设工程项目招投标过程中，投标报价都是重要的因素。

企业参与投标的目的在于对利益的追逐。赢得工程的利益，包括但不限于经济利益，企业可根据实际情况采取不同的投标报价策略。

一般来说，项目有下列情形之一的，投标人可以考虑投标以追求效益为主，报高价：

1. 投标人自信与其他竞争者相比具有明显优势的；

2. 招标项目利润丰厚。

相反，以下情况可以报保本价：

1. 竞争对手多，投标人无明显优势；

2. 投标人急需承揽工程以缓解自身困境。

需注意的是，关于投亏本标，在我国低于成本投标是不允许的。

8.3.3　对投标人的要求

1. 投标人不得相互串通投标或者与招标人串通投标，也不得向招标人或评标委员会成员行贿谋取中标；

2. 投标人不得以他人名义投标或者以其他方式弄虚作假，骗取中标；

3. 中标人不得将中标项目转给他人，分包人不得再次分包。

8.4　施工项目合同管理

招标投标活动的最终目的是选定承包商，而选定承包商是以签订施工合同为标志的。在当今社会中，不仅仅在工程建设领域，在社会经济活动的各个方面，合同都发挥着重要的作用，通过签订合同及后续的合同管理，明确当事人的权利和义务，保障当事人的合法权益。

8.4.1　施工项目合同管理概述

1. 合同的概念

《中华人民共和国合同法》（以下简称《合同法》）对合同的表述是：合同是平等主体的自然人、法人、其他组织之间设立、变更、终止民事权利义务关系的协议。

通常情况下，合同一经成立即具有法律效力，在双方当事人之间就发生了权利、义务关系；或者使原有的民事法律关系发生变更或消灭。当事人一方或双方未按合同履行义务，就要依照合同或法律承担违约责任。

2. 合同的形式

合同可以分为书面形式、口头形式和其他形式。当事人可根据实际情况约定采用的合同形式，但法律、行政法规规定采用书面形式的（如建设工程合同），应当采用书面形式。

书面形式是指合同书、信件和数据电文（包括电报、电传、传真、电子数据交换和电子邮件）等可以有形地表现所载内容的形式。

口头形式是指以口头的（包括电话等）意思表示方式而建立的合同。但发生纠纷时，难以举证和分清责任。不少国家对于责任重大的或一定金额以上的合同，限制使用口头形式。

其他形式指推定形式和默示形式等。

推定形式：租期届满，承租人继续交纳房租，出租人接受的，可推定双方达成延长租期的合同。

沉默形式：继承法规定，继承开始后，继承人放弃继承的，应当在遗产处理前，作出放弃继承的表示。没有表示的，视为接受继承。

3. 合同的主要条款

合同条款可分为基本条款和普通条款，又称必要条款和一般条款。当事人对必要条款达成协议的，合同即为成立；反之，合同不能成立。确定合同必要条款的根据有三种：

（1）根据法律规定

凡是法律对合同的必要条款有明文规定，应根据法律规定。

（2）根据合同的性质确定

法律对合同的必要条款没有明文规定的，可以根据合同的性质确定。例如买卖合同的标的物、价款是买卖合同的必要条款。

（3）根据当事人的意愿确定

除法律规定和据合同的性质确定的必要条款以外，当事人一方要求必须规定的条款，也是必要条款。例如当事人一方对标的物的包装有特别要求而必须达成协议的条款，就是必要条款。合同条款除必要条款之外，还有其他条款，即一般条款。一般条款在合同中是否加以规定，不会影响合同的成立。将合同条款规定得具体详明，有利于明确合同双方的权利、义务和合同的履行。

《合同法》规定，需在合同的内容中明确当事人的权利和义务，具体由当事人约定，一般包括以下条款：

1）当事人的名称或者姓名和住所；

2）标的；

3）数量；

4）质量；

5）价款或者报酬；

6）履行期限、地点和方式；

7）违约责任；

8）解决争议的方法。

所有的法律关系都是由主体、客体、内容这三个要素构成的。建设工程合同属于经济法律范畴，也同样由这三个要素构成。

主体：指法律关系的参加者，即在法律关系中一定权利的享有者和一定义务的承担者。在我国，法律关系主体一般包括国家、机构和组织以及公民。上述合同包含的内容中，条款 1）即为明确合同法律关系的主体：双方（或多方）当事人。

客体：指主体的权利及义务所指向的对象。合同主体约定权利和义务是在某项事物上呈现出来的，上述合同包含的内容中，条款 2）标的即为合同法律关系的客体。它可以是物、行为和智力成果。

内容：指主体所享有的权利和承担的义务，通过合同的客体为载体呈现。上述合同内容 3）～6）即所指合同的内容。

8.4.2　施工合同的订立与效力

1. 合同订立的原则

（1）平等原则

合同当事人的法律地位平等，一方不得将自己的意志强加给另一方。

（2）自愿原则

当事人依法享有自愿订立合同的权利，任何单位和个人不得非法干预。

（3）公平原则

当事人应当遵循公平原则确定各方的权利和义务。

（4）诚实信用原则

当事人行使权利、履行义务应当遵循诚实信用原则。

（5）公序良俗原则

公序良俗，即公共秩序与善良风俗的简称。当事人订立、履行合同，应当遵守法律、行政法规，尊重社会公德，不得扰乱社会经济秩序，损害社会公共利益。

2. 合同订立的过程

当事人订立合同，应当具有相应的民事权利能力和民事行为能力。一般要经过要约和承诺两个步骤。

要约指当事人一方向他方提出订立合同的要求或建议。提出要约的一方称要约人。在要约里，要约人除表示欲签订合同的愿望外，还必须明确提出足以决定合同内容的基本条款。要约可以向特定的人提出，亦可向不特定的人提出。要约人可以规定要约承诺期限，即要约的有效期限。在要约的有效期限内，要约人受其要约的约束，即有与接受要约者订立合同的义务；出卖特定物的要约人，不得再向第三人提出同样的要约或订立同样的合同。要约没有规定承诺期限的，可按通常合理的时间确定。对于超过承诺期限或已被撤销的要约，要约人则不受其拘束。

承诺指当事人一方对他方提出的要约表示完全同意。同意要约的一方称要约受领人，或受要约人。受要约人对要约表示承诺，其合同即告成立，受要约人就要承担履行合同的义务。对要约内容的扩张、限制或变更的承诺，一般可视为拒绝要约而为新的要约，对方承诺新要约，合同即成立。

合同可以由当事人委托的代理人签订，但之前应当依法履行手续，明确代理人的权限和应承担的责任，以利于保护委托人和代理人的合法权益。

在社会经济生活中，订立合同时发出要约之前，往往会有要约邀请的存在。要约邀请是指希望他人向自己发出要约的意思的表示。

要约与要约邀请的区别在于，要约有特定的对象，有满足签订合同的实质性内容；要约邀请没有特定的对象，也没有签订合同的具体内容。

在招投标活动中，关于要约邀请、要约和承诺，我们可以这样理解：

招标人发布招标公告，邀请不特定的投标人前来参加投标，即使是邀请招标，也没有确切的签订合同的对象。此外，招标公告中没有招标项目的详细技术、造价、工期等要求，即没有签订施工承包合同的实质性内容，因此我们可以将招标公告视为招标人发出的要约邀请，以此吸引投标人向其发出要约，进而签订合同。

投标人向招标人提交投标文件可视为投标人向招标人发出的要约。因为投标文件的提交对象已明确，即投标人希望与招标人签订施工承包合同，合同内容正是投标文件中所载的内容。

招标人向中标人发出的中标通知书可视为承诺。可理解为招标人愿意就投标人的投标文件中所提出的条件与其签订施工承包合同。

当然，订立合同的过程也是双方博弈讨价还价的过程，很有可能出现这种情况："要约邀请一要约一再要约一又一次要约一承诺"。

3. 合同的效力

合同的效力指对签订合同当事人的法律约束力。但要注意，合同并不是一经签订就开始生效或必定生效，根据合同签订当事人的身份、合同的内容有不同的生效或无效条件。《合同法》第三章就对此做出了专门的规定。

(1) 有效合同

依法成立的合同，自成立时生效。当事人对合同的效力可以约定附条件。附生效条件的合同，自条件成就时生效。附解除条件的合同，自条件成就时失效。当事人为自己的利益不正当地阻止条件成就的，视为条件已成就；不正当地促成条件成就的，视为条件不成就。

(2) 无效合同

凡不符合法律规定的要件的合同，不能产生合同的法律效力，从而属于无效合同。所谓无效合同是相对于有效合同而言的，是指合同虽然成立，但因其违反法律、行政法规、社会公共利益，被确认为无效。可见，无效合同是已经成立的合同，是欠缺生效要件，不具有法律约束力的合同，不受国家法律保护。无效合同自始无效，合同一旦被确认无效，就产生溯及既往的效力，即自合同成立时起不具有法律的约束力，以后也不能转化为有效合同。无论当事人已经履行，或者已经履行完毕，都不能改变合同无效的状态。

有下列情形之一的，合同无效：

1) 一方以欺诈、胁迫的手段订立合同，损害国家利益；

2) 恶意串通，损害国家、集体或者第三人利益；

3) 以合法形式掩盖非法目的；

4) 损害社会公共利益；

5) 违反法律、行政法规的强制性规定。

合同中的下列免责条款无效：

1）造成对方人身伤害的；

2）因故意或者重大过失造成对方财产损失的。

无效合同分为全部无效和部分无效。合同部分无效，不影响其他部分效力的，其他部分仍然有效；合同无效、被撤销或者终止时，不影响合同中独立存在的有关解决争议方法的条款的效力。

（3）效力待定合同

效力待定合同是指合同虽然已经成立，但因其不完全符合有关生效要件的规定，因此其效力能否发生，尚未确定，一般须经有权人表示承认才能生效。合同效力待定，意味着合同效力既不是有效，也不是无效，而是处于不确定状态，当事人应基于善意的出发点，尽量促成合同生效。《合同法》将效力待定合同分为以下几种情况：

1）限制民事行为能力人签订的合同；

2）行为人没有代理权、超越代理权或代理权终止后以被代理人名义签订的合同；

3）无处分权的人处分他人财产。

（4）可变更或可撤销的合同

1）因重大误解订立的。"重大误解"是指：行为人因对行为的性质、对方当事人、标的物的品种、质量、规格和数量等的错误认识，使行为的后果与自己的意思相悖，并造成较大损失的，可以认定为重大误解。

2）在订立合同时显失公平的。一方以欺诈、胁迫的手段或者乘人之危，使对方在违背真实意思的情况下订立的合同，受损害方有权请求人民法院或者仲裁机构变更或者撤销。

8.4.3　施工合同的履约

1. 合同的变更

合同的变更，指有效成立的合同在尚未履行或未履行完毕之前，由于一定法律事实的出现而使合同内容发生改变。

合同的变更会导致当事人权利和义务的变更，因此《合同法》规定，当事人协商一致时，可以变更合同。

合同变更的程序与合同订立的程序一致，都要经过要约－承诺的过程。当一方当事人向对方发出变更合同的要约时，若对方不同意该要约，则合同变更不成立。

2. 合同的转让

合同的转让，指在合同依法成立后，改变合同主体的法律行为。即合同当事人一方依法将其合同债权和债务全部或部分转让给第三方的行为。

合同转让分三种情形，并且有不同的达成条件。

（1）合同权利的转让

债权人转让权利的，应当通知债务人。未经通知，该转让对债务人不发生效力。债权人转让权利的通知不得撤销，但经受让人同意的除外。

对于合同权利的转让，《合同法》也规定了不得转让的情形：

1）根据合同性质不得转让；

2）按照当事人约定不得转让；

3）依照法律规定不得转让。

(2) 合同义务的转让

债务人将合同的义务全部或者部分转移给第三人的，应当经债权人同意。

(3) 合同权利和义务的全部转让

当事人一方经对方同意，可以将自己在合同中的权利和义务一并转让给第三人。

3. 合同的终止

合同的终止是指签订合同当事人权利义务的终止。根据《合同法》第91条规定，下列情形会导致合同终止：

(1) 债务已经按照约定履行；

(2) 合同解除；

(3) 债务相互抵消；

(4) 债务人依法将标的物提存；

(5) 债权人免除债务；

(6) 债权债务同归一人；

(7) 法律规定或者当事人约定终止的其他情形。

4. 合同解除

当事人协商一致，可以解除合同。因此，当事人可以约定一方解除合同的条件。

若有下列情形之一的，当事人可以解除合同：

(1) 因不可抗力致使不能实现合同目的；

(2) 在履行期限届满之前，当事人一方明确表示或者以自己的行为表明不履行主要债务；

(3) 当事人一方迟延履行主要债务，经催告后在合理期限内仍未履行；

(4) 当事人一方迟延履行债务或者有其他违约行为致使不能实现合同目的；

(5) 法律规定的其他情形。

5. 违约责任

当事人一方不履行合同义务或者履行合同义务不符合约定的，应当承担继续履行、采取补救措施或者赔偿损失等违约责任。但若当事人的违约行为是由不可抗力因素引起的，可根据实际情况免去部分或全部责任。

一旦发生违约行为，权益受损的当事人可要求对方按照之前约定的或法律的规定支付违约金，同时，可就违约人因违约而造成的己方损失要求赔偿。

6. 争端解决方式

合同履行过程中往往会发生争端和纠纷，《合同法》明确了合同争议的解决方式主要有和解、调解、仲裁和诉讼等。

签订合同的当事人在履行合同过程中出现争议时，应以之前所签订的合同为基础自行解决；若争议事项在合同中未载明或未能达成一致，当事人可自行谈判争取和解；若和解失败还可邀请与当事人无利益关系的第三方进行调解。若和解与调解不成，当事人可约定申请仲裁或进行诉讼。需要注意的是，仲裁和诉讼两种方式只能二选其一作为最后的解决方案，两者的结果都具有法律约束力。

8.4.4 施工合同的风险管理

1. 风险管理的概念

风险管理是为了达到一个组织的既定目标，而对组织所承担的各种风险进行管理的系统过程。风险管理包括策划、组织、领导、协调和控制等方面的工作。

2. 风险管理的过程

(1) 项目风险识别

项目风险识别的任务是识别项目实施过程存在的风险点。

智能建筑工程项目风险的基本类型可分为以下几类：

1) 决策风险：项目决策风险包括高层战略风险，如指导方针、战略思想可能有错误而造成项目目标错误；环境调查和市场预测的风险；投标决策风险，如错误的项目选择，错误的投标决策、报价等。

2) 各项目主体风险：如业主支付能力差，频繁进行工程变更；承包商（分包商、供应商）技术及管理能力不足，不能保证安全质量，无法按时交工等产生的风险；监理工程师的能力、职业道德、公正性差等产生的风险等。

3) 外部环境风险，如物价上涨，导致成本增加；不利的自然气候条件等。

(2) 项目风险评估

1) 利用已有数据资料，运用相关专业方法分析各种风险因素发生的概率；

2) 分析各种风险可能引起的损失量；

3) 根据各种风险发生的概率和引起的损失，确定各种风险量和风险等级。

(3) 项目风险响应

指提出应对风险的策略（如规避、减轻、自留、转移、组合等)。建设工程中的分包和联合体投标就是转移风险的措施之一。

(4) 项目风险控制

在项目进展过程中应搜集和分析与风险相关的各种信息，预测可能发生的风险，对其进行监控并适时提出预警。

8.4.5　工程索赔

1. 工程索赔的概念

工程索赔是指在工程合同履行过程中，合同当事人因为对方不履行或未能正确履行合同或者由于其他非自身因素而受到的经济损失或者权益损害，通过合同规定的程序向对方提出经济或时间补偿要求的行为。要注意的是，索赔不是索取赔偿，而是一种补偿，它是合同当事人之间一项正常的合同管理业务。

2. 索赔的分类

由于索赔可能发生在合同履行的全过程，因而索赔所涉及的内容很广泛，索赔分类的方法有很多，常见的分类方法有：

(1) 按索赔目的分类

1) 工期索赔

当事人对由于非自身原因造成的工期延误而提出的延长工期的要求。

2) 费用索赔

当事人对由于非自身原因造成的经济损失而提出的经济补偿的要求。

(2) 按索赔的处理方式分类

1) 单项索赔

指采取一事一索赔的方式，每一项可索赔的事件发生后提出的单项解决的要求。

2）总索赔

指对整个工程的全部索赔事件进行统一地一次性解决。

3. 索赔的起因

索赔一般是由以下原因引起的：

（1）合同违约。如一方当事人不履行或未能正确履行合同。

（2）合同错误。如设计图纸有误、工程量清单漏项等。

（3）合同变更。如当事人对双方约定的某些事项进行重新约定等。

（4）工程环境变化。如物价上涨、气候条件变化等。

（5）不可抗力因素。如地震、洪水、战争等。

4. 索赔成立的条件

若同时具备以下三个条件，即可进行索赔：

（1）与合同对照，事件已造成当事人工程项目成本的额外支出或工期损失；

（2）造成费用增加或工期损失的原因，其责任或风险按合同约定不属于提出索赔要求的当事人；

（3）当事人须按规定的程序和时间提交索赔意向通知和索赔报告。

5. 索赔的依据

索赔依据，就是提出索赔的理由，即论证索赔权的法律依据。常见的索赔依据有：

（1）双方签订的合同文件

这里的合同文件不单纯只是通用条款和专用条款，还包括投标书、合同协议书以及技术规程等一系列其他文件。

（2）与合同相关的法律法规

遇到合同文件中未作任何规定的干扰事件，比如节假日、加班工资、税收、进出口材料等的规定，承包商可以从与建设工程施工相关的法律法规，如《合同法》、《建筑法》、《劳动法》，甚至其他民法的规定中寻找依据来确立自己的索赔权。

（3）工程惯例

所谓的工程惯例，就是工程承包界公认的一些原则和习惯做法。它虽然不是法律，对工程合同双方也没有强制约束力，但是在一定程度上仍有助于公正合理地解决合同双方的纠纷，弥补了合同缺陷和遗漏。

（4）过去类似案例的索赔处理结果

承包商平时应多注意收集一些权威期刊上出版的典型工程纠纷处理案例，在必要时可以派上用场，引经据典论证承包商的索赔权。

6. 索赔的证据

索赔成功的关键在于能否搜集与索赔相关的资料和证明文件。索赔的证据应做到真实、及时、全面、关联、有效。这些证据在工程项目实施的过程中不断积累，因此需派专人做好资料整理和搜集工作。

7. 索赔的程序

索赔事件发生后或当事人发现索赔机会，应按规定的程序和时间进行索赔。

（1）索赔意向通知

提出索赔意向，向对方简要说明索赔事件发生的时间、地点并描述事件概况，说明索赔理由。索赔意向通知须在索赔事件发生 28 天内，向监理工程师发出。

(2) 编制并提交索赔报告

提出索赔的当事人及时编制索赔报告，并应在发出索赔意向通知后的 28 天内，向监理工程师提交补偿经济损失和（或）延长工期的索赔报告。

(3) 索赔的处理

监理工程师在收到承包人送交的索赔报告和有关资料后，于 28 天内给予答复。若监理工程师未在规定时限内作出进一步要求或答复的，视为该项索赔已经认可。

(4) 当该索赔事件持续进行时，承包人应当阶段性向监理工程师发出索赔意向通知。在索赔事件终了后 28 天内，向监理工程师提供索赔的有关资料和最终索赔报告。

8. 索赔报告的内容

索赔报告一般包括以下内容：

(1) 索赔事件总论

总论部分的阐述要求简明扼要，说明问题。它一般包括序言、索赔事项概述、具体索赔要求。

(2) 索赔根据

索赔根据主要是说明自己具有索赔权利，这是索赔能否成立的关键。该部分的内容主要来自该工程的合同文件，并参照有关法律规定。

(3) 索赔费用及工期计算

索赔计算的目的，是以具体的计算方法和计算过程，说明自己应得的经济补偿的款项或延长的工期。

(4) 索赔证据

索赔证据包括该索赔事件所涉及的一切证据材料，以及对这些证据的说明。证据是索赔报告的重要组成部分，没有翔实可靠的证据，索赔是不可能成功的。

9. 反索赔

反索赔是相对于索赔而言的。一般而言，将承包方向业主的索赔称为索赔，将业主向承包商的索赔，或否定其索赔行为称之为反索赔。

8.4.6　楼宇智能化工程的索赔与反索赔

楼宇智能化工程一般剥离于建筑物（或构筑物）主体的施工，属专业分包。在施工过程中往往与其他施工企业同时作业，交叉施工。因此，楼宇智能化工程的施工与其他工程施工有直接而密切的关系，既相互影响，又相互配合。鉴于不同企业同时作业可能产生的各种复杂状况，无论作为承包商还是业主，都应对合同执行过程可能出现的风险点有清晰认识，做好索赔或反索赔管理工作。

1. 楼宇智能化工程的索赔

承包商在与业主签订合同时，应明确进场和正常施工所必备的条件。在施工过程中，若因非自身原因导致施工进度受阻、窝工、增加工程量等情况，应第一时间与业主代表取得联系，做好索赔的各项准备工作，尤其是基础资料的搜集与存档，以维护企业的合法权益。

2. 楼宇智能化工程的反索赔

业主对承包商的反索赔应从两方面开展：

（1）合同订立阶段

在此阶段应明确各项材料设备的型号、规格、参数、质量要求等。此外，需针对交叉作业的不同企业做出明确的要求，使其相互之间按对方的施工要求做好规划，以保证为对方提供便利的施工条件和环境，以此消灭可能出现的风险点，降低索赔可能性。

（2）合同执行阶段

应注意承包商是否提供了符合其承诺的设备和服务；施工过程中有无对其他在建或已建好的项目构成不利影响等。

应当注意的是，无论是索赔还是反索赔，都不应当是以索赔为目的而进行的。索赔与反索赔只是业主和承包商维护其合法合理权益的一种手段，而不应作为一种获取利益的工具。

【案例分析】

背景：某市新建一个五星级酒店。业主分别与建筑工程公司 A、装饰工程公司 B、楼宇智能化工程公司 C 签订了主体建筑工程施工合同、装饰工程施工合同和楼宇智能化工程施工合同。为缩短工期，土建、装饰和智能工程之间进行大量的交叉作业。C 公司在施工过程中发现：（1）A 公司预留的管线通道过于狭窄，仅能顾及布线，但无法满足日后进行维护所必要的操作空间；（2）部分尚未将弱电管线敷设完成的楼层，B 公司已先一步将墙面和吊顶做好，导致 C 公司施工困难。请指出 C 公司可以进行哪些索赔，向谁索赔？

分析：C 公司应向业主进行索赔。索赔内容有因 A、B 两家公司导致的 C 公司工人、设备的窝工而产生的费用；另外，若本案例中所出现的问题处于 C 公司施工进度计划的关键线路上，还可进行工期索赔。

本 章 小 结

本章系统介绍了楼宇智能化工程施工项目招投标与合同管理的有关规定和程序，主要内容如下：

1. 招投标的概念；招投标活动的原则；招标的适用范围；招投标的主体；招标的条件和方式。

2. 施工招标的程序和主要工作；对招标人的要求；招标文件的主要内容。

3. 施工投标的程序和主要工作；投标报价的决策；对投标人的其他要求。

4. 施工项目合同管理概述；施工合同的订立与效力；施工合同的履行；施工合同的风险管理；工程索赔。

思 考 题 与 练 习

1. 依法必须招标的项目有哪些？
2. 公开招标和邀请招标有哪些区别？
3. 招投标的流程是什么？
4. 招标文件的组成内容有哪些？
5. 合同包括的主要条款有哪些？
6. 工程索赔如何分类？

第9章 楼宇智能化工程施工项目资源管理

【能力目标】

了解施工项目人力资源管理的特点、材料管理的任务、机械管理的任务和内容以及技术管理基本制度和各级技术人员职责；掌握施工项目人力资源管理的内容和组织形式、材料管理的分类和内容以及机械设备正确选择、合理使用；熟悉施工项目的资金计划和资金的收支管理。

9.1 施工项目资源管理概述

资源是工程实施过程中必不可少的前提条件，它们的费用一般占施工项目总费用的80%以上，所以资源消耗的节约是工程成本节约的主要途径。如果资源管理得不到保证，任何考虑得再周密的工期计划也不能实行。因此，在楼宇智能化工程项目的施工中，必须加强资源管理，实现资源的优化配置。

9.1.1 施工项目资源管理的内容

资源作为工程项目实施的基本要素，必须对其进行有效的控制，因此需强化以下几个方面的管理：

1. 人力资源管理。是指通过编制各种人力资源计划和管理制度，对从事工程项目活动的劳动者进行管理，对人力资源进行充分利用，提高工作效率，保证项目目标的实现，达到降低成本的目的。

2. 材料管理。是指对施工生产所需的全部材料，运用管理职能进行材料计划、订货、采购、运输、验收保管、定额供应、消耗管理。做好材料管理工作，有利于企业合理使用和节约材料，保证并提高建筑产品质量，降低工程成本，加速资金周转，增加企业的盈利。

3. 机械设备管理。是指企业从选购机械设备开始，投入施工、磨损、修理直至报废全过程的管理。通过对施工所需要的机械设备进行优化配置，按照机械运转的客观规律，合理地运用机械以及操作人员，从而可以用少量的机械去完成尽可能多的施工任务，大大地节约资源。

4. 资金管理。是指根据工程项目施工过程中资金运动的规律，进行的资金收支预测、编制资金计划、筹集投入的资金、对资金进行合理使用、核算与分析等一系列资金管理工作，以达到节约成本的目的。把有限的资金运用到关键的地方，加快资金的流动，促进工程施工，以此降低成本。

5. 施工技术管理。是指对各项技术工作要素和技术活动过程进行的管理。通过对技术的优化，可以缩短工期，节约成本。

9.1.2 施工项目资源管理的意义

1. 通过资源的及时供应，能保证项目施工的顺利进行，不会造成工地上停工待料，延误工期。

2. 通过资源的优化配置，即投入项目的各种资源在施工中搭配协调，不仅能保证资源的需求，更能降低库存，减少资金占用，节约成本。

3. 通过资源的合理利用，能减少资源在施工过程中的损耗。

总之，项目资源管理对整个施工过程来说，具有极为重要意义，施工项目资源管理水平的高低，影响着施工项目的质量和经济效益。

9.2 人 力 资 源 管 理

施工现场需要对人力资源、材料、机械设备等进行管理，其中对人力资源的管理决定着其他内容的创造使用和改进，整个施工任务的完成也要通过工人的劳动完成。

9.2.1 施工项目人力资源的概述

施工项目人力资源是指能够从事工程项目活动的体力劳动者和脑力劳动者，由管理干部、专业技术人员和各种工人组成。专业技术人员和管理干部是项目部的主体，一般由施工企业安排；工人则一般是施工企业的正式职工或者由劳务公司提供。

施工企业根据工程建设项目施工现场客观规律的要求，合理配备和使用劳动力，提高职工的技术和业务水平，并按工程进度的需要不断调整劳动量、劳动力组织及劳动协作关系。在保证现场生产计划顺利完成的前提下，加强劳动力管理，降低劳动消耗，提高劳动生产率，达到以最小的劳动消耗取得最大的社会、经济效益。

9.2.2 施工项目人力资源管理的工作内容

施工项目人力资源管理是指通过编制各种人力资源计划和管理制度，对从事工程项目活动的劳动者进行管理。

1. 施工项目人力资源管理的内容

(1) 编制人力资源管理计划

为完成生产任务，履行施工合同，施工项目的项目经理部应根据进度计划和项目自身特点优化配置相应的人力资源，编制人力资源需求计划，制定一系列的人员管理制度，对现有人员进行评价、组织、培训，以保证现场施工的人力资源。编制方法：确定各活动的劳动效率、劳动力投入量及现场其他人员的使用计划。

(2) 建立管理与劳务作业队伍

为了保证施工项目进度计划的实现，需要充分利用人力资源，降低工程成本，建立有效的管理与劳务作业队伍。劳动力需要量计划是根据项目经理部的生产任务、劳动生产率水平的高低以及项目施工进度计划的需要和施工项目自身特点进行编制。施工项目管理人员的选择，是根据人力资源需求计划对管理人员数量、职务名称、知识技能等方面的要求，遵循公开、平等、竞争、全面等原则进行择优选取。劳动力主要来自企业固定工人、从劳务基地招募的合同制工人、其他合同工人。

(3) 加强劳动纪律管理

项目施工是在集体协作下进行的，一方面各工种联合施工，需要统一的管理来保证；另一方面每一个工种有特定的操作规程和质量标准，要求每一个工人的操作必须规范化、程序化。因此，需要相应的劳动纪律规章制度，建立考勤及工作质量完成情况的奖励制度。

（4）人员的培训和持证上岗

施工人员的个人素质和专业技术直接影响到工程项目的质量、安全、成本和工期。提高施工人员综合素质的途径，是采取有效措施全面开展，通过培训达到预定的目标和水平，并通过考核取得相应的合格证，持证上岗。培训内容如下：

1）现场管理知识的培训。随着社会经济的发展，要做到提高工程质量、降低工程成本、缩短工程工期、实现安全文明施工，就必须应用科学方法进行管理，统筹安排施工全过程。因此，需要对现场管理人员加强管理知识的培训。

2）文化知识的培训。理论是实践的基础，通过对文化知识的学习，使施工人员提高其理论素质的修养。

3）专业技术的培训。楼宇智能化工程施工的技术含量极高，施工人员必须具备较高的专业知识和丰富的施工经验，因此施工人员上岗前必须进行上岗培训并持证上岗。

（5）施工人员的劳动保护

劳动保护是为了保证施工人员的职业健康安全的一项重要措施。由于楼宇智能化工程自身的特点，施工现场劳动保护较其他行业更为具体，内容为建立劳动保护和安全卫生责任制，坚持劳保用品的发放和使用管理等。

2. 施工项目人力资源管理的特点

（1）人力资源管理的具体性

施工现场根据人力资源计划完成各项劳动经济技术指标，人力资源管理要落实到现场每个人。

（2）人力资源管理的细致性

在现场每一项工作，每一个具体问题都需要通过劳动者的劳动来完成，必须周密安排，稍有马虎就会给施工项目带来损失。因此，人力资源的使用和管理必须慎之又慎。

（3）人力资源管理的全面性

现场人力资源管理的内容相当广泛，涉及劳动者的各个方面，不仅要考虑其工作状况，还要考虑学习、生活和文化娱乐等。

3. 施工项目作业人员的组织形式

把完成分项工程而相互协作的有关个人组织在一起的施工劳动集体，称为施工班组。施工班组分为专业施工班组和混合施工班组两种。

（1）专业施工队。按施工工艺由同一专业工种的技工组成的作业队，并根据需要配备一定数量的辅助工，其优点是生产任务专一，有利于工人提高技术水平，积累生产经验；缺点是分工过细，适用范围小，工种间搭接配合差。适用于专业技术要求较高或专一工程量较集中的工程项目。

（2）混合施工班组。将劳动对象所需的相互联系的工种工人组织在一起形成的施工队。其优点是便于统一指挥、协调生产和工种间的搭接配合，有利于提高工程质量，培养一专多能的多面手；但其组织工作要求严密，管理要得力，否则易产生干扰和窝工现象。

施工队的规模一般应依工程任务大小而定，采取哪种形式，则应在有利于节约劳动力、提高劳动生产率的前提下，按照实际情况而定。楼宇智能化工程施工，一般采用专业施工队。

9.3 材料管理

施工项目材料管理是指对施工生产所需的全部材料，运用管理职能进行材料计划、订货、采购、运输、验收保管、定额供应、消耗管理。

9.3.1 材料管理的任务

1. 供应管理

它包括物资从项目采购供应前的策划，供方的评审与评定，合格供方的选择、采购、运输到施工现场（或加工地点）的全过程。这一过程必须进行精心的组织协调、合理的计划安排、有效的监督控制，以此降低流通过程的成本。施工项目所需物资应适时、适价进行合理配套，保证施工生产的顺利进行。

2. 消耗管理

它包括物资从进场验收、库存保管、出库、拨料、限额领料，耗用过程的跟踪检查，物资盘点，剩余物资的回收利用等全过程。这一过程是根据施工企业规定使用的消耗定额，合理控制施工现场的材料消耗，并通过采用新技术、新材料和先进的施工工艺，不断提高操作者的技术水平，避免返工浪费，降低单位工程消耗水平，使施工企业以最小的投入获得较大的经济效益。

9.3.2 材料管理的意义

加强材料管理对于施工项目的正常有序进行和取得较好的经济效益都具有重要意义。

1. 加强材料管理，是保证施工项目正常进行的重要条件

楼宇智能化工程施工项目的生产技术较为复杂，分工细致，协作关系广泛，各系统安装调试需要的物资数量庞大，品种、规格繁多，质量要求严格，供应渠道复杂，资源分布面广，使用的时间性、配套性强，供需之间的空间间隔等因素，给按时、按质、按量组织配套供应带来困难。如有任何一种物资不能满足要求，都有可能使施工生产中断。因此，要保证施工的顺利进行，就必须做好材料供应的组织管理工作。

2. 加强材料管理，正确组织核算，是管好、用好流动资金的主要环节

流动资金的占用情况是反映企业生产经营活动的一个重要方面。为了改进企业的管理工作，提高资金利用效果，必须管好用好流动资金，力求在保证施工顺利进行的基础上，减少流动资金的占用。因此，加强储备资金的管理必须从加强材料管理着手。只有在材料物资的采购、存储和领发等各个环节上加强管理，实行严格的核算，才能在保证施工需要的前提下压缩库存材料的储备量，从而减少储备资金的占用，节约流动资金的使用。

3. 加强材料管理是节约材料消耗，降低产品成本的重要途径

材料费用是施工成本的重要组成部分。在施工项目中，材料费用在施工成本中所占比重较大，合理地使用材料对于降低施工成本有着举足轻重的作用。因此，要从材料的采购、运输、储存、保管、领发、使用等各环节加强经济核算，充分发挥管理职能，减少材料损耗，降低材料费用，以降低工程成本。

总之，物资管理与企业各业务部门之间是密切联系，相互依存的。加强物资管理，对企业促进增产节约，文明施工，提高经济效益，增强竞争能力，都具有十分重要的作用。

9.3.3　施工项目材料管理的分类

施工项目使用的材料品种较多，对工程成本和质量的影响也不尽相同。将所需材料进行分类管理，不仅能充分发挥各级材料人员作用，也能尽量减少中间环节。有以下两种分类方法：

1. 根据材料对工程质量和成本的影响程度分类

A类：主要材料，占工程成本较大的材料，对工程的质量有直接影响。例如线缆、各类管材、桥架、三通管、弯头、各应用软件、机柜、接线盒、各种探头等。

B类：一般材料，占工程成本较少的材料，对工程的质量有间接影响。例如角钢等。

C类：辅助材料，占工程成本较小的材料，对工程的质量有间接影响。例如螺栓、垫片等。

2. 按照材料在生产中的作用分类

主要材料：形成工程实体的各种材料，如线缆、桥架、各种管材、机柜、跳线架等。

周转材料：具有工具性的材料，如建筑用的架杆、模板、扣件等。楼宇智能化工程施工，周转材料较少。

其他材料：包括不形成工程实体，但是工程必需的材料，如螺栓、垫片等。

上述分类中的A类材料和主要材料是施工项目材料管理的重点研究对象。

9.3.4　施工项目的材料计划

施工项目的材料计划管理就是通过运用计划的手段，来组织、指导、监督、调节、控制物资在采购、运输、供应等经济活动的一种管理制度。编制物资计划前要切实查清需要量，查清企业的资源储备情况，了解外部资源，在认真综合平衡的基础上，编制出准确性较高的物资供应计划。按照计划和物资管理体制，分别编制物资申请、采购，加工等实施计划。通过计划，监督、控制项目物资采购成本和合理使用资金，以保证物资供应计划顺利实现。

施工项目的材料计划分为：需用计划、申请计划、采购计划、供应计划、储备计划。其编制依据是：

1. 工程投标书中该项目的材料汇总表；

2. 经主管领导审批的项目施工组织设计；

3. 工程工期安排和机械使用计划。

根据企业资源和库存情况，确定采购或租赁的范围。根据企业和地方主管部门的有关规定确定供应方式（招标或非招标，采购或租赁），了解当前市场价格情况。结合本工程的施工要求、特点、市场供应状况和业主的特殊要求，对工程所需材料的供应进行策划，编制材料计划。

材料供应是施工前的一项重要准备工作，是保证顺利施工的必要条件，并贯穿在施工全过程中。因此，材料供应时间不能过早，也不能过晚，要符合施工进度要求；材料质量不能过高或过低，要符合设计要求；供应数量不能过多或过少，要满足工程需要，还要齐备配套供应到施工生产现场，促进施工生产顺利进行。

9.3.5　施工项目材料的采购、检验

一般来说，A类、B类物资的采购由公司物资部门负责牵头，项目经理部积极配合。C类物资由项目部根据施工现场周围物资供应情况建立相对固定的物资供方，并将物资供方汇编报公司物资部备案，在公司授权范围内进行采购供应。

企业应通过市场调研或者通过咨询机构，了解材料的市场价格，物资采购前必须通过对物资供方能力和产品质量体系、付款要求、企业履约情况及信誉、售后服务能力、同等质量的产品单价竞争力等方面进行实地考察与评定。在保证质量的前提下，货比三家，选择较低的材料采购价格。对材料采购时的运费进行控制，要合理地组织运输，材料采购进行价格比较时要把运输费用考虑在内。在材料价格相同时，就近购料，选用最经济的运输方法，以降低运输成本。要合理地确定进货的批次和批量，还要考虑资金的时间价值，确定经济批量。采购后定期对供方进行考核，各类物资的采购须在所评定的合格物资供方中进行采购。

采购计划总量控制原则：施工过程中保证供应周期内的合理储备量，做到既不影响施工又不过多占用流动资金；工程接近扫尾时，严格按实际需用量控制采购计划；做到工完料尽，完工时无库存。

验收入库是把好材料质量的重要一环，把材料的采购和运输中发生的问题解决在验收阶段。为了把住质量和数量关，在材料进场时必须根据进料计划、送料凭证、质量保证书或产品合格证，进行材料的数量和质量验收，保证与合同描述一致。验收工作按质量验收规范和计量检测规定进行，验收内容包括该批材料出厂质量证明书、随货清单、检验报告以及按规定要求的其他特有的报告。验收要作好记录、办理验收手续。对于需要复检的物资，通知有关的试验人员取样复检，复检不合格的材料应及时上报物资部、质检部，这些材料另行堆放，做好标识，物资部门通知供方作出退货处理。以上手续由质检部人员、采购人员和项目经理共同确认。

9.3.6 施工项目材料的现场管理

材料的储存与保管。材料验收入库后，应建立台账；现场的材料必须防火、防盗、防雨、防变质、防损坏。进入施工现场的材料应分类存放，库房外的材料和材料库的设置要按施工组织设计规定要求码放，并做好标识工作，确保仓库、料场材料规格不串，材质不混，数量准确，质量完好，防止材料过期变质造成经济损失。

材料的领发。由项目经理根据现场情况向施工队提供材料，材料领用必须由项目经理、项目配合人员、施工队人员三方签字。施工完成后对材料的供应数量、使用数量、剩余数量进行核实并签字，材料领用表等资料作为项目资料在工程完工后交工程部经理处备查，并作为材料决算依据。

材料的使用监督。现场材料管理责任者应对现场材料的使用进行分工监督。监督的内容包括：是否合理用料，是否认真执行领发料手续，是否做到谁用谁清、谁清谁用、工完料退场地清，是否按规定进行用料交底和工序交接，是否做到按平面图堆料，是否按要求保护材料等。检查是监督的手段，检查要做到情况有记录、原因有分析、责任有明确、处理有结果。

材料的回收。班组余料必须回收，及时办理退料手续，并在限额领料单中登记扣除。余料要造表上报，按供应部门的安排办理调拨和退料。

建立健全物资管理规章制度，使物资管理条理化、制度化。物资管理工作政策性强，涉及面广，必须在有关政策法令指导下，建立健全一整套物资管理制度，如岗位责任制、经济责任制、工作细则，物资的计划、采购、运输、仓库、送发料等管理制度。做到事事有人管，人人有专责，工作有标准，使上下左右各环节正规运行，以提高物资管理水平。

9.4 机械设备管理

机械设备管理，是指企业从选购机械设备开始，投入施工、磨损、修理直至报废全过程的管理。随着科学技术的进步，在施工过程中使用的机械设备数量、型号、种类、功能、高科技含量在不断增加，因此必须加强现场施工机械设备管理，对施工所需要的机械设备进行合理配置，优化组合，使机械设备经常处于良好的状态，从而达到用少量的机械去完成尽可能多的施工任务，对提高劳动生产效率、减轻劳动强度、节约资源、提高企业经济效益等都具有重要作用。

机械设备管理的任务，是对设备进行综合管理，用养结合，科学地选好、管好、养好机械设备。在设备使用寿命期内，保持设备完好，不断提高企业的技术装备素质，尽可能降低工程项目的机械使用成本，充分发挥设备的效能，达到提高设备利用率、劳动生产率和工程质量的目的，取得良好的投资效益。

9.4.1 现场施工机械设备管理的内容

1. 对机械设备进行技术经济分析，选择既满足生产要求，又是先进和经济合理的机械设备。

2. 根据项目施工的需要，做好机械设备的供应、平衡、调剂、调度等日常管理和技术档案工作；做好机务人员的技术培训工作，监督机务人员正确操作、确保安全。

3. 采用先进的管理方法和制度，加强保养维修工作，减轻机械设备磨损，使设备始终处于良好的技术状态。同时，定期检查和校验机械设备的运转情况和工作进度，发现隐患及时采取措施，根据机械设备的性能、结构和使用状况，制订合理的维修计划，以便及时恢复现场机械设备的工作能力，预防事故的发生。

4. 遵照机械设备使用的技术规律和经济规律，合理、有效地利用机械设备，使之发挥较高的使用效率。

9.4.2 设备的选择

合理地选购设备，可以使企业以有限的设备投资获得最大的生产经济效益。选择设备的目的，是为生产选择最优的技术装备，也就是选择技术上先进，经济上合理的最优设备。企业获取机械设备的形式一般有自行制造或改造、购置和租赁三种形式。究竟采用哪种形式，则要依据技术经济分析和企业发展的内、外部条件分析来做决定。

1. 企业自行装备。施工企业根据本身的性质、任务类型和技术发展趋势需要购置部分机械设备。自有机械应当是企业常年大量使用的机械，这样才能达到较高的机械利用率和经济效果。其特点是初始投资大，但是质量可靠，维修费用小，使用效率稳定，故障率低。

2. 租赁。某些大型、专用的特殊机械，一般企业自行装备在经济上不合理时，就由专门的机械供应站（租赁站）装备，以租赁方式供施工企业使用。向租赁公司或有关单位租赁施工机具，特点是不必马上花费大量的资金，时间上比较灵活，租赁时间可长可短。

3. 机械施工承包。某些操作复杂或要求人与机械密切配合的机械，由专业机械化施工公司组织专业工程队承包。

9.4.3 设备的使用

机械设备的使用管理是机械设备管理的基本环节，正确合理地使用施工机具可以减轻磨损，保持机具良好的工作性能，充分发挥机具的效率，延长其使用寿命，提高机具使用的经济效益。

正确合理使用施工机具可以遵循以下几个原则：

1. 合理配备各种机械设备

根据工程自身特点和生产组织形式，经济、合理地为工程配好机械设备。同时又必须根据各种机械设备的性能和特点，合理地安排施工生产任务。而且还应随工程任务的变化及时调整机械设备，使各种机械设备的性能与生产任务相适应。

2. 执行磨合期的规定

新机械设备或大修后的机械设备需要磨合，在此期间要遵守磨合期使用规定，以防止早期磨损，延长使用寿命和修理周期。在磨合期内，加强机械设备的检查和保养，应经常注意运转情况、仪表指示，检查各部分轴承、齿轮和摩擦带的工作温度和连接部分的松紧，并及时润滑、紧固和调整，发现不正常情况及时解决。

3. 加强现场施工生产和机械设备使用管理之间的协调工作

现场施工单位在确定施工方案和编制施工组织设计时，应充分考虑现场施工机械设备管理方面的要求，统筹安排施工顺序和平面布置图，为机械施工创造必要的条件，如水、电、动力供应，照明的安装、障碍物的拆除，以及机械设备的运行路线和作业场地等。现场负责人要善于协调施工生产和机械使用管理间的矛盾，既要支持机械操作人员的正确意见，又要向机械操作人员进行技术交底并提出施工要求。

4. 实行定人定机和操作证制度

为了使施工机械设备在最佳状态下运行使用，合理配备足够数量的操作人员并实行机械使用、保养责任制是关键。人机关系相对固定，提高机械施工质量，降低消耗，将机械的使用效益与个人经济利益联系起来。操作人员必须经过培训、考试，取得合格操作证后，持证上岗。无证人员登机操作应按严重违章操作处理，坚决杜绝为赶进度而任意指派机械操作人员这类事件的发生。

5. 创造良好的环境和工作条件

创造水、电、动力供应充足的工作场地，配备必要的保护、安全、防潮装置，有些机械设备还必须配备降温、保暖、通风等装置。建立现场施工机械设备的润滑管理系统。润滑管理系统是我国企业所创造的先进经验，即实行"五定"的润滑管理——定人、定质、定点、定量、定期的润滑制度。对于在冬季施工中使用的机械设备，要及时采取相应的技术措施，以保证机械正常运转。如准备好机械设备的预热保温设备，在冬季投入使用前，对机械设备进行一次季节性保养，检查全部技术状态，换用冬季润滑油等。

9.4.4 设备的保养与维修

1. 施工企业应建立健全机械设备的检查维护保养制度和规程，实行例行保养、定期检修、强制保养、小修、中修、大修、专项修理相结合的维修保养方式。根据设备的实际技术状况、施工任务情况，认真编制企业年度、季度、月度的设备保修计划，严格落实。

2. 对于大型机械、成套设备、进口设备要实行每日检查与定期检查，按需修理的检修制度，对中小型设备、电动机等实行每日检查后立即修理的制度。

3. 施工企业要结合社会性的设备修理资源与自身的能力，建立健全机械维护保养与修理的保证体系，修理部门要配备相应的管理人员和修理技工，要有相应的修理加工设备和检测仪器，要有修理技术标准和工艺规程，要有严格的质量检查验收制度，确保修理质量，缩短修理工期，降低修理成本。

4. 需要依靠社会修理的设备，应委托有相应修理资质与能力的单位修理。

5. 要建立设备修理检查验收制度，核实设备修理项目完成情况，结合市场行情核销设备修理费用。

6. 施工企业要结合设备修理，搞好老旧设备的技术改造工作。

9.5 资金管理

资金管理，是指根据工程项目施工过程中资金运动的规律，进行的资金收支预测、编制资金计划、筹集投入资金、资金使用、资金核算与分析等一系列资金管理工作，以达到节约成本的目的。

9.5.1 资金计划

1. 资金的收入预测

项目资金是按合同收取的，在实施项目合同过程中，应从收取预付款开始，每月按进度收取工程进度款，直到最后竣工结算。项目应按进度计划及合同编制出项目收入预测表，绘制出项目资金按月收入累计图。在做此项工作中应严格按照合同规定的结算办法来测算每月实际应收的工程进度款。同时还要考虑到收款滞后的因素，要注意力争尽量缩短这个滞后期，以便为项目筹措资金、加快资金周转、合理安排使用资金打下良好的基础。

2. 资金的支出预测

项目资金支出的预测工作应该根据成本费用控制计划、施工组织设计和材料、设备等物资储备计划来完成。这样才能预测出随工程进度，每月预计的人工费、材料费、机械费等直接费和其他直接费、管理费等各项支出，使整个项目的支出在时间上和数量上有一个总体的概念。

在做资金支出预测时应注意以下几个问题：

（1）根据工程的现状，使资金支出预测更符合实际，应从投标报价开始进行，在遇到不确定因素时再加以调整，使之与实际相符。

（2）必须重视资金的时间价值，要从筹措资金和合理安排调度资金两个方面进行考虑，一定要反映出资金支出的时间价值，以及合同实施过程中不同阶段资金的需要量。

通过收入预测和支出预测，我们形成了资金收入和支出在整个项目中的具体安排情况，为我们筹集资金、管好资金、合理安排使用资金提供了基础数据。在收支预测的基础上要做出年、季、月度收支计划，并上报企业财务部门审批后实施，做好收入和支出在时间上的平衡。

3. 资金管理计划

（1）项目资金计划的内容

项目资金计划包括收入方和支出方两部分。收入方包括项目本期工程款等收入，向公司内部银行借款，以及月初项目的银行存款。支出方包括项目本期支付的各项工料费用，上缴利税基金及上级管理费，归还公司内部银行借款，以及月末项目银行存款。

（2）年、季、月度资金收支计划的编制

年度资金收支计划要根据施工合同工程款支付的条款和年度生产计划进行编制，预测年内收入的资金量，再参照施工方案，安排分阶段投入人机料等资金，做好收入和支出在时间上和数量上的平衡。编制时，关键是摸清工程款到位情况，测算筹集资金的额度，安排资金分期支付，平衡资金，确定年度资金管理工作总体安排。

季度、月度资金收支计划的编制是对年度资金收支计划的落实与具体实施时的调整。要结合生产计划的变化，安排好月，季度资金收支，重点是月度资金收支计划。以收定支，量入为出，根据施工月度作业计划，计算出主要人机料的费用及分项收入，结合材料月末库存，由项目经理部各用款部门分别编制人机料的费用及分包单位支出等分项用款计划，经平衡确定后报企业审批实施。

9.5.2 资金的筹措

1. 施工过程中所需要资金的来源

施工过程中所需要的资金来源，一般是在承包合同条件中予以规定的，由发包方提供工程备料款和分期结算工程款，但往往这部分资金由于种种原因不能及时提供或者提供额度不足。这时候就需要项目采取垫支部分自有资金的办法，但这种占用在时间与数量上必须严格控制，以免影响整个企业生产经营活动的正常进行。因此我们得出结论，施工项目资金来源的渠道是：预收工程备料款；已完成施工价款结算；由于增加工程量等原因而获得的索赔；银行贷款；企业自有资金；其他项目资金的调剂占用。

2. 在筹措资金时应遵循的原则

（1）充分利用自有资金，这样可以调度灵活，不需支付利息，降低成本；

（2）必须在经过收支对比后，按差额来筹措，以免造成浪费；

（3）把利息的高低作为选择资金来源的主要标准，尽量利用低利率贷款。

9.5.3 资金的收支管理

资金的收支直接影响着施工项目的生命线和施工项目的顺利进展。如果项目资金回收不及时，将使项目收支出现困难。为了保证工程的有序进行，维护施工现场正常的秩序、压缩项目成本，必须要对项目资金的收支进行有效的管理。

资金的收支管理的主要内容包括现金、银行存款、银行借款、银行票据及其他形式的货币资金。一般实行预算管理和计划控制原则，坚持收支两条线管理。

在做预算管理时，合理分配资金是很重要的，资金的使用有以下两个原则：

1. 以收定支原则

通过收入来确定支出。尽量控制施工项目资金成本，在遇到施工项目的进度和质量有变化时，应视具体情况而进行区别对待。

2. 资金计划原则

根据施工项目进度、业主支付能力、企业垫付能力、分包或供应商承受能力等制定相应的资金计划，按计划进行资金的回收和支付。

9.6 施工技术管理

施工技术管理，是指对各项技术工作要素和技术活动过程进行的管理。项目经理部应在技术管理部门的指导和参与下建立技术管理体系，具体工作包括：技术管理岗位与职责的明确、技术管理制度的制定、技术组织措施的制定和实施、施工组织设计编制及实施、技术资料和技术信息管理。

9.6.1 技术管理的基本内容

1. 技术管理的基础工作：包括实行技术岗位责任制，贯彻执行技术规范、标准与规程，建立、执行技术管理制度，开展科学研究、试验，交流技术手段、管理技术文件等。技术管理控制工作应加强技术计划的制定和过程验证管理。

2. 施工过程中的技术管理工作：施工工艺管理、材料试验与检验、计量工具与设备的技术核定、质量检查与验收、技术处理等。

3. 技术开发管理工作：包括技术培训、技术革新、技术改造、合格化建议、技术开发创新等。

9.6.2 技术管理制度

1. 施工图深化设计制度

在建设过程中，特别是大型复杂工程的智能建筑工程设计，由于其专业化程度高，往往由工程主体设计单位进行方案设计或初步设计之后，再由弱电专业单位进行深化设计，才能完成真正满足施工要求的施工图。然而，进行深化设计的弱电专业单位往往正是智能建筑工程的施工单位。

2. 图纸审查制度

图纸审查要在开工前进行，包括会审和自审。会审一般是由建设单位、监理和施工单位一起对设计图进行审查。而自审是指项目经理组织本项目部的管理人员，尤其是资深人员对图纸进行各方面的详细审查。

3. 技术交底制度

技术交底可以细分为施工技术交底和安全技术交底。两者的侧重点各有不同，共同点是两者都需要进行书面记录，并签字。

4. 施工组织设计（施工方案）审批制度

开工前，项目部编制的施工组织设计或者施工方案必须交由项目总监理工程师进行审批，未经审批的施工组织设计或者施工方案不得用来指导施工。

5. 材料的检验试验制度

进入工地现场的材料，必须收集齐有关出厂合格证等技术资料，连同材料一起交给监理工程师验收，一些主要材料还必须送至专门的检测机构进行复检，未经检验或检验不合格的材料，严禁用于工程。

6. 工程质量检查验收制度

智能建筑工程中的各分项和分部工程，完工后必须进行施工单位自检、然后由监理（建设单位）进行质量检查验收，并填写有关验收记录，交由验收人员（单位）签字（盖章），工程竣工后填写竣工验收记录。

【案例分析】

×××住宅小区

1. 工程概况

本工程位于×××市×××路×××号。分为ABC区、回迁区两个区单独管理，工程范围为×××住宅小区的智能化工程。本楼宇智能化系统分两个区域单独管理，其中ABC区的智能监控中心设在12#首层，回迁区智能监控中心设在17#首层，各智能化系统可全部独立运行。各系统在实现必要的联动控制、数据共享时，也提供后期接入可能，为以后统一合并联网管理做准备。

×××住宅小区是一所现代化住宅小区，周边环境优美，商业和交通发达，这就决定了本项目是一个功能齐全、配套完善的住宅小区。因此，依据住建部关于智能化小区的智能化设计规范和标准，对×××住宅小区按照智能化三星级标准进行设计。

2. 劳动力投入计划

充足的劳动力是保证项目在规定工期内完工的有力保障，对×××住宅小区智能化工程投入大量的劳动力，力争在最短的时间内做出最优质的工程，交与×××住宅小区业主使用。

劳动力控制计划是保证工期进度的重要因素，因此在本楼宇智能化项目中应充分考虑如下：

(1) 劳动力选择应考虑的因素

1) 劳动力素质的优化

选用素质较高的劳动者，并通过培训不断提高劳动者的综合素质。

2) 劳动力数量的优化

即根据工程规模和施工技术特性，按比例配备一定数量的劳动力，既避免窝工，又不出现缺人现象，使得劳动力得以充分利用。

3) 劳动力组织形式的优化

即建立适应项目施工特点的精干、高效的劳动组织形式。

根据本工程的特点，组织具有较高施工技术水平和丰富施工经验的施工队，作为该工程的作业层。

(2) 保证劳动力供应的措施

1) 编制劳动力需用量计划

2) 技能培训和制度教育

劳动力计划，详见表9-1：

×××住宅小区劳动力计划表 **表9-1**

单位：人

工种级别	按工程施工阶段投入劳动力情况			
	管线施工	设备进场及安装	设备调试	系统调试、调试运行
项目经理	1	1	1	1
技术工程师	1	1	1	1

续表

工种级别	按工程施工阶段投入劳动力情况			
	管线施工	设备进场及安装	设备调试	系统调试、调试运行
网络工程师			1	1
施工员	12	12	8	6
安全员	1	1	1	1
仓管员	1	1	1	1
材料员	1	1	1	1
质检员	1	1	1	1

3. 主要材料进场计划

(1) 材料用量

为保证×××住宅小区智能化工程按时按质施工，应严格按照施工进度计划，投入大量的人力和物力。在设备安装前 5 天，提供阶段性安装设备。具体的物资和材料，详见商务部分报价清单。

(2) 投入周转材料

施工单位施工项目分布在全国各地，每个项目是相对独立运行，也是相互合作的，总部设置有维修产品部，每个项目维修时会有相应的同类替代产品供给，不会导致任何的项目损失。

(3) 材料进场计划

按照工程进度要求实施，明确设备的进场，施工进度及设备的进场顺序详见施工进度表。工程工期按业主的综合施工计划提出的工期要求执行。本工程工期结合甲方具体要求详细制定。保证工期按计划完成必须从以下几方面得到保证：

1) 资金保证。

2) 材料供应及时充足。

3) 劳动力的充足配备及合理组织。

4) 施工机械设备的完整配置和正常运转。

5) 土建施工单位为本专业施工单位提供施工所需的水、电、运输等条件良好。

6) 设备调试安装必须在装修完成前进行。

4. 机械配置及进退场计划

(1) 机械配置

为保证整个项目的正常施工及保证施工质量，对整个工程施工过程中，施工机具及施工检测设备必须齐全并能满足工程需要。

具体的施工主要机具和检测设备如表 9-2 所示：

主要施工机具及检测设备　　　　**表 9-2**

序号	机械或设备名称	型号规格	数量	国别产地	制造年份	备注
1	线缆测试仪	NS-468		中国	2011	
2	数字万用表	DT8600		中国	2011	
3	小型监视器	ML14C		中国	2011	
4	接地电阻测试仪	HT2016		中国	2011	
5	电动锤钻	GBH 5-38D		中国	2011	
6	切割机	J3G2-400		中国	2011	

（2）进退场计划

按照甲方规定的时间主要机具进场。设备进场后，与监理单位协调，安置到场设备，保证设备的现场安全。在弱电工程完成后，按照甲方要求在规定时间内离场。

5. 施工现场材料、设备管理规定

（1）项目经理部，应及时向材料采购部门提供材料需要计划，企业材料供应部门应制定采购计划，订货或市场采购，按计划供应给项目经理部，采购供应部门应对供货方进行考核，签订供货合同，确保供应工作质量和材料质量。

（2）材料供应部门应按计划保质、保量，及时供应材料。

（3）进场的材料应进行数量验收和质量验收，做好相应的验收记录和标识，不合格的材料应更换、退货。严禁使用不合格的材料。

（4）材料的计量设备必须经有资质的机构定期检验，确保计量所需要的精确度。检验不合格的设备不允许使用。

（5）进入现场的材料，应有生产厂家的备案证明书（复印件）、材料证明（包括厂名、品种、出厂日期、出厂编号、试验数据）、出厂合格证，要求复试的材料要有取样送检证明报告。新材料未经试验鉴定，不得用于工程中。

（6）材料储存应满足下列要求：

1）入库材料应按型号、品种分批堆放，并分别编号、标识。

2）易燃易爆的材料应专门存放，派专人负责保管，并有严格的防火，防爆措施。

3）有防水防潮要求的材料，应采取防水防潮措施并做好标识。

4）有保质期的库存材料应定期检查，防止过期，并做好标识。

5）易损坏的材料应保护好外包装防止损坏。

6）应建立材料使用限额领料制度。超限额的用料，用料前应办理手续，填写领料单，注明超耗原因，经有关人员批准。

7）建立材料使用监督制度，材料管理人员应对材料的使用情况进行监督，做到工完、料净、场清；建立监督记录；对存在问题应及时分析处理。

8）建立材料使用台账，记录使用和节超状况。

9）办理剩余材料退料手续。设施用料、包装物及容器应回收，并建立回收台账。

10）建立使用工具发放回收记录，应有发放记录内容、发放日期、价值、接收人签字、回收日期。对于丢失损坏按价值由责任人赔偿。

6. 施工现场材料、设备管理措施

（1）建立健全现场料具管理制度和责任制，现场料具要严格按平面图布置码放，分片包干负责。

（2）加强现场平面布置的管理，根据不同施工阶段、材料及物资变化、设计变更等情况，及时调整堆料现场的位置，保持道路畅通，减少二次倒运。

（3）随时掌握施工进度及用料信息，搞好平衡调剂，正确组织材料进场。材料计划要严密可靠，及时准确保证施工需要。

（4）严格按平面布置堆放原材料和设备，经常清理杂物和垃圾，保持场地、道路、工具及容器清洁。

（5）认真执行材料的验收、保管、发料、退料、回发等手续制度，建立健全原始记录和各种台账，对来料原始凭证妥善保存，按月盘点核算。

（6）施工现场必须由专职材料员进行现场材料的管理工作，材料员必须通过考核，持证上岗。材料员的人员配置以能够使生产及管理工作正常运行为准。

（7）材料进场必须以施工用料计划为准，严格进行验收并做好验收记录，有关资料（送料凭证、合格证、材质证明等）必须齐全。

（8）现场材料保管必须按如下规定：

1）需要施工现场外临时存放在施工用料时，必须经有关管理部门批准，按规定办理临时占地手续且材料码放不得妨碍交通和影响市容。

2）现场内露天存放的工程用料必须按施工平面布置图中标明的位置分类，分规格码放整齐，底垫高度不得小于 10cm，地面要垫上木方，并有排水措施，堆料存放应界线分明，避免混放。

3）现场临时仓库中放的料具必须分类规格码放整齐，易燃易爆及剧毒物品必须专库存放。

4）凡施工现场存放的材料，必须按照其物理及化学性能采取必要的防范措施进行保管，如防潮、防雨、防晒等措施。

（9）施工用料发放必须遵守以下规定：

1）施工现场必须建立限额发料制度，并设立材料定额员。

2）在施工过程中用料必须进行限额领料，其中主要材料必须建立定额考核台账。

3）现场的原材料及半成品料分开码放，制作统一的标志牌，将合格不合格或待检的材料挂上相应的标牌，成品料标明规格、型号及所用的工程部位以防混淆。

本　章　小　结

在施工项目管理的全过程中，为了完成各个阶段目标、实现最终目标，必须加强对工程项目资源的管理。内容包括：人力资源管理、材料管理、机械设备管理、资金管理、施工技术管理。

人力资源管理包括：编制人力资源管理计划、建立管理与劳务作业队伍、加强劳动纪律管理、人员的培训和持证上岗、施工人员的劳动保护。

材料管理包括：施工项目材料计划的编制、施工项目材料的采购、检验和现场管理。

机械设备管理包括：机械设备的选择、使用、保养与维修。

资金管理包括：资金计划、资金的筹措和收支管理。

施工技术管理：技术管理岗位与职责的明确、技术管理制度的制定。

思 考 题 与 练 习

1. 简述施工项目资源管理的内容及意义。
2. 人力资源管理包含了哪些内容？
3. 材料管理包含了哪些内容？
4. 机械设备管理包含了哪些内容？
5. 资金筹措的方式有哪些？
6. 施工技术管理岗位人员的职责？

第 10 章　楼宇智能化工程施工项目进度管理

【能力目标】

通过本章学习，了解楼宇智能化工程施工项目进度管理的任务、措施和方法；掌握楼宇智能化工程施工项目进度计划的编制方法，尤其是横道图的绘制和网络图的绘制与计算；掌握施工项目进度的比较和分析方法，预测未来的工期。

10.1　施工项目进度管理概述

进度目标是所有项目管理的重要目标之一，楼宇智能化工程施工项目也不例外。说到进度管理，很多人首先想到的就是工期控制，但是在现代工程项目管理中，人们在编制进度计划时，并不是单纯地只考虑时间问题，同时要考虑劳动力、材料、机械等资源的投入，以及资金的收支等问题，所以进度已经被赋予更广泛的含义，它将工程项目任务（工序）、工期、成本有机地结合起来，形成一个综合的指标，能全面反映项目的实施状况。从这个意义上来说，进度是指工程项目实施结果的进展情况，以项目任务的完成情况来表达。所以进度控制已不只是传统的工期控制，还应将工期与工程实物（工作量）、成本、资源配置等统一起来，其基本对象是工程活动。

当然，楼宇智能化工程施工项目在进行进度管理时，首要目标是要在业主提出的工期内完成所有的合同任务。倘若能提前竣工，可以与业主协商得到一笔奖金，若是延迟竣工，除非有充足的理由证明责任并不在施工单位，否则会遭受业主的罚款。

10.1.1　影响楼宇智能化工程施工项目进度的因素

由于楼宇智能化项目的施工环境主要在室内进行，所以其施工进度受自然气候条件变化的影响不大，主要因素有以下几个：

1. 施工工艺和技术的影响

同样任务的工程，由于选用的施工工艺不同，进度必然会不同；另外，工人掌握的施工技术水平不一样，也会造成进度差异。

2. 有关单位的影响

这里的有关单位主要是业主、监理工程师、平行交叉施工的其他承包商，以及设计单位。业主会提出工程变更，改变原设计方案，或者业主不能按时提供智能化施工必需的现场条件；监理工程师会由于种种原因下达暂停施工的指令；与楼宇智能化平行交叉施工的其他承包商，如装饰装修的承包商，他们的工作与智能化施工单位的工作会互相干扰，从而影响工作效率；另外，设计单位如果不能及时提供设计图纸，或者设计错误，也会影响施工进度。

3. 施工组织管理不当的影响

如果施工单位的材料、人员不能按时到场，必然会造成工地上无法正常施工；另外，如果智能化的不同系统之间施工顺序安排不当，也必然会造成干扰，影响工作效率。

4. 意外事件的发生

常见的影响施工进度的意外事件有：工地上发生比较严重的伤亡事故、断电断水、严重的自然灾害、传染性疾病的流行等。

10.1.2 施工项目进度管理的主要任务

施工单位的项目经理部进行进度管理的主要任务如下：

1. 制定施工项目的进度计划

施工进度计划是施工现场的各项施工活动在时空上的体现。其作用在于确定各分部分项工程的施工时间及其相互之间的衔接、穿插、平行搭接、协作配合等关系；确定所需的劳动力、机械、材料等资源量；指导现场的施工安排，确保施工任务如期完成。

（1）进度计划的分类

1）按编制对象划分，可以分为建设项目进度计划、单项工程进度计划、单位工程进度计划和分部分项工程进度计划。

2）按时间划分，可以分为年度进度计划、季度进度计划、月度进度计划、旬进度计划、周进度计划。

3）按功能进行分类，可以分为控制性进度计划和指导性进度计划。控制性进度计划按分部工程来划分施工过程，控制各分部工程的施工时间及其相互的搭接配合关系。它主要适用于工程结构复杂、规模大、工期长而跨年度施工的工程。指导性进度计划按分项工程或施工工序来划分施工过程，具体确定各施工过程的施工时间及其相互搭接关系。它适用于任务具体而明确、施工条件基本落实、各项资源供应正常、施工工期不太长的工程，或者是旬、月进度计划。

（2）进度计划的编制方法

在编制工程项目的进度计划时，会依据工程项目的特点、类型不同而选择不同的编制方法。一般常用的方法主要包括横道图法和网络图法。

1）横道图（甘特图）：指用横线条表示施工过程作业时间长短的进度图形。横道图主要由两个部分所组成，一部分是按先后施工顺序排列的工作名称及相关参数（一般在图的左边），另一部分是用横线条表示的进度表（一般在图的右边）。如图10-1是某智能化工程的施工进度计划。

用横道图来表示施工进度计划，是一种简单的方法。其优点是编制比较简单，绘图比较方便；工作排列整齐有序，简单明了；进度计划表达形象、直观易懂、容易掌握；便于统计各种资源的数量。

与网络图相比，横道图的缺点是：不能反映计划中各工作之间的相互关系；不能明确工作的关键性；不能应用计算机进行计算，更不能进行优化。

2）网络图：指由箭线和节点所组成的图形。与横道图相比，网络图的优点是能够反映各工作之间的相互关系；能明确表示工作的关键性和机动性；并且可以利用计算机进行管理和优化。当然，网络图在表达进度时不如横道图那么直观、易懂。

在实际工程中，往往两种方法都会用于同一个工程，结合其优缺点，根据项目管理的需要选用。

（3）进度计划的编制步骤

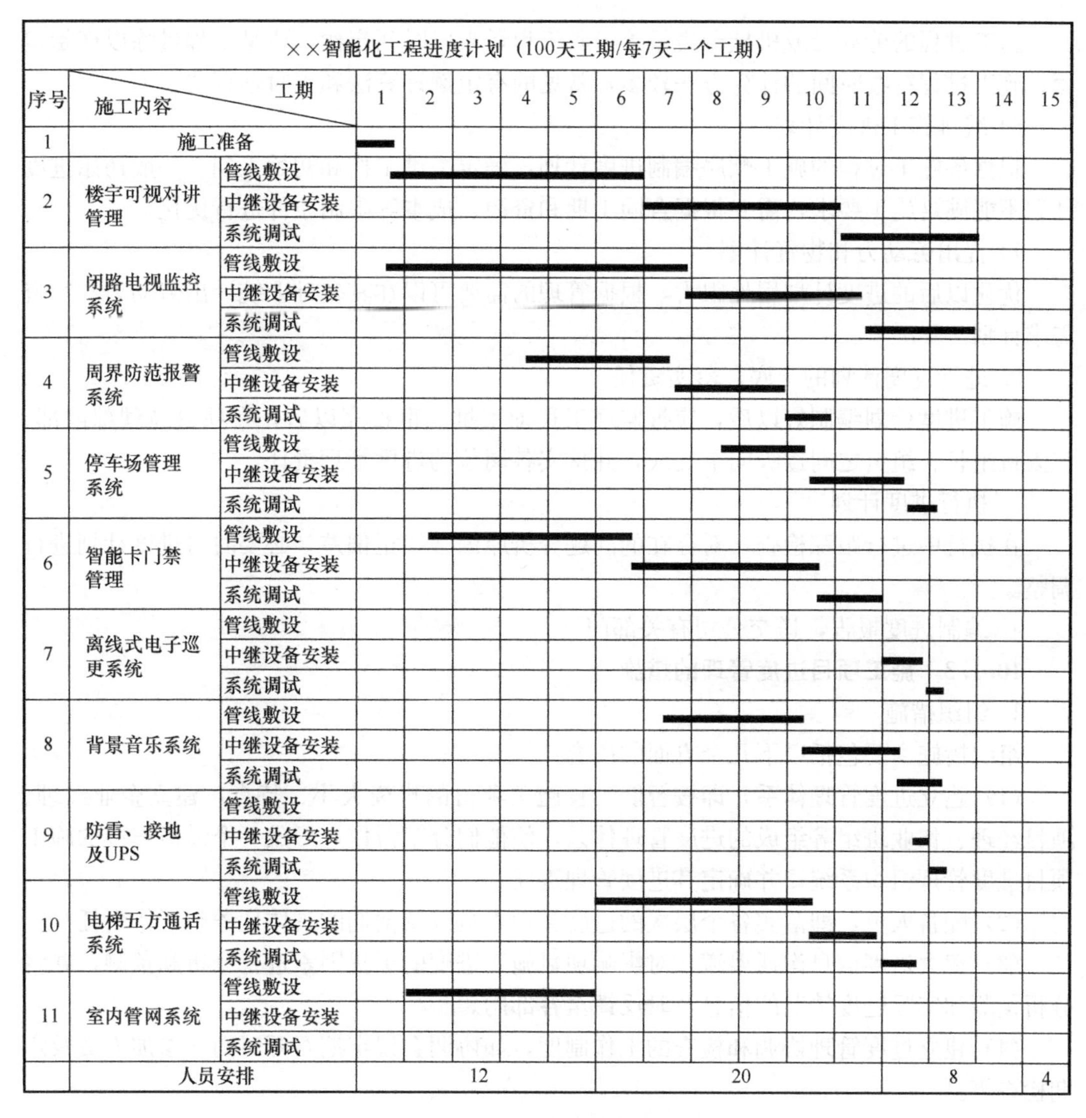

图 10-1 某智能化工程施工进度计划

1）研究施工图和有关资料，并调查施工条件

熟悉施工图纸，收集工地现场的地理环境、运输条件、周边的社会环境条件等信息，是编制施工项目进度计划的基础工作之一。

2）划分施工过程（工序）

施工过程是指将拟建工程按施工的组织安排划分为若干个小的工序，这些工序就是施工过程。在划分过程中，施工过程的数目和范畴应根据需要编制的进度计划来确定。

3）合理确定各施工过程的施工顺序

施工过程划分完毕后，就需要确定各施工过程之间是先后顺序关系，还是平行工作关系。

4）计算各施工过程的工程量，套用劳动定额

根据工程量计算规则，计算各施工过程的工程量，然后套用时间定额或者产量定额。

5）确定劳动量或机械台班量，以及各施工过程的持续时间

施工过程的劳动量或机械台班量等于其工程量乘以时间定额，或是工程量除以产量定额；施工过程持续时间的计算方法较多，常见的有定额计算法和三时估算法。

6）编排施工进度计划

根据各施工过程的施工顺序编制进度计划，确定关键工作和初始工期。一般初始进度计划不能满足施工要求，需要根据合同工期和资源、成本等限制条件进行优化。

7）提出劳动力和物资计划

优化以后的进度计划用处很大，根据管理的需要可以在其基础上统计出劳动力和物资需求计划。

2. 进行进度计划的交底，落实责任

施工进度计划编制好以后，应报监理工程师审批。审批完以后，在项目经理部内部、工人班组长、组员之间逐级向下交底，并落实各岗位的进度管理责任。

3. 执行进度计划

在执行中进行跟踪检查，对存在的问题分析原因并纠正偏差，必要时对进度计划进行调整。

4. 编制进度报告，送交公司有关部门

10.1.3　施工项目进度管理的措施

1. 组织措施

组织措施主要包括以下几个方面的内容：

（1）建立进度管理体系，即按智能工程施工项目的规模大小、特点，建立企业经理、项目经理、作业班组等组成的进度管理体系，使他们分工协作，形成一个纵横连接的施工项目进度管理组织系统，并确定其进度管理责任。

（2）配备人员，即落实各个层次的进度管理人员以及他们的具体任务和工作责任。

（3）建立进度信息沟通渠道，对影响项目施工进度的干扰因素进行分析和预测，并将分析预测和实际进度情况的信息及时反馈至各部门。

（4）建立进度管理协调和检查的工作制度，如协调会议定期召开时间、参加人员及定期检查等。

2. 技术措施

技术措施主要是选择工作效率高的施工方案；在施工中对实际工程进度进行检查，比较实际进度与计划进度的差异，找出偏差，分析产生偏差的原因，采取措施纠正偏差（例如赶工），或者调整未来的进度计划。

3. 经济措施

经济措施涉及资金需求计划、资金供应条件和经济激励措施等。为了确保进度目标的实现，应编制与进度计划相适应的资金需求计划（与资源进度计划结合），以反映工程实施的各个阶段所需要的资源。并通过资源需求分析，来发现编制的进度计划付诸实施的可能性。

资金供应条件包括可能的资金总供应量、资金来源（自有资金和外来资金）以及资金供应的时间。

经济激励措施主要是管理过程中对员工采用的奖惩措施。

4. 合同措施

合同措施包括施工合同中的风险责任划分和工期索赔等。在签订施工合同时，应关注条款中关于业主风险和承包商风险的划分界限，使其明朗化，切忌出现有歧义或二义性的表述。另外，还要关注承包商承担风险的合理性和可能性。

如果进度跟踪过程中发现实际进度滞后于计划进度，应仔细分析导致进度滞后的原因，若非承包商自身的责任和风险引起的，应立即考虑向业主提出工期索赔。

【案例】 某楼宇智能化施工项目的进度管理措施

为了保证某智能化工程在计划工期内完成，需要在施工组织与技术管理、合同管理等方面采取相应的措施，才能确保施工进度的实现。

1. 组织措施

(1) 从公司到项目部建立了强有力的进度管理指挥体系。如图 10-2 所示。

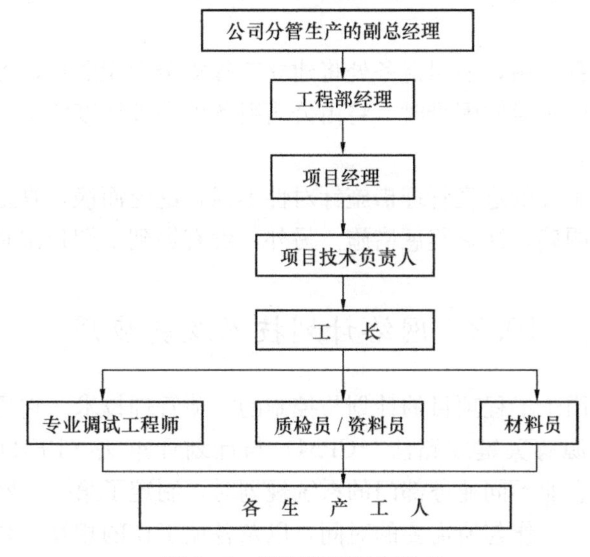

图 10-2　进度管理指挥体系

(2) 现场制定了严格的岗位责任制度、质量和安全保证制度、作息时间制度、分配制度、综合治理制度等。

(3) 充分做好施工准备工作。包括备足工程项目所需的工具，劳动力及设备要按工期要求打紧打足，满足施工工艺的要求；提前做好各种材料、构件、成品、半成品的加工订货，根据生产安排提出计划，明确进场时间。

(4) 进行全面协调。为了确保本工程资源的按时配置，公司决定由公司分管生产的副总经理坐镇工地指挥，并由公司有关职能部门负责人组成资源协调小组，负责本工程资源的协调。另外，项目经理每周一要召开施工协调会（或生产会），进行一周工作的布置，包括人、材、机的供应与使用、不同作业面等的协调，安排任务，明确目标，落实措施；每天下午下班前召开半小时的工程例会（或称碰头会），解决当天施工过程中存在的问题，协调好下一步工作。

2. 技术措施

(1) 认真阅读图纸，及时组织施工图会审和技术交底工作。施工前研讨并明确各分部分项工程的具体施工方法，需翻样的提前做好翻样工作；制定好各分项工程的施工实施方案，为下一道工序的施工创造条件。

（2）合理安排好每个工序、每个专业工种的立体交叉作业。各分部分项之间、作业班组之间要统筹兼顾，均衡施工，按照施工组织设计的要求，在各工种、各工序的投入时要严格控制，紧紧围绕主要的工期控制线安排施工。

（3）有针对性地编制季节性施工方案，预先考虑到各种破坏因素，在季节性施工之前按方案的措施要求做好准备工作。

（4）根据分解计划，每周跟踪检查进度计划的实施情况，发现偏差及时纠正、调整。

（5）根据施工图纸认真编制总进度计划，并将总进度计划分解为若干个周的控制计划。在施工过程中，以日作业保周计划的实现，在发现某周计划有滞后时，应立即采取补救措施，把滞后的计划追过来，满足总进度计划的要求。

3. 经济措施

确保工程资金专款专用，公司财务处将建立工程资金专用账户，确保工程资金不移作他用。在业主资金发生短时间困难时，将由公司财务处合理调度资金，确保工程开工后不因任何原因中断施工。

【案例评析】 该工程的进度管理措施针对性不强，泛泛而谈，真正落实下来会发现可操作性不强，责任不明确，缺乏奖惩措施。另外，没有提到工期延误时的索赔工作。

10.2　网络计划技术及其应用

网络计划技术是用于工程项目的计划与控制的一项管理技术。它是 20 世纪 50 年代末发展起来的，依其起源有关键线路法（CPM）与计划评审法（PERT）之分。1956 年，美国杜邦公司在制定企业不同业务部门的系统规划时，制定了第一套网络计划。这种计划借助于网络图表示各项工作与所需要的时间，以及各项工作的相互关系。通过网络分析研究工程费用与工期的相互关系，并找出在编制计划及计划执行过程中的关键路线。

网络图是由节点和箭线组成的网络计划技术的图解模型，反映整个工程任务的分解和合成。分解，是指对工程任务的划分；合成，是指解决各项工作之间的协作与配合。

10.2.1　网络图的基本原理

1. 把一项工程分解成若干项工作，并按各项工作之间的先后顺序以及相互制约关系绘制成网络图。

2. 通过网络图时间参数的计算，确定关键工作和关键线路。

3. 利用最优化原理，不断改进网络计划，寻求其最优方案并付诸实施。

4. 在网络计划的执行过程中，对其进行连续有效的监督、控制和调整，实现资源的合理利用，以最少的投入获得最大的经济效果。

10.2.2　网络图的基本表达方式

1. 双代号网络图

指用箭线表示工作，用节点表示工作开始或结束瞬间事件的一种网络图。

其基本形式如图 10-3 所示：

图 10-3　双代号网络图的基本形式

由于每一项工作都必须是用两个节点代号表示，所以称为双代号网络图。

2. 单代号网络图

指用节点表示工作，用箭线表示工作之间逻辑关系的一种网络图。

其基本形式如图 10-4 所示：

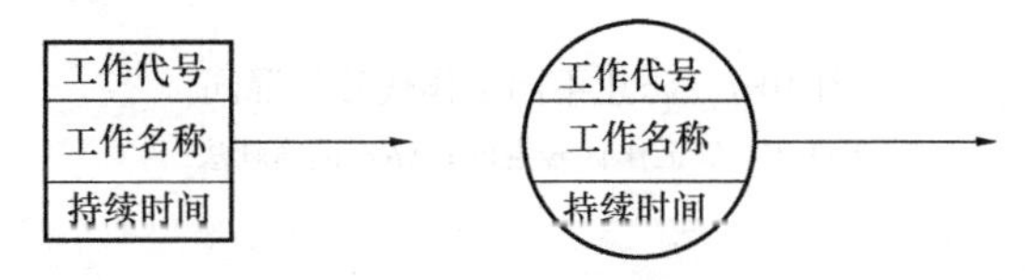

图 10-4　单代号网络图的基本形式

单代号网络图的节点形式是多样的。由于每一项工作都是由一个节点来表示，所以称为单代号网络图。

10.2.3　双代号网络图

1. 双代号网络图的基本要素

双代号网络图的基本要素有箭线、节点和线路。

(1) 箭线（工作）：表示一项工作的符号。双代号网络图中的箭线有实箭线和虚箭线之分。

1) 实箭线：表示一项实际工作的符号。

实箭线具有如下特性：

①一条实箭线只能表示一项工作，但是该项工作的范围可大可小。

②实箭线要占用时间，也可能要消耗其他资源。

箭线所表示的工作，必须占用时间。其消耗的时间一般标注在箭线的下方。一般情况下，箭线所代表的工作既要消耗时间又要消耗其他的资源，少数工作只消耗时间而不消耗其他资源。

③箭线的长短不表示其作业时间的多少。

④箭头表示工作的结束，箭尾表示工作的开始。

2) 虚箭线：表示一项虚拟工作的符号，双代号网络图中虚箭线的表示方法如图10-5所示。

图 10-5　双代号网络图中虚箭线表示方式

虚箭线具有如下特性：

①虚箭线不占用时间，也不消耗其他资源。

②双代号网络图中引入虚箭线的作用在于：一是连接或断开工作之间的逻辑关系（如图 10-6 中的虚箭线连接了 A 工作和 D 工作之间的先后工作关系）；二是用来防止不同工作代号的混同（如图 10-7*b* 图中的虚箭线防止了 B 工作与 C 工作共用一对节点编号）。

(2) 节点（事件）：表示工作开始或结束瞬间事件的一种符号，一般用带编号的圆圈表示（例如⑤）。

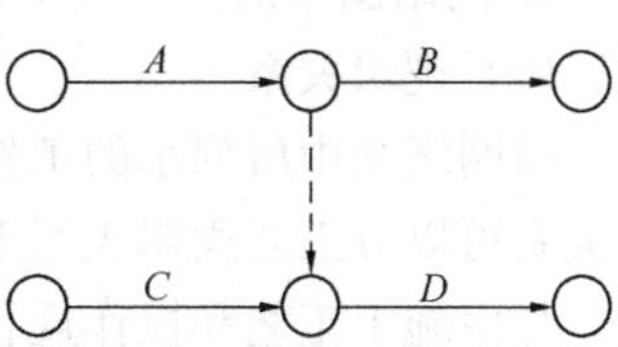

图 10-6　断开逻辑关系

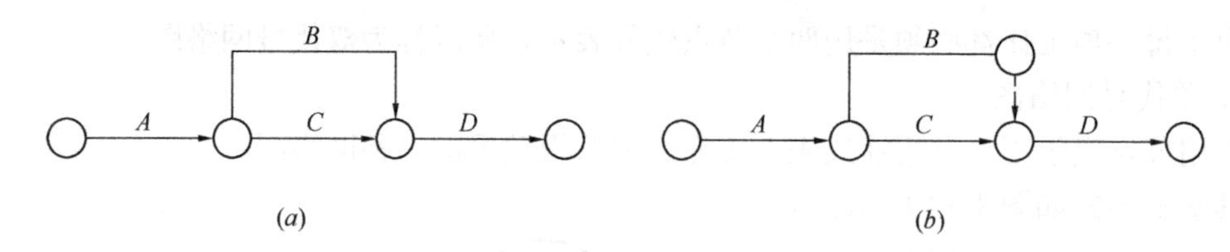

图 10-7　防止不同工作代号的混同

(a) B、C 工作代号混同；(b) 正确画法

节点具有如下特性：

1）箭尾上的节点称为该工作的开始节点，箭头上的节点称为该工作的结束节点。

2）整个网络图的起点称为始节点，整个网络图的结束节点称为终节点，其余节点称为中间节点，如图 10-8 所示。

3）一个节点可以同多条箭线相连接。这种连接表示一个节点可能同时是多个工作的开始节点和多个工作的结束节点。

4）节点不占用时间，也不消耗资源。

5）节点之间必须用箭线进行连接。

6）每一个节点都必须编号。编号的基本原则是：同一工作的结束节点编号大于开始节点的编号。其中编号可以任意跳号，不一定采用连续编号。

（3）线路：表示网络图中从始节点到终节点的通路。

线路具有如下特性：

1）线路时间等于该线路上各工作的作业时间之和。

2）时间最长的线路决定网络图的总工期，该线路称为关键线路。

如图 10-9 中的①②③⑩这条线路共 6 天，为关键线路。

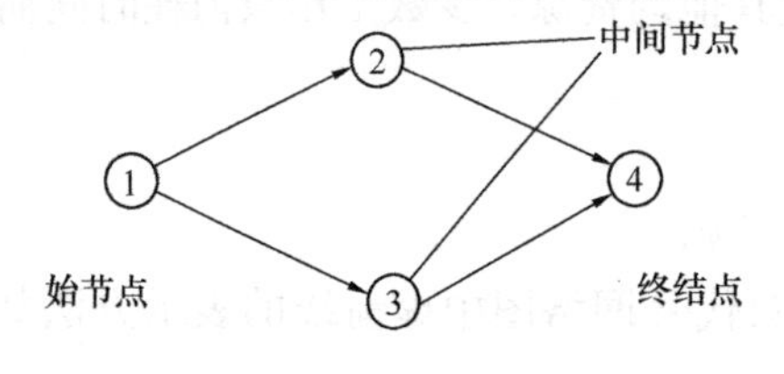

图 10-8　节点名称

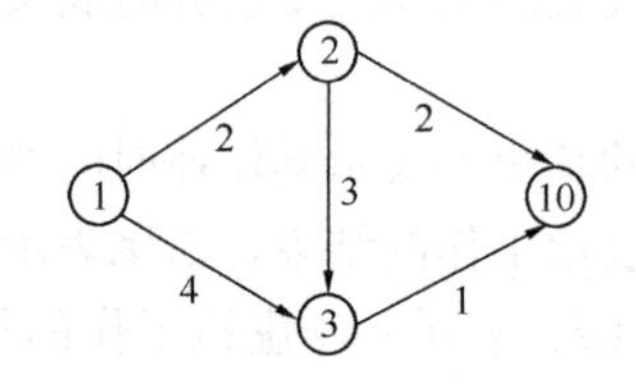

图 10-9　某分部工程的网络计划

在关键线路上的所有工作称为关键工作，这些关键工作没有任何机动时间。关键线路上的任何一个关键工作拖延了时间都将导致整个计划任务完成时间的后延。

除了关键线路以外的其他线路，我们称为非关键线路，但非关键线路上的工作不一定就全部都是非关键工作。

3）一幅网络图中至少有一条关键线路。

2. 网络图中的一些基本概念

（1）逻辑关系

指网络图中所列示的工作之间因组织或工艺上的要求而必须遵循的先后顺序关系。逻辑关系可以分工艺逻辑关系和组织逻辑关系。工艺逻辑关系指各工作之间的先后顺序关系，是由施工工艺和操作规程所决定的。组织逻辑关系指工作之间的先后顺序关系是由组织安排需要或资源调配需要而决定的。

（2）工作的先后关系

1）紧前工作：排在本工作之前的工作。

2）紧后工作：排在本工作之后的工作。

3）先行工作：本工作之前各条线路上的所有工作。

4）后续工作：本工作之后各条线路上的所有工作。

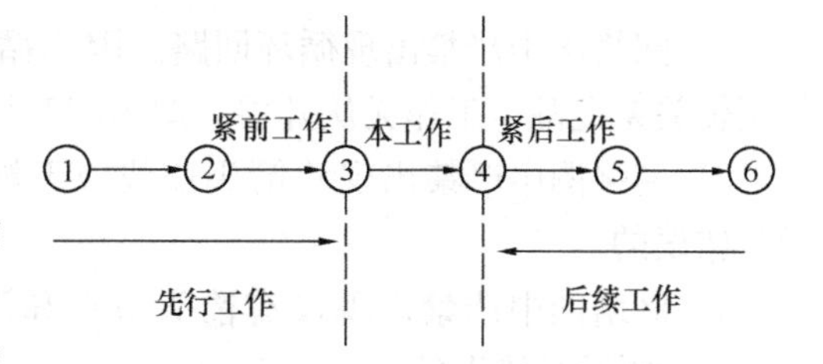

图 10-10 工作的各种先后关系

图 10-10 列出了工作的各种先后关系。

3. 双代号网络图的绘制

（1）网络图的绘制原则

1）必须正确表达工作之间的逻辑关系。网络图中各种常见逻辑关系的正确表示方法如表 10-1 所示。

各工作之间逻辑关系的表示方法 **表 10-1**

序号	各活动之间的逻辑关系	双代号网络图的表达方式
1	A 完成后进行 B 和 C	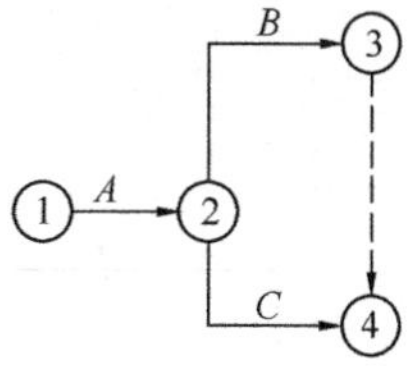
2	A、B 完成后进行 C、D	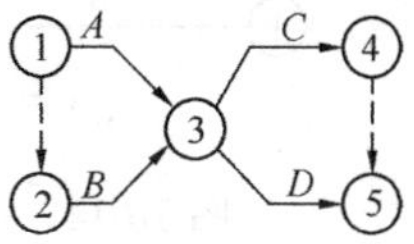
3	A、B 完成后进行 C	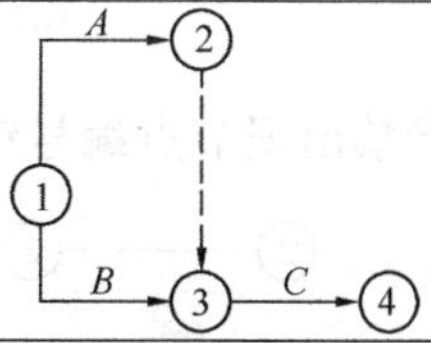
4	A 完成后进行 C A、B 完成后进行 D	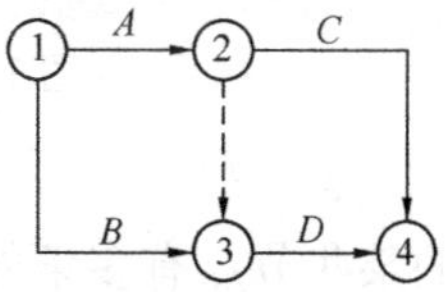
5	A、B 完成后进行 D A、B、C 完成后进行 E D、E 完成后进行 F	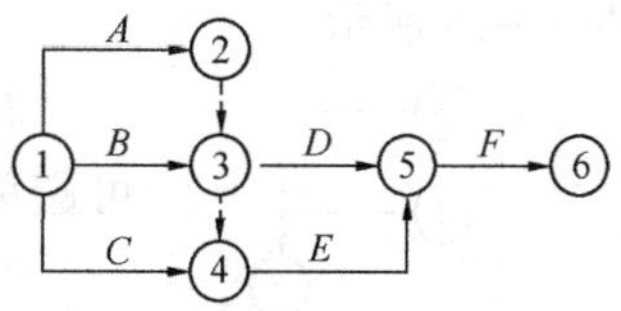
6	A 完成后进行 B B、C 完成后进行 D	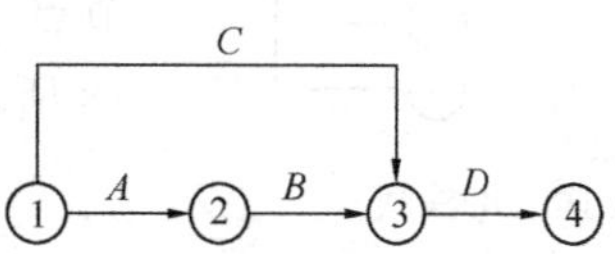

2）网络图中严禁出现循环回路。因为循环回路会导致网络图的逻辑关系混乱，工作无从开展。图 10-11 所示是错误的。

3）网络图中严禁出现双箭头连线或无箭头连线。图 10-12 所示是错误的。

4）网络图中严禁出现没有箭头节点和没有箭尾节点的箭线。图 10-13 所示是错误的。

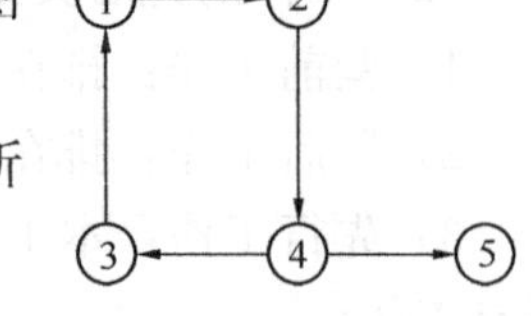

图 10-11　不允许出现循环回路

5）双代号网络图中，一项工作只能用唯一的一条箭线和对应的一对节点来表示，并且一对节点编号只能表示一项工作，不允许出现代号相同的两条或多条箭线。图 10-14（a）是错误的。

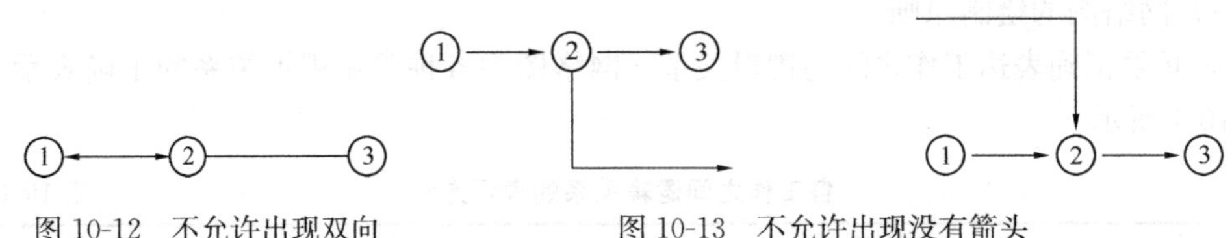

图 10-12　不允许出现双向箭头和无箭头连线

图 10-13　不允许出现没有箭头节点和没有箭尾节点的箭线

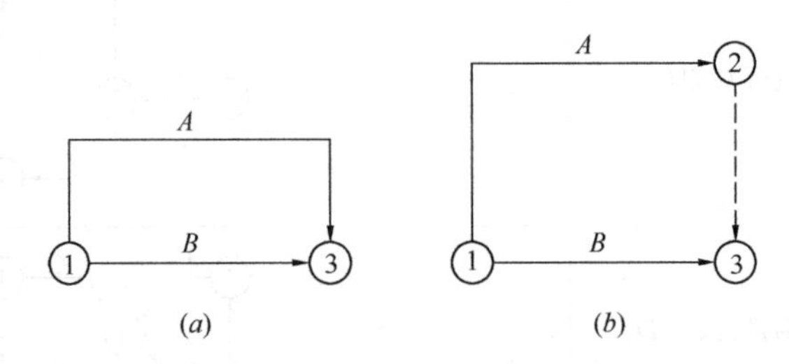

图 10-14　一对节点编号只能代表一项工作

（a）错误画法；（b）正确画法

6）网络图中严禁出现节点编号错误。如图 10-15 中的（a）、（b）均错误。

图 10-15　错误的节点编号

（a）错误 1；（b）错误 2

7）当网络图的某些节点有多条外向箭线或多条内向箭线时，为使图形简洁可采用母线法绘制，如图 10-16 所示。

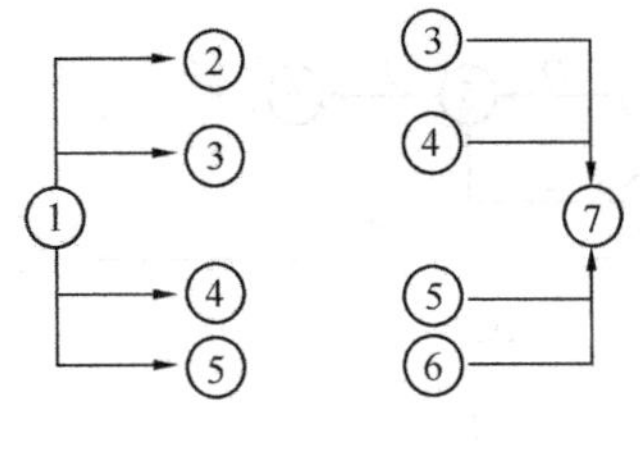

图 10-16　母线法

8）在绘制网络图时，箭线应尽量避免交叉，如不可避免时，应采用过桥法或指向法，如图 10-17 所示。

9）一幅网络图中，只允许有一个始节点和一个终节点（部分工作要分期进行的网络计划除外）。图 10-18 所示是错误的。

（2）绘图示例

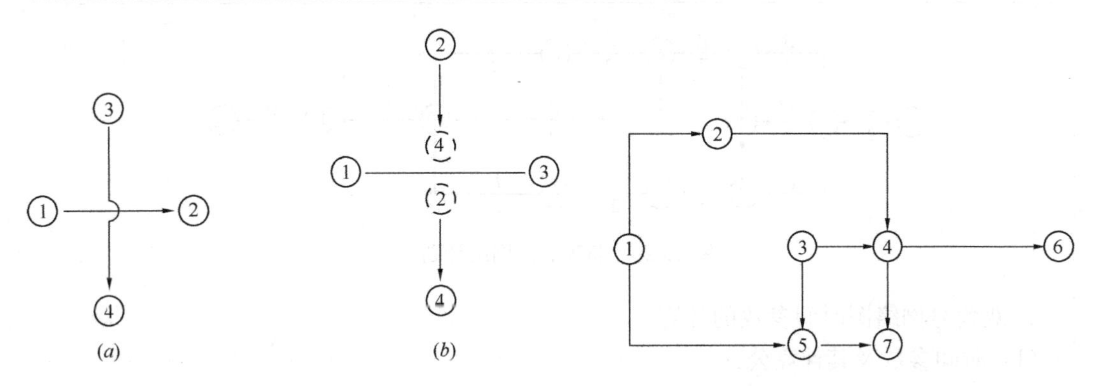

图 10-17 箭线交叉时的处理方法
(a) 过桥法；(b) 指向法

图 10-18 不允许出现多个始节点和多个终节点

【例 10-1】 已知某智能化工程分为勘测定位（A）、桥架安装（B）、钢管安装（C）、底盒安装（D）、线缆安装（E）、模块安装（F）、链路测试（G）、分配间机柜安装（H）、管理间设备安装（I）、广播系统安装（J）、网络链路联合调试（K）、弱电总调试（L）、竣工验收（M）共 13 道工作，各工作之间的逻辑关系如表 10-2 所示，试绘制正确的双代号网络图（为了方便绘图，上述 13 道工作的名称依次用大写字母 A－M 来代替）。

某智能化工程各工序之间逻辑关系 **表 10-2**

工作名称	A	B	C	D	E	F	G	H	I	J	K	L	M
紧前工作	—	A	A	A	BCD	D	E	F	H	E	G	IJK	L
持续时间（天）	2	7	7	5	7	5	2	2	2	3	2	2	2

解： 第一步，按各工作之间的逻辑关系绘制草图，如图 10-19 的（*a*）、（*b*）、（*c*）、（*d*）和（*e*）。

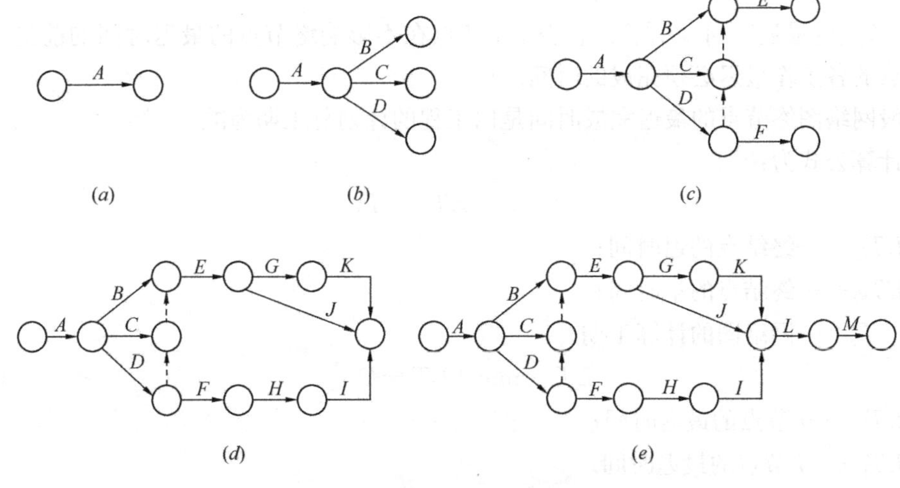

图 10-19 草图绘制步骤
(*a*) 第一步；(*b*) 第二步；(*c*) 第三步；(*d*) 第四步；(*e*) 第五步

第二步，将草图整理成完整的双代号网络图，如图 10-20 所示。

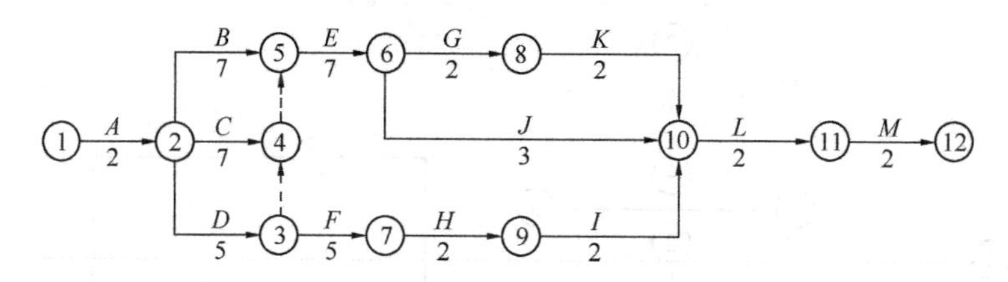

图 10-20　整理后的网络计划

4. 双代号网络图时间参数的计算

（1）时间参数及其计算公式

以图 10-21 为模型进行研究。

紧前工作　本工作　紧后工作

h　i　j　k

$D_{i\text{-}j}$

图 10-21　基本模型

双代号网络图中的时间参数有很多，主要有以下几个方面：

1）工作的持续时间（$D_{i.j}$）：表示完成 $i-j$ 工作所需的作业时间。

2）网络计划的工期（T）：指完成工程计划任务所需的日历时间。

3）节点的最早时间（ET_i）：表示 i 节点前面工作都完成的情况下，其后面工作最早可能开始的时间。

其计算公式为：

$$ET_{始}=0 \tag{10-1}$$

式中　$ET_{始}$——始节点的早时间。

$$ET_j=\max\left[ET_i+D_{i.j}\right] \tag{10-2}$$

式中　ET_j——j 节点的早时间；

ET_i——i 节点的早时间；

$D_{i.j}$——$i-j$ 工作的持续时间。

4）节点的最迟时间（LT_i）：它表示 i 节点在不影响终节点的最迟时间的前提下，指向该节点的各工作最迟必须完成的时间。

一般网络图终节点的最迟完成时间是以工程的计划总工期为准。

其计算公式为：

$$LT_{终}=ET_{终}=T_c \tag{10-3}$$

式中　$LT_{终}$——终结点的迟时间；

$ET_{终}$——终结点的早时间；

T_c——网络图的计算工期。

$$LT_i=\min\left[LT_j-D_{i.j}\right] \tag{10-4}$$

式中　LT_i——i 节点的最迟时间；

LT_j——j 节点的最迟时间。

5）工作的早时间：表示某工作在一定条件下最早可能的开始时间和完成时间。

工作的早时间又由以下两个参数所组成：

①工作的最早开始时间（$ES_{i.j}$）：表示某工作在它前面的工作都完成情况下，允许它开始的最早时间。

其计算公式为： $ES_{i.j}=\max[ES_{h.i}+D_{h.i}]=\max EF_{h.i}=ET_i$ (10-5)

式中 $ES_{i.j}$——$i-j$ 工作的最早开始时间；

$ES_{h.i}$——$h-i$ 工作的最早开始时间；

$EF_{h.i}$——$h-i$ 工作的最早完成时间；

ET_i——i 节点的早时间。

②工作的最早完成时间（$EF_{i.j}$）：表示某工作在它前面的工作都完成情况下，它能完成的最早时间。

其计算公式为： $EF_{i.j}=ES_{i.j}+D_{i.j}=ET_i+D_{i.j}$ (10-6)

式中 $EF_{i.j}$——$i-j$ 工作的最早完成时间。

6）工作的迟时间：表示某工作在不影响工期的前提下最迟必须开始和完成的时间。

工作的迟时间由以下两个参数所构成：

①工作的最迟必须开始时间（$LS_{i.j}$）：表示某工作在不影响其工期的前提下，该工作必须开始的最迟时间。

其计算公式为：$LS_{i.j}=LF_{i.j}-D_{i.j}=\min[LS_{j.k}-D_{i.j}]=LT_j-D_{i.j}$ (10-7)

式中 $LS_{i.j}$——$i-j$ 工作的最迟开始时间；

$LS_{j.k}$——$j-k$ 工作的最迟开始时间；

$LF_{i.j}$——$i-j$ 工作的最迟完成时间；

LT_j——j 节点的迟时间。

②工作的最迟必须完成时间（$LF_{i.j}$）：表示某工作在不影响其工期的前提下，该工作最迟必须完成的时间。

其计算公式为：$LF_{i.j}=\min LS_{j.k}=LT_j$ (10-8)

7）时差：表示某工作在一定条件下可以利用的机动时间。时差主要有以下几个：

①工作的自由时差（$FF_{i.j}$）：它表示某工作在不影响其紧后工作最早开始时间的条件下，该工作可以利用的机动时间。

其计算公式为： $FF_{i.j}=ES_{j.k}-EF_{i.j}=ET_j-ET_i-D_{i.j}$ (10-9)

式中 $FF_{i.j}$——$i-j$ 工作的自由时差。

②工作的总时差（$TF_{i,j}$）：表示某工作在不影响其工期的前提下，该工作可以利用的机动时间。

其计算公式为：$TF_{i.j}=LS_{i.j}-ES_{i.j}=LF_{i.j}-EF_{i.j}=LT_j-ET_i-D_{i.j}$ (10-10)

其中，$TF_{i.j}$——$i-j$ 工作的总时差。

（2）双代号网络图时间参数的计算程序

1）从始节点开始，顺箭线方向依次计算各节点和工作的早时间（包括 ET_i、$ES_{i.j}$、$EF_{i.j}$）。

2）从终节点开始，逆箭线方向依次计算各节点和工作的迟时间（包括 LT_i、$LS_{i.j}$、$LF_{i.j}$）。

3）计算总时差和自由时差（$FF_{i.j}$、$TF_{i.j}$）。

4）标出关键线路及工期。

关键工作是指总时差为零的工作，全部由关键工作所组成的线路称为关键线路。

（3）双代号网络图时间参数的计算方法

1）表算法：指列表计算各个时间参数的方法。此方法主要是利用计算机进行计算，一般手工计算很少采用。

2）图算法：指直接在网络图上进行时间参数的计算，并将计算结果直接标注在网络图适当位置的方法。这种方法主要适用于手工计算。

其中，时间参数的标注方法主要有以下几种，如图 10-22～图 10-24 所示：

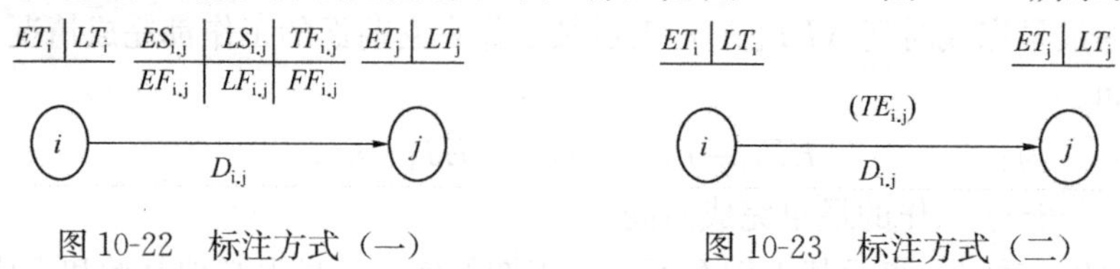

图 10-22　标注方式（一）　　图 10-23　标注方式（二）

【例 10-2】 根据例 10-1 中的图 10-20 所示双代号网络图，试计算各个时间参数，并标明关键线路和工期（单位：天）。时间参数的标注方式如图 10-25。

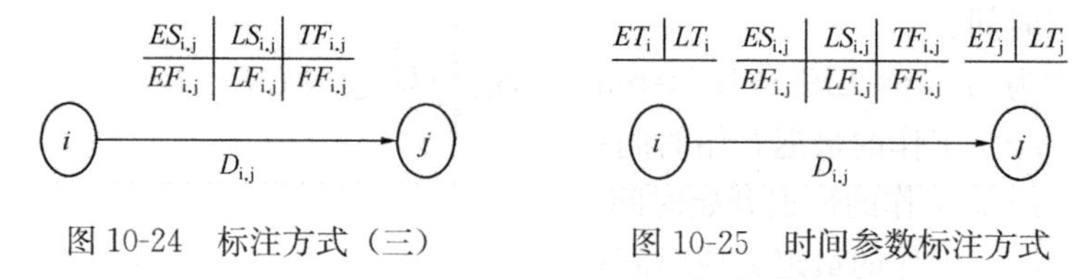

图 10-24　标注方式（三）　　图 10-25　时间参数标注方式

解：如图 10-26 所示。

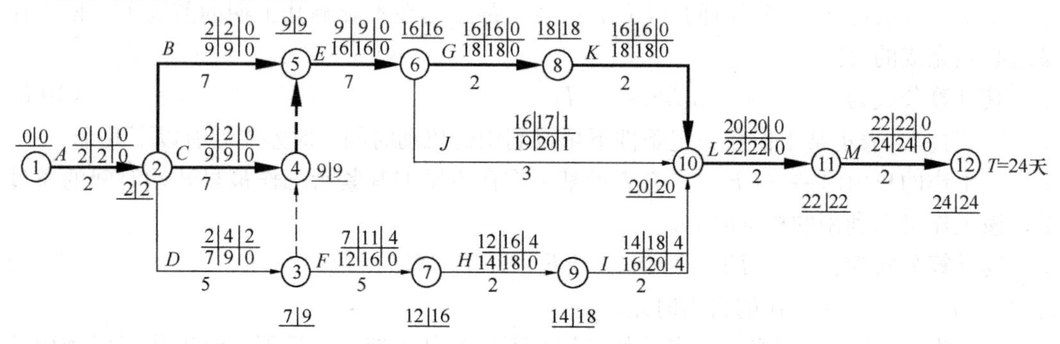

图 10-26　某智能化工程的时间参数

10.2.4　单代号网络图

1. 单代号网络图的基本要素

单代号网络图主要由箭线、节点、线路三个部分所组成。

（1）箭线：表示逻辑关系的一种符号，单代号网络图中不存在虚箭线。

箭线的特性：

1）箭线只表示工作之间的逻辑关系；

2）箭线不占用时间也不消耗其他资源。

（2）节点：表示一项工作的符号。节点的形式视其需要而定。

节点的特性：

1）一个节点只能表示一项工作；

2）节点要占用时间也可能要消耗资源；

3）一个节点可以同多条箭线相连接；

4）节点中可以标明工作的名称、工作的代号及持续时间。

（3）线路：从始节点到终节点的通路。

线路的特性同“双代号网络图”的特性，在此不再详述。

2. 单代号网络图的绘制

（1）一幅完整的网络图只允许有一个始节点（S_t）和一个终节点（F_n）。如遇多个工作同时开始或同时结束，则需要增加虚始节点或虚终节点，如图 10-27 所示。

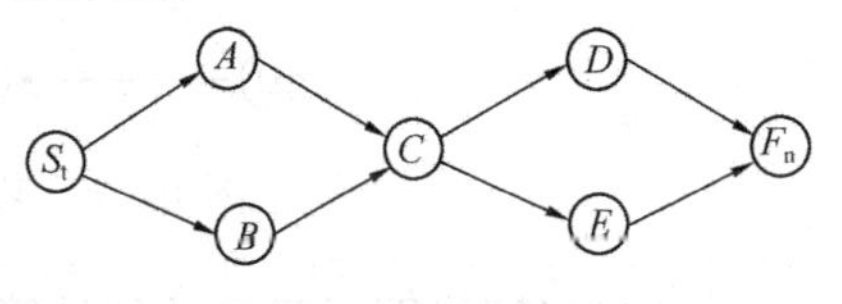

图 10-27　在开头和结尾增加虚节点

（2）必须正确表达工作之间的逻辑关系，如表 10-3 所示。

各工作之间逻辑关系的表示方法　　**表 10-3**

序号	各活动之间的逻辑关系	单代号网络图的表达方式
1	A 完成后进行 B 和 C	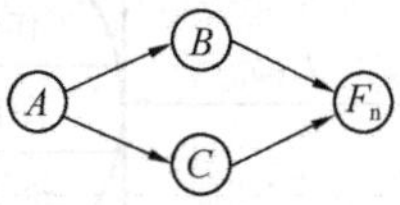
2	A、B 完成后进行 C、D	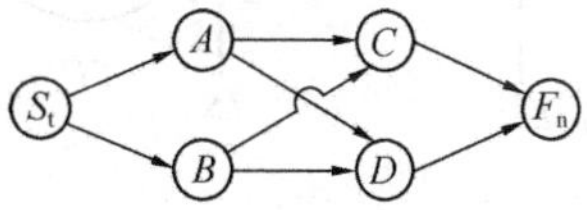
3	A、B 完成后进行 C	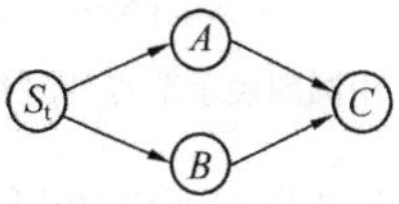
4	A 完成后进行 C A、B 完成后进行 D	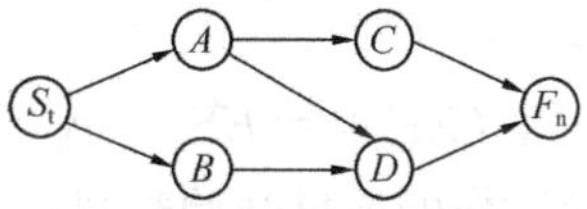
5	A、B 完成后进行 D A、B、C 完成后进行 E D、E 完成后进行 F；	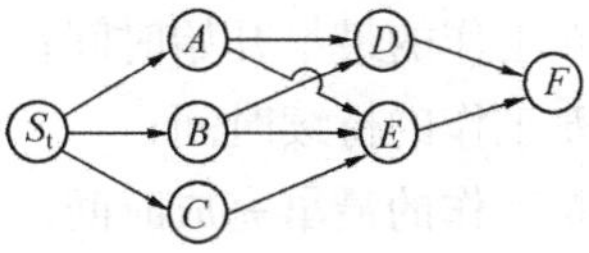
6	A 完成后进行 B B、C 完成后进行 D	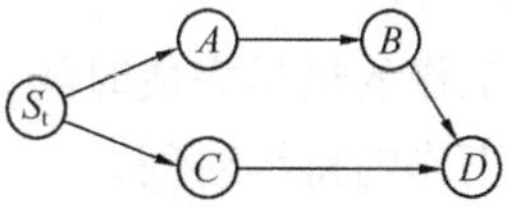

（3）严禁出现循环回路。

（4）严禁出现双向箭头连线或无箭头的连线。

（5）严禁出现没有箭头节点或箭尾节点的箭线。

（6）绘制网络图时，箭线不能直接交叉，当交叉不可避免时，可以采用过桥法或者指向法进行处理。

【例 10-3】 按照例 10-1 题目中的逻辑关系，将其绘制成单代号网络图。

解： 单代号网络图如图 10-28 所示。

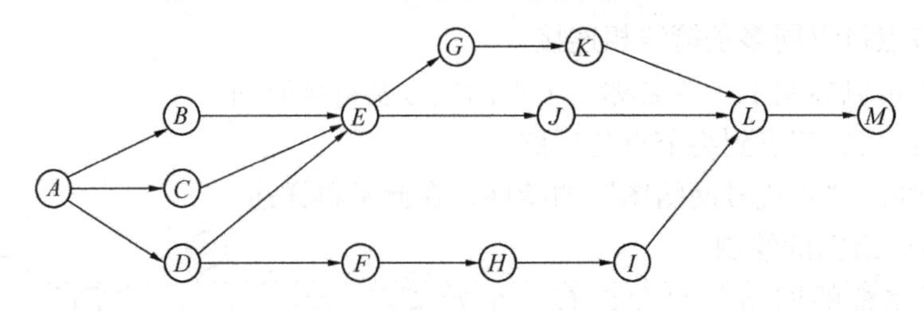

图 10-28　某智能化工程的单代号网络计划

3. 单代号网络图时间参数的计算

单代号网络图时间参数的计算顺序和计算方法基本上与双代号网络图相同。单代号网络图时间参数的标注方式如图 10-29（*a*）、（*b*）所示。

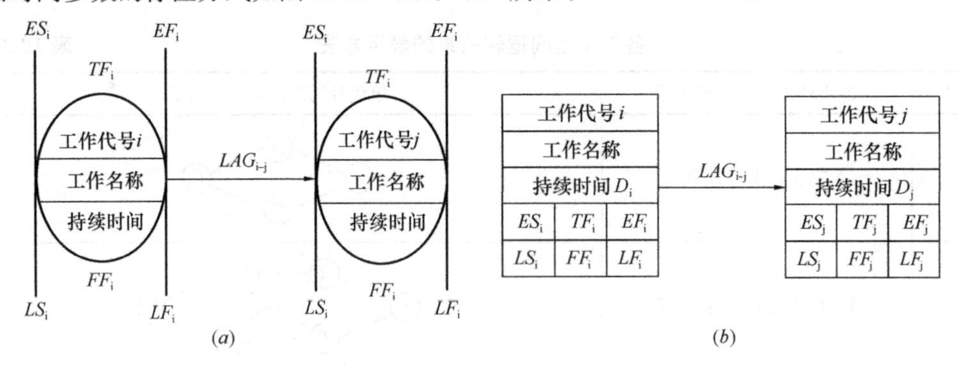

图 10-29　单代号网络图时间参数标注方式

（*a*）用圆圈表示节点的时参标注方式；（*b*）用方框表示节点的时参标注方式

（1）计算工作的最早开始时间和最早完成时间

1）$ES_{始}=0$ （10-11）

2）$ES_i=\max(EF_h)=ES_h+D_h$ （10-12）

式中　ES_i——i 工作的最早开始时间；

ES_h——h 工作的最早开始时间；

D_h——h 工作的持续时间；

EF_h——h 工作的最早完成时间。

3）$EF_i=ES_i+D_i$ （10-13）

式中　EF_i——i 工作的最早完成时间；

D_i——i 工作的持续时间。

（2）计算相邻两项工作之间的时间间隔（LAG_{i-j}）

相邻两项工作之间的时间间隔是指其紧后工作的最早开始时间与本工作最早完成时间的差值，即 $LAG_{i-j}=ES_j-EF_i$ （10-14）

式中　LAG_{i-j}——i 工作和 j 工作之间的间隔时间；

ES_j——j 工作的最早开始时间。

（3）确定网络图的计算工期 T_c

网络图的计算工期 T_c 等于网络图的终结点的最早完成时间，即

$$T_c=EF_{终} \quad (10\text{-}15)$$

1）当已规定了要求工期时，计划工期不应超过要求工期，即：$T_p \leqslant T_r$。

2）当未规定要求工期时，可令计划工期等于计算工期，即：$T_p = T_c$。

（4）计算工作的最迟完成时间和最迟开始时间

1）工作的最迟完成时间 $LF_i = \min\ [LS_j]$ (10-16)

式中 LF_i——i 工作的最迟完成时间；

LS_j——j 工作的最迟开始时间。

2）工作的最迟开始时间 $LS_i = LF_i - D_i$ (10-17)

式中 LS_i——i 工作的最迟开始时间。

（5）计算工作的总时差

$$TF_i = LS_i - ES_i = LF_i - EF_i \quad (10\text{-}18)$$

式中 TF_i——i 工作的总时差。

（6）计算工作的自由时差

$$FF_i = \min\ [\ LAG_{i-j}] \quad (10\text{-}19)$$

式中 FF_i——i 工作的自由时差。

【例 10-4】 结合图 10-28 所示的单代号网络图，试计算其时间参数，时参的标注方式如图 10-29（*a*）所示。

解： 利用图算法计算之后如图 10-30 所示。

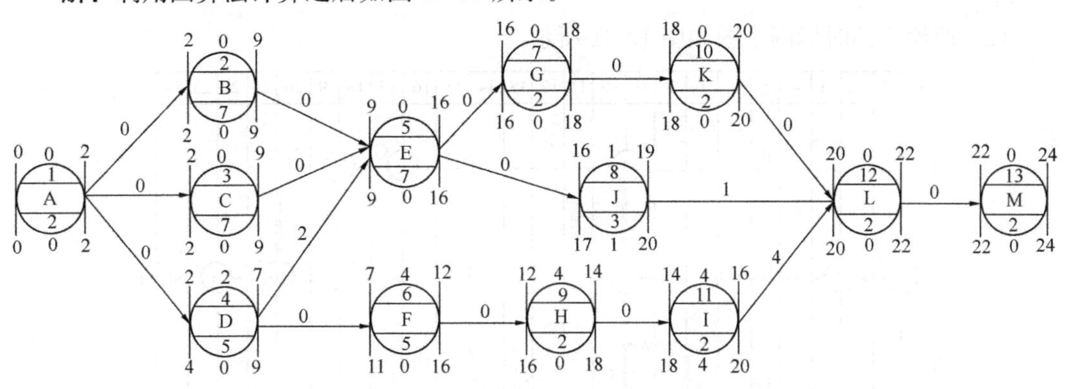

图 10-30 某智能化工程单代号网络计划的时间参数

10.2.5 时标网络图

由于普通的网络图具有不直观的缺点，为此人们在普通网络图中增加时间坐标而建立了其他形式的网络图。

1. 时标网络图的定义

带时间坐标的双代号网络图。

2. 时标网络图的特性

（1）箭线在时间坐标上的水平投影长度代表该工作的作业时间的多少。

（2）自由时差用波浪线表示。

（3）可以直接在图中看出有关时间参数，如 *ES*、*EF*、*FF*、*D*。

（4）便于资源的统计。

（5）虚箭线在时间坐标上的水平投影长度为零，如果不能为零，则投影应用波浪线表示。

而造成虚箭线在时间坐标上的投影不为零的原因是，工作面有停歇或工人班组没有连续施工。

（6）关键线路是由从始至终都无波浪线的箭线所组成的线路。

3. 时标网络图的绘制

（1）计算各节点的早时间 ET_i 和工期 T。

（2）根据工期确定时间坐标。

（3）根据 ET_i 确定各节点在时间坐标中的位置。由于节点不占用时间，所以节点只能位于刻度线上，不能位于两条刻度线中间。

（4）连接两个节点中间的箭线。

（5）当某箭线的箭头未到箭头节点时，用波浪线连接到箭头节点。

【例 10-5】 将例 10-1 中图 10-20 所示的普通双代号网络图改为按早时间绘制的时标网络图（单位：天）。

解：

（1）计算各节点的早时间：$ET_1=0$；$ET_2=2$；$ET_3=7$；$ET_4=9$；$ET_5=9$；$ET_6=16$；$ET_7=12$；$ET_8=18$；$ET_9=14$；$ET_{10}=20$；$ET_{11}=22$；$ET_{12}=24$。因此工期 $T=24$ 天。

（2）改绘后的时标网络图如图 10-31 所示。

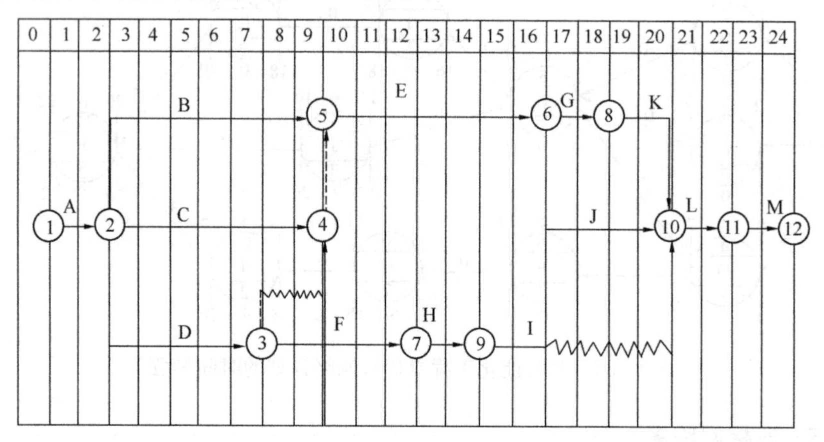

图 10-31　时标网络图

10. 2. 6　网络图的优化

网络计划的优化是指在一定约束条件下，利用时差来平衡时间、资源与费用三者的关系，按照既定目标对网络计划进行不断改进，以寻求满意方案的过程。根据优化目标的不同，网络计划的优化可分为工期优化、费用优化和资源优化三种。本书重点介绍工期优化和费用优化。

1. 工期优化

（1）工期优化的概念

所谓工期优化，是指网络计划的计算工期大于要求工期时，通过压缩关键工作的持续时间以满足要求工期目标的过程。

（2）工期优化的步骤

网络计划的工期优化可按下列步骤进行。

1）确定初始网络计划的关键线路，并求出计算工期。

2）按要求工期的时间确定应缩短的时间 ΔT：

$$\Delta T = T_c - T_r \tag{10-20}$$

式中　T_c——网络计划的计算工期；

T_r——要求工期。

3）压缩关键工作的持续时间。在选择压缩对象时应考虑下列因素：

①压缩持续时间对质量和安全影响不大的工作；

②压缩有充足备用资源的工作；

③压缩增加费用最少的工作。

4）将所选定的关键工作的持续时间压缩至最短，并重新确定计算工期和关键线路。注意不能将关键工作压缩成非关键工作。若压缩过程中出现多条关键线路，则应将所有的关键线路同时压缩相同的天数。

5）当计算工期仍超过要求工期时，则重复上述（2）～（4），直至计算工期满足要求工期或计算工期已不能再缩短为止。

6）当按上述步骤调整后网络计划的计算工期仍不能满足要求工期时，应对网络计划的原技术方案、组织方案进行调整，或对要求工期重新审定。

【例 10-6】　某工程的网络计划由于某种原因开工时间推迟了 12 天，网络计划如图 10-32 所示。为保证按期完工，试进行工期优化。（图中箭线上部的数字表示压缩一天增加的费率：元/天，下部括号外的数字表示正常作业时间，括号内的数字表示工作最短作业时间。）

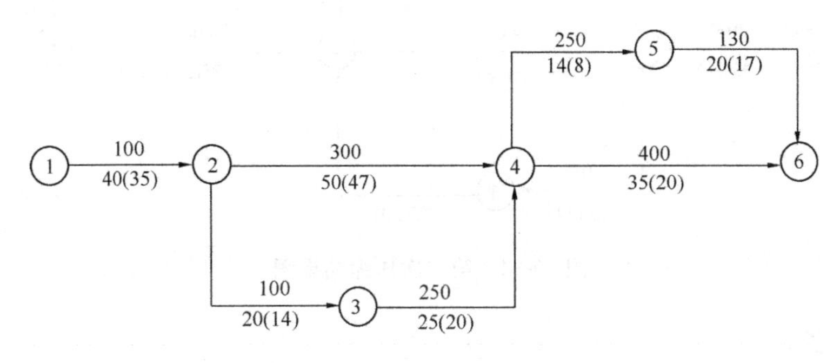

图 10-32　某工程双代号网络图

解：

（1）找出关键线路

网络图中共有 4 条线路，分别为：

第一条线路：①－②－④－⑤－⑥，工期为 124 天。

第二条线路：①－②－④－⑥，工期为 125 天。

第三条线路：①－②－③－④－⑤－⑥，工期为 119 天。

第四条线路：①－②－③－④－⑥，工期为 120 天。

其中关键线路为①—②—④—⑥。

(2) 压缩关键线路上的关键工作的持续时间

首先压缩直接费率最小的工作。

第一次压缩：

压缩①—②工作 5 天，增加直接费 100×5＝500 元，压缩后的网络计划关键线路不变，如图 10-33 所示，但工期仍拖延 7 天，所以应进一步压缩。

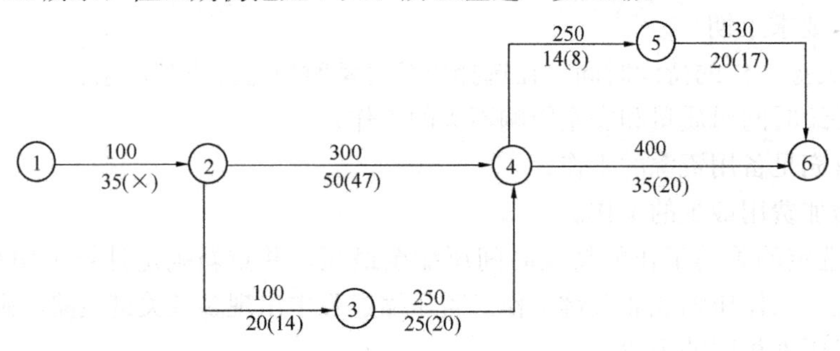

图 10-33　第一次压缩结果图

第二次压缩：

关键线路上的①—②工作已经无法压缩，所以应选择关键线路上的直接费率最小的其他工作进行压缩，所以应选择②—④工作进行压缩，压缩 3 天，关键线路不变，如图 10-34所示，增加直接费为 300×3＝900 元，但工期仍拖延 4 天。

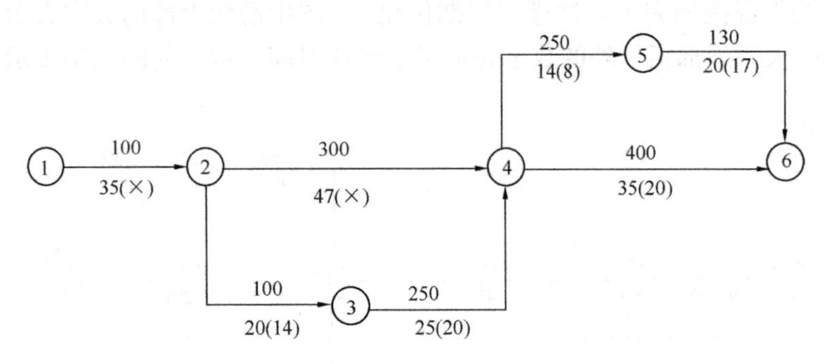

图 10-34　第二次压缩结果图

第三次压缩：

由于关键线路仍没有发生变化，且可供压缩的关键工作只剩下④—⑥工作，因此应压缩④—⑥工作。当压缩 1 天时，关键线路变为 2 条，即①—②—④—⑥和①—②—④—⑤—⑥。因此，先压缩④—⑥工作 1 天，增加的直接费为 400×1＝400 元，压缩后的网络图如图 10-35 所示，工期仍拖延 3 天。

第四次压缩：

由于关键线路变为两条，接下来应压缩组合直接费率最小的工作。可供选择的压缩方案有两种，即同时压缩④—⑤工作和④—⑥工作 3 天，或者同时压缩⑤—⑥工作和④—⑥工作 3 天，这两种方案的组合直接费率分别为 650 元/天和 530 元/天，所以应选择组合直接费率小的方案，即选择同时压缩⑤—⑥工作和④—⑥工作 3 天，直接费增加 530×3＝

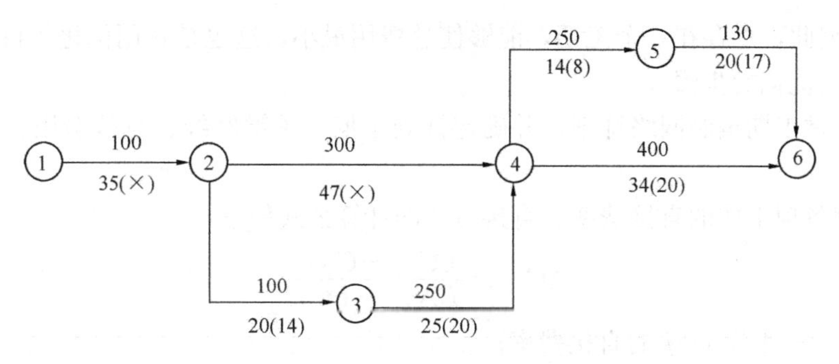

图 10-35　第三次压缩结果图

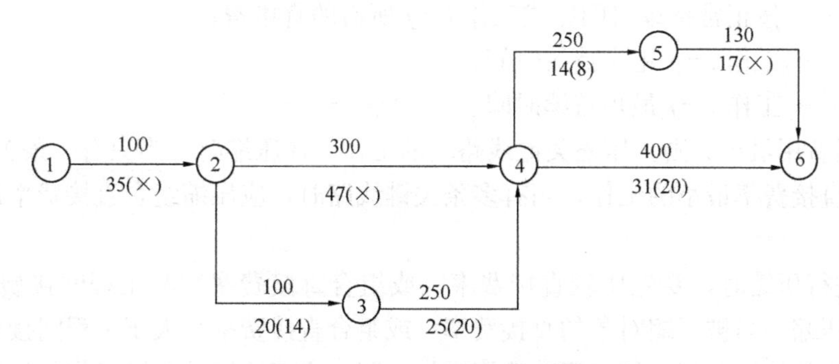

图 10-36　第四次压缩结果图

1590 元，压缩后的网络图如图 10-36 所示。至此，共赶回工期 12 天，总共增加了直接费用 500＋900＋400＋1590＝3390 元。

2. 费用优化

(1) 费用优化的概念

费用优化又称工期成本优化，是指寻求工程总费用最低时的最优工期，或者按要求工期寻求总费用最低的计划安排过程。

在这一定义中涉及总费用的概念。总费用是由直接费用和间接费用组成的，直接费用是指能够直接计入成本计算对象的费用，如直接工人工资，原材料费用、机械费等，直接费用随工期的缩短而增加。若增加直接费用投入，就可以缩短工作所需的时间，如增加人力、增加设备等。间接费用是与整个工程有关的费用，包括工程管理费用、拖延工期罚款、提前完工的奖金等，间接费是通过分摊的方式计入成本的。间接费用随着工期的缩短而减少，因此对一个项目来说，不能简单地说缩短工期费用就减少，延长工期费用就增加，这需要通过费用优化才能确定最低费用时的最优工期。

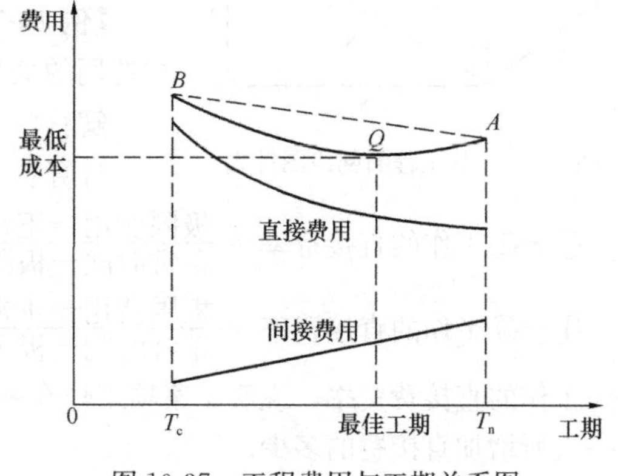

图 10-37　工程费用与工期关系图

工程费用与工期的关系如图 10-37 所示：

由图 10-37 中可以看出，总费用先随工期缩短而降低，然后又随工期进一步缩短而上升。因此，总存在一个工期，能够使总费用最小，这也是费用优化的目标。

（2）费用优化的步骤

1）按正常工期编制网络计划，并确定计划工期、关键路线、直接费用、间接费用和总费用。

2）计算各项工作的直接费率。直接费率的计算公式如下：

$$\Delta C_{i-j} = \frac{CC_{i-j} - CN_{i-j}}{DN_{i-j} - DC_{i-j}} \tag{10-21}$$

式中　ΔC_{i-j}——工作 $i-j$ 的直接费率；

CC_{i-j}——按最短持续时间完成工作 $i-j$ 所需的直接费；

CN_{i-j}——按正常持续时间完成工作 $i-j$ 所需的直接费；

DN_{i-j}——工作 $i-j$ 正常持续时间；

DC_{i-j}——工作 $i-j$ 最短持续时间。

3）根据费用最小原则，压缩关键线路上的工作。在压缩时，当只有一条关键线路时，应首先压缩直接费率最小的工作；当有多条关键线路时，应压缩组合直接费率最小的一组关键工作。

4）在进行压缩时，要先比较直接费率（或组合直接费率）与工程间接费率的大小，然后再进行压缩。当被压缩对象的直接费率（或组合直接费率）大于工程间接费率，说明压缩关键工作的持续时间会使工程总费用增加，因此应停止压缩关键工作的持续时间，而此前的方案即为最优方案。当被压缩对象的直接费率（或组合直接费率）等于工程间接费率，说明压缩关键工作的持续时间不会使工程总费用增加，此时可以压缩关键工作的持续时间。当被压缩对象的直接费率（或组合直接费率）小于工程间接费率，说明压缩关键工作的持续时间会使工程总费用减少，此时也可以压缩关键工作的持续时间。

5）将被压缩对象压缩至最短，并找出关键线路，注意不能将关键工作压缩成非关键工作。若压缩过程中出现多条关键线路，则应将所有的关键线路同时压缩相同的天数。

6）重新计算和确定网络计划的工期、关键线路、直接费用、间接费用和总费用。

7）重复 3）～6）的内容，直到计算工期满足要求工期或被压缩对象的直接费用率（或组合费率）大于工程间接费率为止。

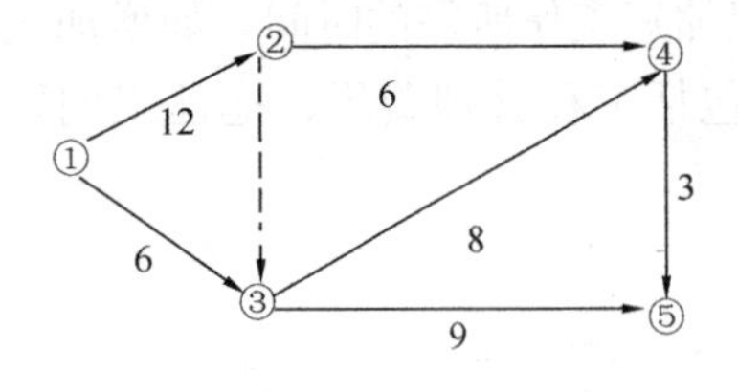

图 10-38　某工程的网络图计划

8）计算优化后的总费用，并绘制优化后的网络图。

【例 10-7】　某网络图计划如图 10-38 所示，其工期与费用的关系见表 10-4，试求最佳工期（单位：天）。

解：

计算各工作的直接费率。

①－②工作的直接费率$=\dfrac{\text{极限费用}-\text{正常费用}}{\text{正常时间}-\text{极限时间}}=\dfrac{8-6}{12-8}=0.5$ 千元/天

①－③工作的直接费率$=\dfrac{\text{极限费用}-\text{正常费用}}{\text{正常时间}-\text{极限时间}}=\dfrac{7-5}{6-4}=1.0$ 千元/天

工作的直接费费率，说明了某项工作在其正常作业时间与极限作业时间范围内，每压缩一天所增加直接费的多少。

同理，可求出其他各个工作的直接费费率，见表 10-5。

某工程各工作的工期与费用　　表 10-4

工作代号	直接费（千元）		作业时间（天）		直接费率（千元/天）	间接费
	正常	极限	正常	极限		
1—2	6	8	12	8		0.6 千元/天
1—3	5	7	6	4		
2—3	—	—	—	—	—	
2—4	4	4.5	6	4		
3—4	5	6	8	5		
3—5	6	7	9	6		
4—5	2	2.5	3	2		

各工作的直接费费率　　表 10-5

工作代号	1—2	1—3	2—3	2—4	3—4	3—5	4—5
直接费率（千元/天）	0.5	1.0		0.25	0.33	0.33	0.5

其次，寻找优化方案。

初始网络图计划的工期与费用的计算：初始网络图的关键线路为：1—2—3—4—5，初始工期为 23 天（关键线路），如图 10-39 所示：

正常直接费=28 千元

正常间接费=0.6 千元/天×23 天（正常工期）=13.8 千元

总费用=正常直接费+正常间接费=28+13.8=41.8 千元

在关键线路上寻找使增加直接费最少的关键工作，并压缩其作业时间。

第一次优化：

在 1—2—3—4—5 这条关键线路中，由于 3—4 工作压缩作业时间其增加的直接费最少，所以将 3—4 工作的作业时间压缩两天。如果压缩三天，则原来的关键线路将变成非关键线路。

则工期=21 天，此时的费用为：增加的直接费=0.33×2=0.66 千元，

减少的间接费=0.6×2=1.2 千元，总费用=41.8+0.66−1.2=41.26 千元。

此时，关键线路已经变化为三条，即 1—2—4—5、1—2—3—4—5、1—2—3—5，如图 10-40 所示。

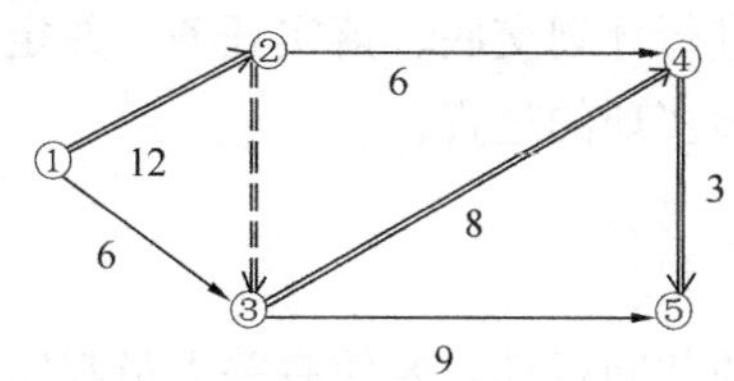

图 10-39　关键线路

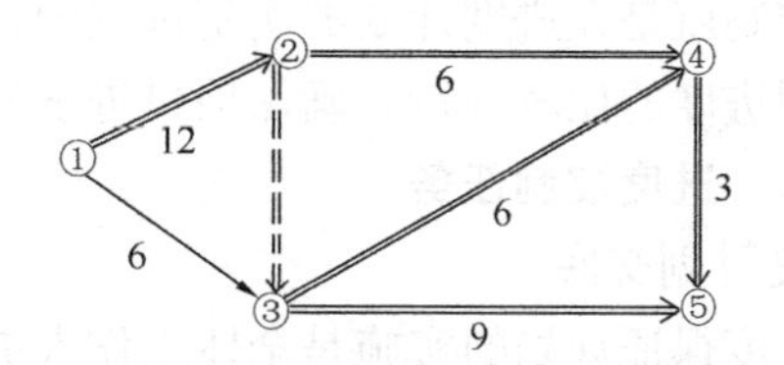

图 10-40　第一次优化后的网络图

第二次优化：

因为有三条关键线路，需要将三条线路同时压缩相同的天数，所以可能的压缩方案

如下。

A方案：压缩1—2工作，每压缩一天增加的费用为0.5千元。

B方案：同时压缩3—5和4—5工作，每压缩一天增加的费用为0.5+0.33=0.83千元。

C方案：同时压缩2—4、3—4、3—5工作，每压缩一天增加的费用为0.25+0.33+0.33=0.91千元。

可见，按照压缩后增加费用最低的原则，应考虑A方案。

将1—2工作压缩4天，从原来的12天变成极限作业时间8天，则工期变为17天，关键线路没有发生变化。费用变化如下：

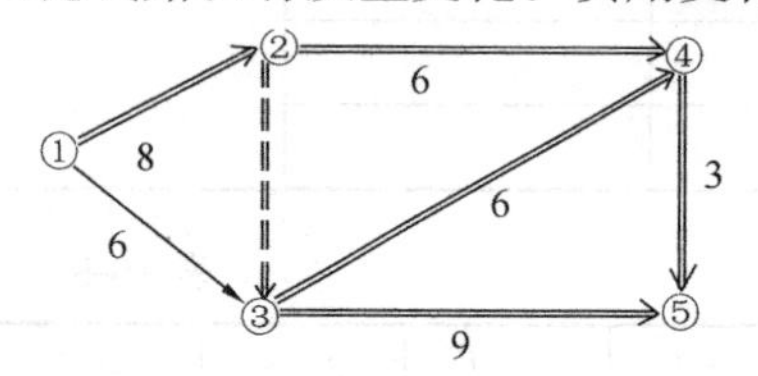

图10-41　第二次优化后的网络图

增加的直接费=0.5×4=2千元

减少的间接费=0.6×4=2.4千元

总费用=41.26+2−2.4=40.86千元

压缩后的网络图如图10-41所示：

由于关键线路还是原来的三条，压缩方案只剩下B和C，比较后发现两种方案压缩后增加的费用（直接费率）比减少的费用（间接费率）大，说明已经不能再优化了。所以最佳工期为17天，此时的总费用为40.86千元。

3. 资源优化

资源是指为完成一项计划任务所需投入的人力、材料、机械设备和资金等。一项计划要按期完成往往会受到资源的限制，资源优化的目的是要解决资源的供需矛盾，合理使用现有资源，而不是减少现有资源。因为完成一项工程任务所需要的资源量基本上是不变的，而我们要做的是平衡资源需求的高峰和低谷，使得在整个工作进度中资源能够得到均衡利用，避免浪费现象出现。

在通常情况下，网络计划的资源优化分为两种，即“资源有限，工期最短”的优化和“工期固定，资源均衡”的优化。前者是通过调整计划安排，在满足资源限制条件下，使工期延长最少的过程；而后者是通过调整计划安排，在工期保持不变的条件下，使资源需用量尽可能均衡的过程。

10.3　施工项目进度控制

进度控制就是在进度计划的实施过程中，进行计划交底、落实任务，并定期进行实际进度和计划进度的比较分析，确保项目进度目标实现的过程。

10.3.1　进度控制任务

1. 进度计划交底

施工进度保证计划的实施是全体工作人员的共同行动，要使有关人员都明确各项计划的目标、任务、实施方案和措施，使管理层和作业层协调一致，将计划变成全体员工的自觉行动，在计划实施前可以根据计划的范围进行计划交底工作，以使计划得到全面、彻底实施。

进度计划交底包括向执行者说明计划确定的执行责任、时间要求、配合要求、资源要求、环境条件、检查要求和考核要求等内容。

2. 进度保证计划的实施

(1) 制订并执行月（旬）作业计划

依据进度保证计划的规定，对项目的施工进度采取组织措施、技术措施、合同措施、经济措施和信息管理措施进行管理，确保各月（旬）作业计划中确定的任务及时、圆满完成。

(2) 签发施工任务书

施工任务书既是一份计划文件，也是一份核算文件，又是原始记录。它把作业任务下达到班组进行责任承包，并将计划执行与技术管理、质量管理、成本核算、原始记录、资源管理等融为一体，是计划与作业的联结纽带。

(3) 做好施工记录，认真填报施工进度统计表

在施工中，如实记载每一项工作的开始日期、工作进程和结束日期，可为进度计划实施的检查、分析、调整、总结提供原始资料。要求跟踪记录，如实记录，最好借助图表形成记录文件。

(4) 做好施工调度工作

调度工作主要对进度管理起协调作用。它可协调各工种间的关系，解决施工中出现的各种矛盾，克服薄弱环节，实现动态平衡。调度工作的内容包括：检查作业计划执行中的问题，找出原因，并采取措施解决；督促供应单位按进度要求供应资源；控制施工现场临时设施的使用；按计划进行作业条件准备；传达决策人员的决策意图；发布调度令等。要求调度工作做得及时、灵活、准确、果断。

3. 进度计划执行的检查

在施工项目的实施过程中，为了保证施工项目进度计划的实施，进度监督管理人员必须根据进度控制的规定，按照进度管理体系对实际进度状况检查的要求，定期地或不定期地跟踪、监督、检查施工的实际情况，收集施工项目进度材料，将实际进度情况进行记录、量化、整理、统计并与施工进度计划对比分析，确定实际进度与计划之间是否出现偏差。其主要工作包括：

(1) 对施工进度计划依据其实施记录进行跟踪检查

跟踪检查施工实际进度是项目施工进度管理的关键措施。其目的是收集实际施工进度的有关数据，为对施工进度计划的完成情况进行统计、监督分析和调整计划提供信息。跟踪检查的时间和收集数据的质量，直接影响施工进度管理工作的质量和效果。

(2) 进度检查的内容

1) 检查期内实际完成和累计完成工程量；

2) 实际参加施工的人力、机械数量与计划数；

3) 窝工人数、窝工机械台班数；

4) 进度管理措施的执行情况。

4. 进度计划的调整

调整进度计划时，应尽可能利用非关键工作的时差。

10.3.2 进度的比较分析

进度的比较分析就是分析施工实际进度与计划进度的偏差。将收集的资料整理和统计成具有计划进度可比性的数据后，用施工项目实际进度与计划进度的比较方法进行比较。

常见的比较方法有：横道图比较法、S形曲线比较法、“香蕉”形比较法、前锋线比较法和列表比较法等。通过比较得出实际进度与计划进度相一致、超前、拖后三种情况。

1. 进度的比较分析方法

（1）横道图比较法

横道图比较法是指在项目施工中通过检查收集到的实际进度信息，经整理后直接用横道线（区别于原横道线的线形）并列标于原计划的横道线下方（或上方），进行直观比较的方法。

横道图比较方法步骤如下：

1）在计划图中标出检查日期；

2）将实际进度数据在横道图中标出；

3）比较实际进度与计划进度的偏差。

当实际进度线与检查日期平齐，则表明实际进度按照计划进度实施；当实际进度线在检查日期的左侧，则表明实际进度落后于计划进度；当实际进度线在检查日期的右侧，则表明实际进度快于计划进度。如图10-42所示，□表示计划，■表示实际，从图可知，原计划用9天完成的一项工作，其实际的完成时间是10天，实际比计划拖延一天，工作的实际开始时间比计划推迟半天，且在第7天停工一天。

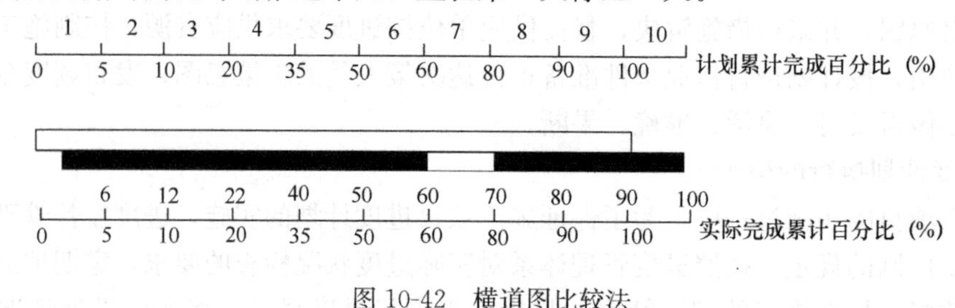

图10-42　横道图比较法

（2）前锋线法

实际进度前锋线比较法是指通过绘制检查时刻的工程项目实际进度的前锋线，来比较实际进度与计划进度的方法。而前锋线，是指从检查时刻的时标点出发，用点划线依次连接各项工作的实际进度位置点，最后再回到检查时刻点为止，形成一条折线，这条折线称为前锋线。该方法主要适用于时标网络计划，它既可用于工程局部进度的比较，又可用来分析和预测工程整体进度状况。

实际进度前锋线比较法的步骤如下：

1）将双代号网络图改为早时标网络图；

2）在时间坐标上标出检查日期；

3）绘制实际进度的前锋线；

4）比较实际进度和计划进度。

根据前锋线与时标网络图的交点和检查日期的距离找出偏差。前锋线与时标网络图的交点表示“实际进度”；而检查日期与时标网络图的交点表示“计划进度”。当前锋线与时标计划的交点位于检查日期的左边，表示进度滞后；当前锋线与时标计划的交点位于检查日期的右边，表示进度提前；当前锋线与时标计划的交点位与检查日期重叠，表示进度与计划一致。

【例 10-8】 根据例 10-5 中图 10-31 所示的时标网络计划，该楼宇智能化工程到第 7 天检查时发现：(1) B 工作还差 3 天才能完成；(2) C 工作完成计划工作量的 6/7；(3) D 工作刚刚完成，F 工作尚未开始。请用前锋线法判断进度偏差。

根据检查得到的实际进度在时标网络图上绘制的前锋线如图 10-43 所示：

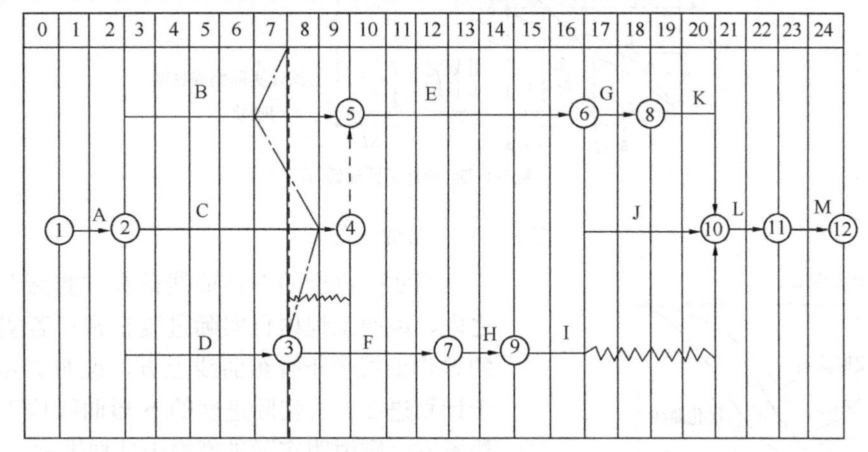

图 10-43 前锋线

从上图 10-43 中可以看出：

B 工作滞后一天，而且该工作位于关键线路上，所以总工期将延误一天；

C 工作比计划提前一天，而且它也位于关键线路上，本来可以使总工期提前一天，但是由于 B 工作使得总工期已经延误了一天，所以总工期不会提前，保持延误一天的情况；

D 工作的实际进度与计划吻合，不提前也不滞后，总工期不会受它的影响；

综上所述，该工程工期延误 1 天。

(3) S 形曲线比较法

S 形曲线是一种描述工程项目施工速度的动态曲线。是以横坐标表示进度时间，纵坐标表示累计完成任务量而绘制出的一条 S 形曲线。将工程项目的各检查时间实际完成的任务量绘制的 S 形曲线与计划 S 形曲线进行实际进度与计划进度相比较的一种方法。

当实际 S 形曲线落在计划 S 形曲线上方时，表示此时实际进度比计划进度超前；当实际 S 形曲线落在计划 S 形曲线下方时，表示此时实际进度比计划进度滞后；当实际 S 形曲线与计划 S 形曲线重合时，则表示二者进度一致。如图 10-44 所示。

从图中可以看出：T_a 时刻实际进度比计划进度超前的时间，超前时间为 ΔT_a；T_b 时刻实际进度比计划进度滞后的时间，滞后时间为 ΔT_b；图中 ΔQ_a 表示 T_a 时刻超额完成的任务量，ΔQ_b 表示 T_b 时刻比计划少完成的任务量。另外，从 S 形曲线图上可以预测后期工程的进度，如工程按照原先计划速度实施，则会延期 ΔT_c 时间。

(4) 香蕉形曲线比较法

香蕉曲线是由两条 S 形曲线组成的，其中 ES 曲线是以工程项目中各项工作均按最早开始时间安排作业所绘制的 S 形曲线；LS 曲线是以工程项目中各项工作均按最迟开始时间安排作业所绘制的 S 形曲线。这两条曲线有共同的起点和终点。在施工工期范围内的任何时点上曲线始终在 LS 曲线的上方，形如"香蕉"，故称其为香蕉曲线，如图 10-45 所示。

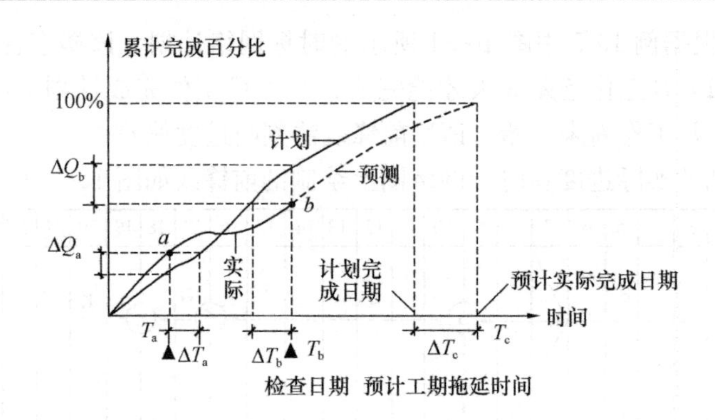

图 10-44　S 形曲线图

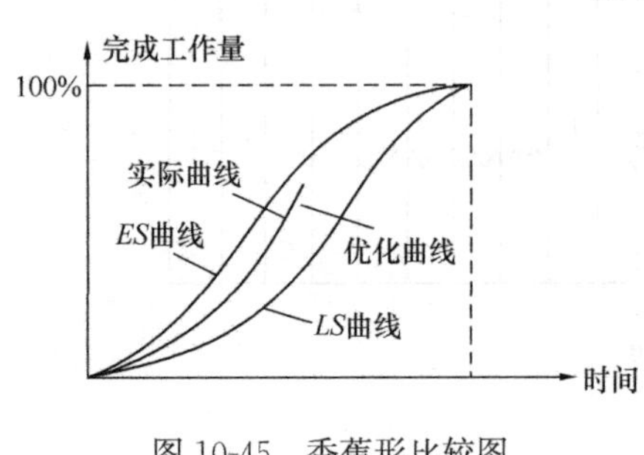

图 10-45　香蕉形比较图

当实际进度的 S 形曲线落在“香蕉”型曲线之内，说明工程项目实际进度正常；若实际进度的 S 形曲线位于香蕉曲线上方，说明实际进度快于计划进度；若实际进度的 S 形曲线位于香蕉曲线下方，则说明实际进度慢于计划进度。

2. 进度偏差分析

(1) 有进度偏差的工作是否为关键工作？是，则影响总工期，应进行调整；否，转下一步。

(2) 进度偏差是否大于总时差？是，则对总工期有影响，应调整；否，转下一步。

(3) 进度偏差是否大于自由时差？是，则对后续工作有影响，调整措施视后续工作而定；否，无须调整。

10.3.3　进度的调整方法

在对实施的进度计划分析的基础上，应确定调整原计划的方法，一般只要有以下几种：

1. 改变某些工作间的逻辑关系。

2. 缩短某些工作的持续时间。

3. 资源供应的调整。

4. 变换某些施工内容。

5. 变换某些分部分项工程的施工方案、施工方法。

6. 起止时间的改变。

本 章 小 结

本章系统介绍了楼宇智能化施工项目进度管理与控制的原理和方法，主要内容如下：

1. 影响楼宇智能化施工项目进度的因素：施工工艺和技术、有关单位的影响、施工组织管理不当和意外事件的发生。

2. 施工项目进度管理的主要任务：(1) 制定进度计划；(2) 进度计划交底；(3) 进度的跟踪检查、调整；(4) 编制进度报告。

3. 施工项目进度管理的措施：组织、技术、经济与合同措施。

4. 网络计划技术：(1) 网络图的基本原理；(2) 网络图的基本表达方式：单代号网络图和双代号网络图；(3) 单、双代号网络图的绘制与时间参数的计算；(4) 时标网络图；(5) 网络图的优化：工期优化、费用优化和资源优化。

5. 施工项目进度控制：(1) 进度控制的任务：进行计划的交底、采取措施保证计划的实施、进度计划的跟踪检查和调整；(2) 进度的比较分析：横道图比较法、前锋线法、*S*形曲线和香蕉形曲线比较法；(3) 进度偏差的分析；(4) 进度的调整方法。

思考题与练习

1. 影响楼宇智能化施工项目进度的因素有哪些？
2. 施工项目进度管理的主要任务是什么？
3. 简述网络计划的特点有哪些。
4. 简述双代号网络图的绘制原则。
5. 简述时标网络计划的特点。
6. 简述常见的工程项目进度的比较方法有哪些？
7. 根据下列逻辑关系分别绘制单、双代号网络图，并计算工作的六个时间参数（单位：天）。

(1)

工作名称	A	B	C	D	E	F
紧前工作	/	A	A	A	BCD	D
持续时间	2	3	4	2	3	2

(2)

工作名称	A	B	C	D	E	F
紧前工作	/	/	/	AB	B	CDE
持续时间	1	3	2	4	3	3

(3)

工作名称	A	B	C	D	E	F
紧前工作	/	/	A	A	B	CD
持续时间	3	4	2	4	5	2

(4)

工作名称	A	B	C	D	E	F	G
紧前工作	/	A	A	B	BC	DE	D
持续时间	2	5	3	4	8	5	4

第11章　楼宇智能化工程施工项目质量管理

【能力目标】

要求掌握楼宇智能化施工项目质量管理的概念、质量管理的原则、原理、过程和方法。结合楼宇智能化常用系统，能够进行施工项目质量管理过程分析和实施项目质量管控体系。熟悉从施工准备到开始施工、竣工、移交、保修与回访等过程的施工质量管理与控制。

11.1　楼宇智能化工程施工项目质量管理概述

楼宇智能化工程在我国建筑领域的发展时间较短，直到2000年以后楼宇智能化工程项目才逐步得到完善和大量应用，而今已成为建筑等领域不可或缺的系统。楼宇智能化施工项目作为工程项目的一个特定内容，具有其施工质量管理的特点，但在项目施工质量管理中，必须遵守我国对施工项目的质量管理体系和相关建设工程质量管理条例，因此首先需要掌握和了解施工项目的质量管理理论。

11.1.1　施工项目质量管理的定义

施工项目的质量就是项目的固有特性功能，满足施工项目相关特定要求的程度。工程项目固有特性通常包括使用功能、寿命、可靠性、安全性、经济性等。而满足各方特性的程度，就反映了施工项目质量的好坏。在ISO 9000：2000《质量管理体系－基础和术语》GB/T 19000—2000中，对项目质量有明确的界定。

施工项目的质量，是通过项目施工过程中的管理来实现的，也就是质量管理。质量管理是指围绕施工项目质量所进行的指挥、协调和控制等活动。在质量方面的指挥和控制活动，通常包括制定质量方针和质量目标，以及质量策划、质量控制、质量保证和质量改进等。我国《施工法》规定，建筑施工企业对工程的施工质量负全责。《建设工程质量管理条例》（国务院令第279号）进一步规定，施工单位对建设工程的施工质量负责。因此，施工企业必须针对施工项目，建立和健全施工质量管控体系，以确保施工项目的工程质量。

11.1.2　项目的质量特征

工程项目是一种特殊的产品形式，其质量特征具有特定的内涵，主要表现如表11-1所示。

质量特征内涵分析　　表11-1

序号	质量特征	定　义	内　涵
1	适用性（功能）	是指工程项目满足使用目的的各种性能	包括理化性能、结构性能、使用性能、外观性能等

续表

序号	质量特征	定　义	内　涵
2	耐久性（寿命）	指工程项目在规定的条件下，满足规定功能要求使用的年限	反映了工程竣工后的合理使用生命周期
3	安全性	项目建成后在使用过程中保证结构安全、人身和环境免受危害的程度	指标包括抗震性、耐火性、抗辐射、抗爆炸波等能力
4	可靠性	在规定的时间和规定的条件下，完成规定功能的能力	如监控系统摄像机的抗“寒、热、水、汽”等，属可靠性范畴
5	经济性	项目从开始规划到整个项目的使用生命周期结束的成本和消耗的费用	成本包括产生在设计、施工、使用三个阶段的成本之和

11.1.3　项目质量方针和目标的确定

项目的质量方针和质量目标一般由公司来制定。质量方针一般是通过贯彻执行建设工程质量法规和强制性标准，正确配置施工生产要素和通过科学的管理方法，实现合同中约定项目的预期功能，达到项目管理的质量目标。

施工质量目标一般围绕验收通过率、合格率、质量事故、返工损失等方面来谈。如某大厦消防工程的质量目标确定为：单项工程合格率100%，重大质量事故为0，质量事故返工损失率≤1.5%，消防自动报警系统争取一次验收合格。

11.1.4　全面质量管理与常用方法

1. 全面质量管理（TQC）

全面质量管理TQC（Total Quality Control）是目前世界各国普遍采用的先进的质量管理方法，20世纪中期在欧美和日本广泛应用，20世纪80年代开始在我国引进推广。其内涵是强调在企业或组织最高管理者的质量方针指引下，实行全面、全过程和全员参与的质量管理。具体分析如表11-2所示。

全面质量管理内容分析表　　　　**表11-2**

序号	内　容	定　义	内　涵
1	全面质量管理	是指建设工程项目参与各方进行的工程项目质量管理的总称	包括工程质量和工作质量的全面管理
2	全过程质量管理	是指根据工程质量的形成规律，从源头抓起，全过程推进	需控制的主要过程有：项目策划与决策过程，勘察设计过程，施工采购过程，施工组织与准备过程，检测计量过程，检验试验过程，评定、竣工、验收过程，交付过程，回访、维修与服务过程等
3	全员参与质量管理	以全面质量管理的思想，组织参与的每个部门和工作岗位都承担着相应的质量职能，发挥自己的角色作用	其重要手段是运用目标管理方法，将组织的质量总目标逐级进行分解，使之形成自上而下的质量目标分解体系和自下而上的质量目标保证体系，发挥每个工作岗位、部门在实现质量总目标过程中的作用

2. 质量管理的 PDCA 循环原理

由美国著名管理专家戴明博士提出的 PDCA 质量循环（戴明环）管理原理，其分为四个阶段，八个步骤。如图 11-1 所示。

每个循环的四个阶段和八个过程相互联系，共同构成了质量管理的系统过程。质量管理的 PDCA 循环原理分析如表 11-3 所示。

质量管理 PDCA 循环原理分析　　**表 11-3**

序号	组成元素	定　义	内　涵
1	计划 P	计划是由项目参与各方根据所承担的任务、责任范围和质量目标，形成的质量计划体系	包括确定质量目标和制定实现质量目标的行动方案
2	实施 D	实现质量目标的过程	将质量的目标值通过生产要素的投入、作业技术活动和生产过程，转换为质量的实际值
3	检查 C	对计划实施过程进行各种检查	包括作业者的自检、互检和专职管理者的专检
4	处置 A	对质量检查所发现的质量问题或质量不合格内容，及时进行原因分析，采取必要的措施予以纠正，保持工程质量形成过程的受控状态	处置分为纠偏和预防改进两个方面

PDCA 质量循环是建立质量体系和质量管理的基本方法。PDCA 循环如图 11-2 所示。管理就是确定任务目标，并通过 PDCA 循环来实现预期目标。每一个循环都围绕着实现预期的目标进行计划、实施、检查和处置活动，随着对存在问题的解决和改进，在一次一次循环滚动中逐步上升，不断增强质量管理能力，提高质量管理水平。

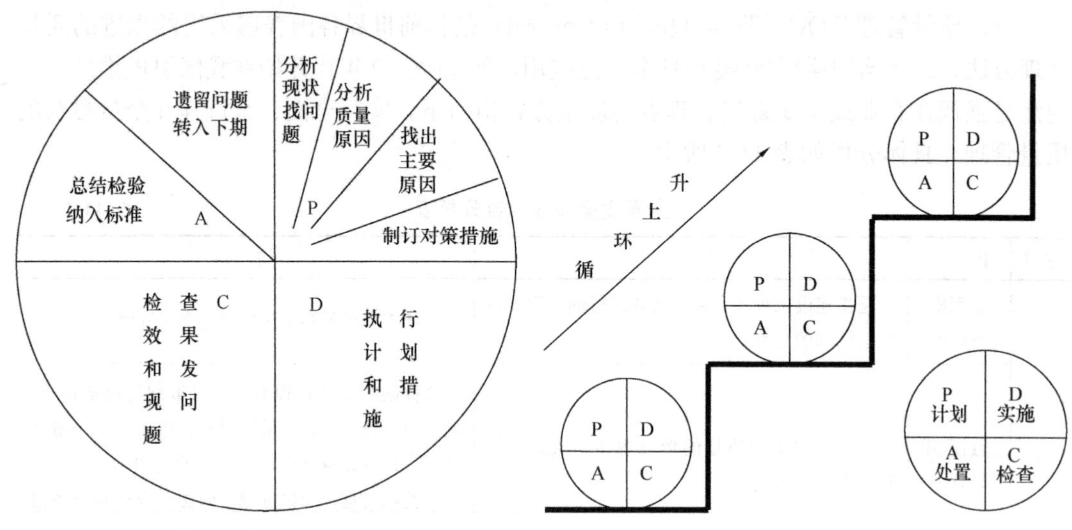

图 11-1　PDCA 循环的四个阶段和八个步骤　　　　图 11-2　PDCA 循环示意图

11.1.5　项目质量管理规划与策划

1. 项目质量管理规划

质量规划指识别哪些质量标准适用于本项目，并确定如何满足这些标准。

现代质量管理的一项基本准则是：质量是规划、设计出来的，而不是检查出来的。

美国项目管理知识体系指南（PMBOK）对项目质量规划进行了归纳，如表 11-4 所示。

项目质量规划归纳表　　表 11-4

依据	工具与技术	成果
1. 环境因素 2. 组织过程资产 3. 项目范围说明书 4. 项目管理计划	1. 成本效益分析 2. 基准对照 3. 实验设计 4. 质量成本分析 5. 其他质量规划工具	1. 质量管理计划 2. 质量测量指标 3. 质量核对表 4. 过程改进计划 5. 质量基准 6. 项目管理计划（更新）

2. 项目质量管理策划

质量策划是质量管理的一部分，致力于制定质量目标并规定必要的运行过程和相关资源以实现质量目标。项目的质量策划是围绕项目所进行的质量目标策划、运行过程策划等活动的过程。

（1）质量目标策划

项目的质量目标是项目在质量管理方面所追求的目标。某楼宇智能化工程施工项目质量目标策划如表 11-5 所示。

某楼宇智能化工程施工项目质量目标策划表　　表 11-5

序号	质量策划检测内容	样品数量	数据	综合质量策划目标
1	单一产品适用性（功能）	10	合格品率 100% 优良品率 60%	合格品率 100% 满足品率 80% 优良品率 60% （均以样品最低抽样检测数据确定目标）
2	单一产品耐久性（寿命）	10	合格品率 100% 优良品率 80%	
3	单一产品安全性	100	合格品率 100% 优良品率 85%	
4	单一产品可靠性	10	合格品率 100% 优良品率 60%	
5	多类产品经济性	10 类	满足品率 80% 优良品率 60%	

（2）运行过程策划

对楼宇智能化工程施工类项目其施工过程的质量管理策划，参见图 11-3 所示楼宇智能化施工项目质量环，一般由 8 个阶段构成。

针对以上 8 个阶段，应明确项目在不同阶段的质量管理内容和重点，明确质量管理的工作流程，制定质量管理的技术措施和组织措施，提供项目质量控制的方法以及质量评价方法。

（3）基于系统流程图的质量策划方法

主要用于说明项目系统各类要素之间存在的关系，反映了一个质量评判的系统过程。工程项目质量评判流程图如图 11-4 所示。

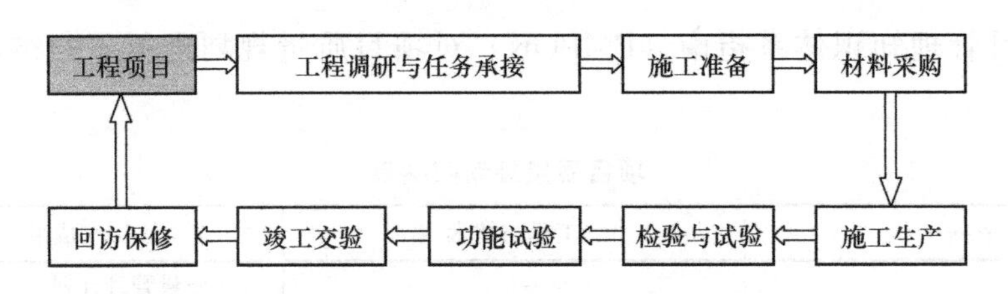

图 11-3　楼宇智能化施工项目质量环

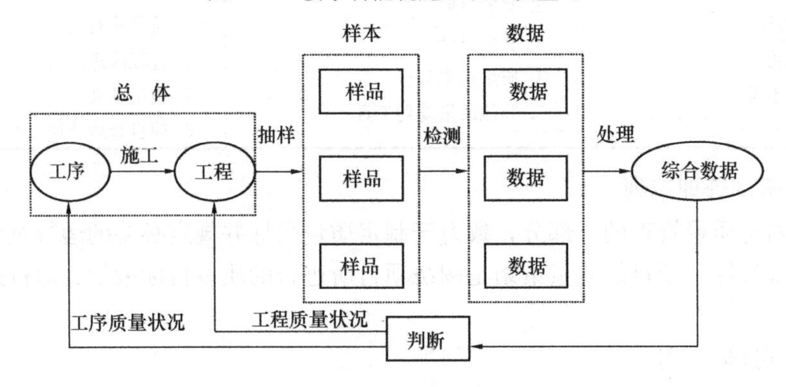

图 11-4　工程项目质量评判流程图

(4) 基于原因结果图的质量策划方法

主要用于分析和说明各种因素和原因如何导致或产生各种潜在的问题和后果。原因结果图如图 11-5 所示。

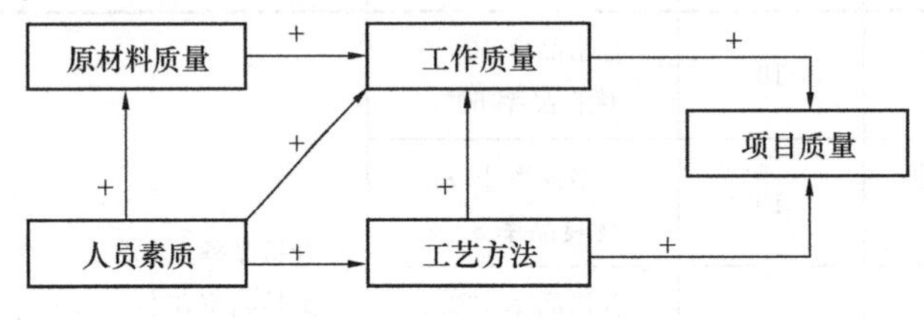

图 11-5　原因结果图

11.1.6　施工项目质量的影响因素

施工项目质量的影响因素，主要是指在建设工程项目质量目标策划、决策和实现过程中影响质量形成的各种客观因素和主观因素，包括人的因素、技术因素、设备材料因素、管理方法因素、环境因素和社会因素等。对这些方面因素的控制，是保证项目质量的关键。施工项目影响质量控制因素分析如表 11-6 所示。

施工项目影响质量控制因素分析　　表 11-6

序号	影响因素	内　涵	质量控制
1	人	包括个人和群体	增强质量意识，重视质量的项目环境
2	技术	包括直接的工程技术和辅助的生产技术	加强技术工作的组织和管理，优化技术方案。发挥辅助技术手段对工程质量的保证作用
3	设备材料	各类设备、产品、材料等	严格检查验收制度，合理选择，正确使用、管理和保养
4	管理方法	决策因数和组织因素	健全管理制度，科学组织，合理的方式方法

续表

序号	影响因素	内　涵	质量控制
5	环境	包括政治环境、自然环境、作业环境、管理环境等	充分认识与把握环境条件，是保证施工工程项目质量的重要环节
6	社会	法律法规、检查执法、经营理念等	健全法律法规，加强执法力度，完善经营理念

11.1.7 施工项目质量控制体系的建立和运行

1. 施工项目质量控制体系的建立

施工项目质量控制体系的建立过程，实际上就是建设工程项目总目标的确定和分解过程，也是建设工程项目各参与方之间质量管理关系和控制责任的确立过程。为了保证质量控制体系的科学性和有效性，必须明确体系建立的原则、内容、程序和主体。具体分析如表 11-7 所示。

项目质量控制体系的建立分析表　　表 11-7

体系的建立	内　容	注　释
建立原则	1. 分层次规划原则	对总组织者、各参与单位进行不同层次和范围的项目质量控制体系规划
	2. 目标分解原则	根据工程项目的分解结构，将建设标准和质量目标分解到各个责任主体
	3. 质量责任制原则	按工程质量责任的规定，界定各方的质量责任范围和控制要求
	4. 系统有效性原则	建立各参与方共同遵循的质量管理制度和控制措施，形成有效的运营机制
建立的程序	1. 确立系统质量控制网络	确定项目经理、总工、项目监理等，形成质量控制责任关系网络架构
	2. 制定质量控制制度	包括例会制度、协调制度、报告审批制度、质量验收与管理制度等
	3. 分析质量控制界面	明晰法律法规与合同界定的静态质量界面，确定施工中的动态质量界面
	4. 编制质量控制计划	项目经理负责编制质量控制计划，部署质量管控任务

2. 施工项目质量控制体系的建立案例分析

某楼宇智能化工程施工项目，为了保证项目工程施工质量，根据建设工程项目质量控制体系的建立原则，建立了一个项目质量保证体系，如图 11-6 所示。

3. 施工项目质量控制体系的运行

施工项目质量控制体系的建立为工程项目的质量控制提供了组织制度方面的保证。施工项目质量控制体系的运行，就是系统功能的发挥过程，也是质量活动职能和效果的控制过程。保证质量控制体系有效运行的分析如表 11-8 所示。

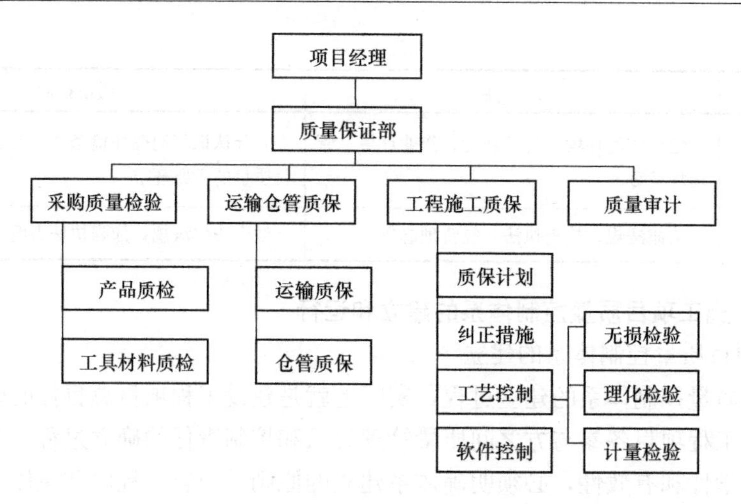

图 11-6　某楼宇智能化工程施工项目质量保证体系

保证质量控制体系有效运行分析表　　表 11-8

系统运行	内　容	注　释
运行环境	1. 建设工程的合同结构	合同是工程项目各参与方的纽带，是保证责任和质量的依据
	2. 质量管理的资源配置	人员和资源的合理配置是质量控制体系得以运行的基础条件
	3. 质量管理的组织制度	为质量控制系统各环节运行提供行动指南、行为准则和评价基准
运行机制	1. 动力机制 2. 约束机制 3. 反馈机制 4. 持续改变机制	是工程项目质量控制体系运行的核心机制

11.2　施工准备阶段的质量管理

楼宇智能化工程项目合同签订后，即进入施工的准备阶段。为了进行项目质量管理，应首先分析合同中涉及的建设内容，建立起一个行之有效的质量管理行动方案，制定质量管理规划，健全质量管理体系，而后付诸实施。

在施工准备阶段，涉及的工作主要有：施工图设计、图纸会审、技术交底、施工组织设计等。

11.2.1　施工图纸设计质量管理

楼宇智能化工程在正常情况下，需要中标企业进行施工图纸的深化设计，而中标企业也基本上都具有施工和设计两个资质。施工图设计是保证施工质量的第一个环节，通常在施工企业内完成。

要保证施工质量，首先要控制设计质量。项目设计质量的控制与管理，主要从满足项目建设需求入手，包括国家相关法律法规、强制性标准和合同规定的明确需求以及潜在需求，以使用功能和安全可靠性为核心，进行设计质量的综合管理。主要包括项目的功能性、可靠性、观感性、经济性和可施工性等质量控制与管理。

以酒店的智能化系统为例，制定施工图纸设计过程中的质量管理对策与计划。详细内容如表11-9所示。酒店中常用的智能化系统较多，一般包括：

1. 楼宇自控系统　2. BMS系统　3. 闭路电视监控系统
4. 酒店门锁系统　5. 酒店管理系统　6. 综合布线系统
7. 计算机网络系统　8. 楼控程控电话交换系统　9. 背景音乐系统
10. 机房工程系统　11. 防雷系统　12. 巡更系统
13. 防盗报警系统　14. 会议系统　15. 远程视讯会议系统
16. 有线电视系统　17. 卫星电视系统　18. 酒店客房管理系统
19. 停车产管理系统

施工图纸设计过程中的质量管理对策与计划　表11-9

质量影响因素	序号	原　因	对　策	负责人	期　限
人	1	对酒店的智能化系统掌握不够	人员能力培训 产品知识学习 学习对应的国家标准		
	2	新人多	增加培训和配置熟手		
	3	责任心不强，有情绪	加强组织工作明确责任 建立工作岗位责任制度 做好思想工作		
	4	对项目熟悉程度不够	加强项目交底工作 现场考察		
技术	5	设计技术手段落后	请师傅和老师辅导		
	6	设计能力差	培训和锻炼		
	7	建筑结构图纸质量不过关	要求设计院提供合格的建筑结构图纸		
	8	系统配置错误和设计错误	加入审图人员和环节，修正错误		
设备工具	9	设备落后	改善设备条件，提高设备配置		
	10	软件版本低	升级软件		
管理方法	11	任务分工不明确			
	12	各专业接口混乱			
环境	13	办公环境差	改善工作环境，符合工作需求		

11.2.2 图纸会审

楼宇智能化系统施工图纸设计完毕后，需要和设计院、投资方、监理等进行图纸会审。其内容主要是对图纸设计的结果进行技术评审，分析其是否满足投资方和建筑本身的功能要求，是否可以达到指导施工的需要。

仍以上述的酒店智能化系统为例，每个系统的设计依据是合同中各个系统的设备清单以及功能要求。因此评审图纸的设计质量，需要对每个智能化子系统在图纸上进行设备数量核对、安装位置核对、配线配管核对，是否符合技术规范、设计规范等，是否满足功能要求、安装要求。最后提交图纸质量修改完善意见书以及质量保障措施。针对存在的问题提出质量控制点，明确质量控制的重点对象和控制方法，尽可能提高图纸设计质量，减少对施工的影响。

11.2.3　技术交底

工程人员在进场施工之前的重要工作之一就是熟悉工程施工图纸，熟悉工作内容，熟悉智能化各个子系统设备、安装方法、管线敷设路线等，完成这一工作的过程，就是一个技术交底的过程。

技术交底基本上都由技术图纸的设计负责人面对施工负责人和技术人员进行。在这一过程中为了确保交底质量，负责技术交底的设计人员必须将施工图纸的全部设计内容和技术要求环节描述清楚。而施工负责人员和施工技术员，有必要进行详细的记录并整理成为一个交底纪要，保证施工单位充分理解设计意图，明确质量控制的重点和难点。技术交底人员和施工负责人员的高度热情、技术熟练、了解设备、熟悉施工环节等，是保证技术交底达到高质量的重要因素。

11.2.4　施工组织设计

在完成了技术交底，熟悉了工作内容之后，编制施工组织设计是项目经理在施工队伍进场施工之前的又一个重要工作。楼宇智能化系统工程施工组织设计包括的内容详见第十四章。

11.3　施工阶段的质量管理

施工阶段的作业质量管理，是工程项目质量形成中的过程控制。楼宇智能化工程的作业施工，是由诸多相互关联、相互制约的作业工序构成的，因此施工质量控制必须对全部作业过程，即各个工序的施工质量进行控制。在施工要素合格的情况下，作业者的能力及其发挥的状况是决定施工质量的关键。其次，来自作业者外部的各种作业质量检查、验收和对质量行为的监督，也是不可缺少的把关管理措施。

11.3.1　工序施工质量管理

工序是人、材料、机械设备、施工方法和环境因素对工程质量综合作用的过程，对施工过程的质量控制，必须以工序作业质量控制为基础和核心。工序施工质量管理主要包括工序施工条件质量控制和工序施工效果质量控制。

1. 工序施工条件控制

工序施工条件是指从事工序活动的各生产要素质量及生产环境条件。工序施工条件控制就是控制工序活动的各种投入要素质量和环境条件质量。控制的主要手段有检查、测试、试验、跟踪监督等。控制的依据主要是设计质量标准、材料质量标准、机械设备技术性能标准、施工工艺标准以及操作规程等。

2. 工序施工效果控制

工序施工效果主要反映工序产品的质量特征和特性指标。对工序施工效果的控制就是控制工序产品的质量特征和特征指标能否达到设计质量标准以及施工质量验收标准的要求。工序施工效果控制属于事后质量控制，其控制的主要途径是实测获取数据、统计分析所获取的数据、判断认定质量等级和纠正质量偏差。

11.3.2 施工作业质量的自控

施工作业质量的自控要求施工方和产品供应商在施工阶段是质量自控主体，应全面履行企业的质量责任，向顾客提供质量合格的工程产品。我国《建筑法》和《建设工程质量管理条例》规定：建筑施工企业对工程的施工质量负责；必须按照工程设计要求、施工技术标准和合同的约定，对建筑材料、建筑结构配件和设备进行检验，不合格的不得使用。

施工作业质量的自控过程是由施工作业组织的成员进行的，其基本的控制程序包括作业技术交底、作业活动的实施、作业质量的自检自查互检互查以及专职管理人员的质量检查等。

施工作业质量自控的要求主要表现在对工序作业的质量控制上。在加强工序管理和质量目标控制方面应坚持预防为主、重点控制、坚持标准、记录完整等要求。

施工作业质量自控的有效制度有：

1. 质量自检制度；
2. 质量例会制度；
3. 质量会诊制度；
4. 质量样板制度；
5. 质量挂牌制度；
6. 每月质量讲评制度。

11.3.3 施工作业质量的监控

我国《建设工程质量管理条例》规定：国家实行建设工程质量监督管理制度。建设单位、监理单位、设计单位及政府的工程质量监督部门，在施工阶段依据法律法规和工程施工承包合同，对施工单位的质量行为和质量状况实施监督控制。

现场质量检查是施工作业质量监控的主要手段。其检查的方法主要有目测法、实测法、试验法等。

11.3.4 隐蔽工程验收与成品质量保护

隐蔽工程是指被后续施工所覆盖的施工内容。楼宇智能化工程中的隐蔽工程主要是预埋管线。加强隐蔽工程的质量验收是施工质量控制的重要环节。其程序要求施工方首先应完成自检并合格，然后填写专用的《隐蔽工程验收单》。

对建设工程中已完成施工的成品的保护，是避免成品受到后续施工以及其他方面的污染或损坏。成品形成后可采取防护、覆盖、封闭、包裹等相应措施进行保护。

下面以消防报警系统为例来说明关键工序的质量控制：

消防报警系统是消防系统工程中的一个子系统，系统在施工中的关键工序以及质量过程控制分析如表11-10所示。

消防报警系统关键工序及质量过程控制分析 **表11-10**

序号	主要工序	质量过程控制内容分析
1	线材与辅材进场	线材的检查、抽检与验收 进入工地库房

续表

序号	主要工序	质量过程控制内容分析
2	领料出库	材料的领用 检查与抽检 运送工地现场
3	线材的敷设与加工处理	预敷管路的通畅性检查 穿线施工 通断检测与处理 线头保护
4	消防设备进场	设备的检查、抽检与验收 进入工地库房
5	烟感、温感等前端设备的领取与安装	领用检测与检测 设备的安装与接线 设备的检测 成品保护
6	报警主机的领取与安装	报警主机的检查与检测 报警主机的安装与检测 设备接线与检测 成品保护
7	系统调试	系统上电前的检查检测 系统分步上电检查检测 设备调试 系统调试 成品保护
8	与消防控制系统的接口	接口的连接与检测 系统上电检测 系统调试 成品保护

11.4　竣工阶段的质量管理

楼宇智能化工程项目的竣工质量验收，是项目施工质量控制的最后一个环节，是对施工过程质量控制成果的全面检验，也是终端把关方面进行的质量控制。未经验收或验收不合格的工程不得交付使用。

11.4.1　竣工质量验收的依据标准

楼宇智能化工程竣工验收的依据如表 11-11 所示。

楼宇智能化工程竣工验收的依据　　表 11-11

序号	规 范 名 称	规 范 编 号
1	《智能建筑设计标准》	GB/T 50314
2	《智能建筑工程质量验收规范》	GB 50339
3	《建筑与建筑群综合布线系统工程验收规范》	GB/T50312

续表

序号	规 范 名 称	规 范 编 号
4	《质量管理与质量保证标准》第三部分	GB/T19001—ISO9001
5	《火灾自动报警系统设计规范》	GB 50116—98
6	《火灾自动报警系统施工及验收规范》	GB 50166—92
7	《建筑电气工程施工质量验收规范》	GB 50303
8	《建筑工程施工质量验收统一标准》	GB 50300
9	《建筑施工安全检查标准》	JGJ 59—99
10	批准的设计文件、施工图纸及说明书	
11	变更签证	
12	智能化工程承包合同	
13	相关其他文件	

11.4.2 竣工质量验收的要求

楼宇智能化工程竣工质量验收应按下列要求进行：

1. 楼宇智能化系统的验收应先按各个组成子系统分别进行质量验收，然后再进行整个工程项目验收。

2. 工程项目的验收均应在施工单位自检合格的基础上进行。

3. 隐蔽工程在隐蔽前应由施工单位通知监理或建设单位专业技术人员进行验收并形成验收文件，验收合格后方可继续施工。

4. 参加工程施工质量验收的各方人员应具备规定的资格、职称、年限等要求。参加单位工程验收的签字人员应为各方项目负责人。

5. 国家强制指定验收单位的项目，例如消防系统、安防系统，综合布线系统等，必须由指定单位进行项目的验收。

6. 工程的观感质量应由验收人员现场检查，并共同确认。

11.4.3 工质量验收的程序

楼宇智能化工程竣工质量验收的程序可分为竣工验收准备、竣工预验收和正式验收三个环节进行。整个验收过程涉及建设单位、涉及单位、监理单位及施工总分包各方的工作，必须按照工程项目质量控制系统的职能分工，以监理工程师为核心进行竣工验收的组织协调。

11.4.4 竣工验收备案

按《建设工程质量管理条例》规定，我国实行建设工程竣工验收备案制度。各类楼宇智能化工程的竣工验收，均应按规定进行备案。竣工文件提交项目建设方后，由建设方整理汇总项目的所有竣工文件，报建设行政主管部门或其他相关部门备案。

11.5 保 修 与 回 访

保修和回访制度是楼宇智能化工程质量管理体系的一部分。做好保修和回访工作，既是客户的需要，也是企业提升自身管理水平和企业服务能力的表现。

11.5.1　工程项目保修机制

建立工程项目保修机制，体现了工程项目承包方对工程项目负责到底的态度和精神，也体现了企业“服务为本，用户至上”的宗旨。施工单位在工程项目竣工验收交付使用后，应履行合同中的保修协议，继续为承担项目实施质量保修服务。

1. 保修的职责范围与保修期

按照《建设工程质量管理条例》的规定，建设工程在保修范围和保修期限内发生质量问题时，施工单位应该履行保修义务，并对造成的损失承担赔偿责任。

楼宇智能化工程的保修时间一般由发包方与承包方约定，正常情况下，1000 万元以下的项目保修期为一年，1000 万元以上的项目保修期为两年。

2. 保修的工作程序

在工程竣工验收时，施工单位向建设单位发放工程保修证书，注明工程简况、设备使用管理要求、保修范围和内容、保修期限、保修情况记录、保修说明、保修单位名称、地址、电话、联系人等。

在建设单位要求检查和修理时，可以用口头或书面方式通知施工单位的有关保修部门，要求派人前往检查修理。而施工单位必须尽快派人前往检查，并会同建设单位作出鉴定，提出检修方案，尽快组织人力物力进行检修。修理完毕后，在保修记录中做好记录，经建设单位验收签字，表示修理工作完成。

3. 投诉的处理

对用户的投诉，应迅速及时研究处理，切勿拖延。在调查分析，尊重事实的基础上，作出适当的处理。

对各项投诉都应予以热情、友好的解释和答复，即使投诉内容有误，也应耐心作出说明，切记态度简单生硬。

11.5.2　工程项目回访的实施

工程回访制度属于交工后的管理范畴，施工单位应在施工之前为用户着想，施工中对用户负责，竣工后让建设单位或用户满意，所以必须重视回访活动，确保回访工作的圆满完成。

1. 工程项目回访计划的编制

(1) 投标时根据招标文件编制回访计划，以反映企业服务意识，增大中标率。

(2) 中标合同签订后，编制具体的回访计划。

2. 工程项目回访计划的内容

(1) 工程回访的内容

了解工程使用或质量的情况，听取各方面对工程质量和服务的意见，向建设单位提出保修期后的维护和使用等方面的建议和注意事项，处理遗留问题，巩固良好的合作关系。

(2) 工程回访的参加人员和回访时间

一般回访由项目负责人、技术、质量、经营等人员组成，回访时间在保修期内进行为好。

(3) 工程回访的方式

常采取的回访方式包括季节性回访、技术性回访、保修期满前的回访、信息传递方式回访、座谈会方式回访、巡回式回访等。

回访时要认真对待，做好记录，发现问题应迅速处理。

11.6 质 量 事 故

凡是工程质量不合格，影响使用功能或工程结构安全，造成永久质量缺陷或存在重大质量隐患，甚至直接导致工程倒塌或人身伤亡，必须进行返修、加固或报废处理，按照由此造成直接经济损失的大小，可以分为质量问题和质量事故。

工程质量事故具有成因复杂、后果严重、种类繁多、往往与安全事故同生的特点，楼宇智能化工程质量事故的分类有多种方法。

11.6.1 按事故造成损失的程度分级

按照住房和城乡建设部《关于做好房屋建筑和市政基础设施工程质量事故报告和调查处理工作的通知》（建质【2010】111号），根据工程质量事故造成的人员伤亡或者直接经济损失，工程质量事故分为四个等级：

1. 特别重大事故：指造成30人以上死亡，或者100人以上重伤，或者1亿元以上直接经济损失的事故；

2. 重大事故：指造成10人以上30人以下死亡，或者50人以上100人以下重伤，或者5000万元以上1亿元以下直接经济损失的事故；

3. 较大事故：指造成3人以上10人以下死亡，或者10人以上50人以下重伤，或者1000万元以上5000万元以下直接经济损失的事故；

4. 一般事故：指造成3人以下死亡，或者10人以下重伤，或者100万元以上1000万元以下直接经济损失的事故。

该等级划分所称的“以上”包括本数，所称的“以下”不包括本数。

11.6.2 按事故责任分类

1. 指导责任事故：指由于工程实施指导或领导失误而造成的质量事故。

2. 操作责任事故：指在施工过程中，由于实施操作者不按规程和标准实施操作，而造成的质量事故。

3. 自然灾害事故：指由于突发的严重自然灾害等不可抗力造成的质量事故。

11.6.3 质量事故发生的原因与预防

施工质量事故发生的原因大致有四种：技术原因、管理原因、社会与经济原因、人为事故和自然灾害原因。

施工质量事故虽然有多种原因，但都是可以预防或避免的。预防的具体措施包括：

1. 严格按照基本建设程序办事；

2. 认真做好工程地质勘查；

3. 科学地加固处理好地基；

4. 进行必要的设计审查复核；

5. 严格把好各种材料及制品的质量关；

6. 对施工人员进行必要的技术培训；

7. 加强施工过程的管理；

8. 做好应对不利施工条件和各种灾害的预案；

9. 加强施工安全与环境管理。

本 章 小 结

楼宇智能化施工项目的管理和控制，必须在遵循工程施工项目的管理理论和法则的基础上，结合具体智能化工程项目的特点，认真开展项目的施工质量管理和控制。一个智能化系统工程的施工过程，就是一个质量管理和控制过程，工程施工的每一个环节——从施工准备到维护保养阶段结束都是质量管理体系的渗透和落实。智能化工程的开展虽然是实施一个特定系统功能的过程，但当工程实施开始，这个特定功能的实施过程就同时伴随了质量管理过程。优秀的施工企业，都把质量管理过程的重要性放在了智能化工程系统功能实现过程重要性之上。事实上，当质量管理过硬后，特定功能的实现是水到渠成和顺理成章的。因此优秀的楼宇智能化项目经理人员和施工人员，掌握施工项目质量管理体系，比单单地学习和掌握智能化系统原理、功能和施工技巧要重要得多。

思 考 题 与 练 习

1. 什么是施工项目的质量？简述其实现方法。

2. 施工项目的质量特征主要有哪些？通过填写下列表格，分析一个闭路电视监控系统工程竣工后，影响质量特征的因素。

序号	质量特征	设备因素分析	工程因素分析
1	适用性（功能）		
2	耐久性（寿命）		
3	安全性		
4	可靠性		
5	经济性		

3. 什么是全面质量管理？“智能化工程施工的全过程就是一个实现智能化各个系统功能的过程，其他因素都是次要的。”这句话对吗？试从全面质量管理的角度进行分析。

4. 简要描述质量管理的 PDCA 循环原理，结合 PDCA 循环原理分析、比较一个有经验的项目经理和一个项目施工员在项目施工质量管理上的区别，并填写下表。

序号	分析元素	项目经理	施工员
1	计划 P		
2	实施 D		
3	检查 C		
4	处置 A		

5. 影响施工项目质量控制的因素有哪些？通过填写下表，对楼宇智能化工程项目施工质量进行

分析。

序号	影响因素	内涵	楼宇智能化施工质量控制分析
1			
2			
3			
4			
5			
6			

6. 杨某承接了一所学校的门禁系统工程，为了保证工程施工质量，请为他制定一个门禁系统工程施工项目质量保证体系架构。

7. 李某作为北京奥运会主场馆鸟巢的智能化系统工程项目经理，接受任务后，他把重点放在了项目20余个子系统的任务分解和质量管控体系的建立上。从施工准备阶段开始，到施工阶段、竣工阶段，他都做了周密的策划。请根据工程施工项目质量管理要求，完善他的施工质量管理策划表。

序号	阶段	质量管理工序	主要内容
1	准备阶段		
2	施工阶段		
3	竣工阶段		

12　楼宇智能化工程施工项目成本管理

【能力目标】

通过本章的学习，了解楼宇智能化项目施工成本及施工成本管理的概念；了解施工成本管理的任务及措施；掌握编制楼宇智能化项目施工成本计划；掌握楼宇智能化施工项目成本控制的方法，能够对楼宇智能化项目的施工成本进行核算，并对楼宇智能化项目施工成本进行分析。

12.1　施工项目成本管理概述

楼宇智能化项目的施工成本管理一般从项目前期的投标报价开始，直至项目竣工结算完成为止，贯穿于项目的全过程。项目施工成本管理是项目管理的三个重要环节中的核心部分，是项目管理的最终目标，也是企业生存的根本所在。楼宇智能化项目的成本管理也不例外，只有对施工项目进行成本控制，才能使项目在保障进度和质量的前提下做到利润的最大化，从而达到施工项目成本管理的目标。

12.1.1　施工成本及施工成本管理

施工成本是指以楼宇智能化工程施工项目作为成本核算对象的施工过程中所耗费的生产资料转移价值和劳动者的必要劳动所创造的价值的货币形式，包含所投入的原材料（如设备、管材及线材等）、辅助材料及零配件等的费用，周转材料的摊销费或租赁费等，以及进行施工组织与管理所发生的全部费用支出。楼宇智能化项目的施工成本一般由直接成本和间接成本两部分组成。直接成本是指在施工过程中耗费的构成工程实体或有助于工程形成的各项费用支出，是可以直接计入工程对象的费用，包括材料费、人工费、施工机具使用费和措施费等。间接成本是指为施工准备、组织和管理施工的全部费用的支出，是非直接用于也无法直接计入工程对象，但为进行楼宇智能化项目施工所必须发生的费用，包含企业管理费和规费。

施工成本管理就是在保证进度要求和满足质量要求的前提下，采取合理的成本管理措施，把成本控制在计划范围内，并通过成本分析和对比，进一步节约成本。

12.1.2　施工成本管理的任务

楼宇智能化项目施工成本管理任务包括施工成本预测、计划、控制、核算、分析、考核等几个方面。

1. 施工成本预测

施工成本预测就是在楼宇智能化项目中，根据与成本有关的信息和施工项目的具体情况，运用一定的成本预算方法，对未来的成本水平及其可能的发展趋势做出科学的估算。该估算一般是在工程施工以前，在保证满足甲方和本企业要求的双重前提下，对楼宇智能化项目进行的成本估算。该估算是建立在对楼宇智能化项目图纸的整体消化、充分了解甲方对该项目的整体要求的前提下的。施工成本预测是楼宇智能化项目成本决策及成本计划的依据。在成本预测时需参照项目计划工期内类似完工或在建项目的相关联成本，这样有助于成本预测的准确性。同时，考虑到楼宇智能化项目的子系统较多，在参照完工或在建项目时，还需考虑到子系统的种类及多少。最好是同类子系统进行参照，另外还需注意到各子系统不同品牌之间的差异性。

2. 施工成本计划

施工成本计划是以货币形式编制楼宇智能化施工项目在计划期内的生产费用、目标成本以及为降低目标成本采取的成本措施和方案。它是建立在项目部成本管理责任制、进行成本控制和核算的基础上的，是降低楼宇智能化施工项目目标成本的依据，是项目实施过程中控制成本的指导性文件。

编制楼宇智能化施工成本计划时应满足以下几方面要求：

（1）遵循国家及建筑智能化行业规范；

（2）必须严格按照合同的约定，特别是关于工期进度及质量验收的要求；

（3）满足建筑智能化设计图纸的要求；

（4）满足公司制定的对项目成本目标的总体要求；

（5）满足定额或合同计价方式及市场价格的要求。

楼宇智能化项目施工成本计划的主要内容有如下几点：

（1）编制说明

主要指楼宇智能化施工项目的项目概况、合同条件（工程范围、合同总额、承包方式、付款条件、工期及质量要求等）、公司对项目经理的目标成本要求、参照的相关规范等。

（2）施工成本计划的指标

楼宇智能化项目施工成本计划的指标主要从两方面进行考核，一方面是“工程量”，另一方面是“工程金额”。

工程量是指根据甲方技术要求，通过对楼宇智能化图纸进行详细的统计得出的各种设备、线材、管材及其他材料对应的数量。该数量在计算时不仅要考虑平面图纸上标注部分，还需结合实际考虑设备安装高度、隐蔽性等各方面因素。该工程量是公司对项目部进行成本计划控制的一种简单直接的指标，也是比较直观有效的控制模式。

【例 12-1】 公司交给项目部做综合布线系统工程，该项目为一栋 20 层的办公楼，每层的平面布局及点位数量均一样。合同中超五类四对非屏蔽双绞线的总数量为 200 箱（305 米/箱），公司预算部与项目部一起核算的施工成本计划指标（即工程量）为 180 箱。当项目部从 1 层施工至 6 层时，预算审计部对项目部材料用量进行检查，发现超五类网线用了 42 箱，按照项目部已完楼层数为 5 层，因每层点位数量及布局均一致，此时按工程量 180 箱分摊到 5 层的预算工程量应为 36 箱，而实际为 42 箱，说明项目部未达到施工成本计划指标，超出了预计的工程量指标。

从上述例子中能看出用工程量的成本计划指标的优越性，那就是简单直观。这是目前公司对项目部进行成本计划控制的主要指标之一。

工程金额是在工程量的基础之上，套用企业内部定额或是清单定额得出一个总金额，这个总金额就是施工成本计划的另一个考核指标。一般公司在对项目部进行考核时均采用企业内部定额套出的总金额作为指导和考核项目部的指标，而利用清单定额得出的指标则作为公司的参考性指标。这是成本计划控制的上限，一般除非特殊原因，否则不能超越该指标。

3. 施工成本控制

施工成本控制是指在楼宇智能化项目的施工中，对影响施工成本的各种不利因素加以有效管理，并采取必要的措施，将施工过程中已发生的各种消耗和支出严格控制在成本计划范围内。通过在过程中的不断审核、比较与成本计划指标之间的差异，并采取有效的措施及时纠正出现的成本偏差，从而达到有效的成本控制效果。

施工成本控制是楼宇智能化项目实施过程中的核心环节，贯穿于项目的投标阶段、工程实施过程直至项目的竣工验收。楼宇智能化项目施工成本控制从成本计划开始，在执行控制的过程中需严密结合与甲方所签订的合同文件，合同文件和成本计划是成本控制的目标。施工进度报告、过程变更（设计变更、技术变更单及签证等）及索赔资料是施工成本控制过程中的动态资料。

施工成本控制应满足下列要求：

（1）采购方面：严格按照成本计划中的采购价格对材料的采购进行控制，现场库房管理人员对进场设备的质量、品牌及产地进行严格把关，必须与合同清单一一对应。

（2）现场库房管理方面：必须对进出库房的材料进行严格的登记造册，加强对现场堆放材料的巡视，避免材料的浪费。

（3）建立项目经理责任制管理模式：对施工成本的控制实行以项目经理为首的责任制度，建立从项目经理到项目部各级管理人员关于成本控制的奖惩制度，以增强项目部各级人员的成本意识。

（4）财务管理制度的健全：公司的财务管理制度方面必须健全对项目部各级人员涉及项目资金及费用的支付及审核权限，建立财务监督体制，避免出现项目费用乱报及项目资金缺口。

4. 施工成本核算

施工成本核算在楼宇智能化项目成本管理中的重要性体现在两方面。一方面，它是本项目后期或同类其他项目进行成本预测、计划及成本控制所需信息的重要来源。另一方面，它又是本项目进行成本分析和成本考核的重要依据。在成本管理的各个环节中，成本核算是对成本计划所制定的成本目标的最终检验。施工成本核算包含两个基本环节：一是按照规定的成本开支范围对施工费用进行归集和分配，计算出施工费用的实际发生额；二是根据成本核算对象，采用适当的方法，计算出该施工项目的总成本。施工成本管理需要正确及时地核算出按月或是按阶段分解出来的各项费用，计算出该月或是该阶段楼宇智能化项目的实际成本，以便于作进一步的施工成本分析，最终比照成本计划进行对比、分析，以便根据成本偏移采取相应的成本控制措施进行调整，从而保证成本目标的圆满实现。

楼宇智能化项目施工成本核算包含的基本内容如下：

（1）设备材料费核算；

（2）人工费核算；

（3）机械使用费核算；

（4）措施费核算；

（5）企业管理费核算；

（6）项目月度或阶段性施工成本报告编制。

对楼宇智能化项目的竣工工程的成本核算，应分为项目经理部的成本核算和公司完全成本核算，通过两个核算的数据对比，可以直观地形成对项目经理部的考核和体现公司经营的效益。

5. 施工成本分析

施工成本分析是贯穿于整个楼宇智能化项目成本管理的全过程，它是在施工成本核算的基础上，对成本的形成过程及影响成本升降的各种因素进行分析比较，包含有利偏差的挖掘和不利偏差的纠正，从中找出能够降低成本的方法。施工成本分析是关键，纠偏是核心，要针对分析得出的偏差发生原因，采取有效措施进行及时纠正。

6. 施工成本考核

施工成本考核是指在楼宇智能化施工项目完成后，对项目成本形成中的各责任者，按施工成本目标责任制的有关规定，将成本的实际指标与计划、定额、预算进行对比和考核，评定施工项目成本计划的完成情况和各责任者的业绩，并以此给予相应的奖励和处罚。

12.1.3 施工成本管理的措施

1. 施工成本管理的基础工作

施工成本管理涉及许多基础工作，应从以下几个方面为施工成本管理打下坚实的基础：

（1）统一公司内部关于楼宇智能化项目成本计划的内容和格式，就是要建立一套成本比较和考核的表格，包括编码、计量单位、单位工程量等内容。

（2）建立公司内部关于楼宇智能化项目施工定额，这是制定公司内部成本计划目标的依据。公司的楼宇智能化项目均可以通过此内部定额套出项目的成本目标。

（3）公司采购部需与供应商建立长期战略合作伙伴关系，一方面是便于快速询价，另一方面是保证得到合理低价，同时还可以寻求更有利的付款方式。

（4）公司财务部的财务管理制度应侧重对楼宇智能化项目的成本控制，公司审算部需建立一套关于楼宇智能化项目的审算、审计制度，这有助于对项目实施过程的成本监督控制。

2. 施工成本管理的主要措施

楼宇智能化项目的成本要得到有效的控制，关键在于措施要得力。施工成本管理的主要措施主要包括以下几方面：

（1）公司需建立一套自上而下的针对楼宇智能化项目成本控制管理体系，把责任具体落实到公司各级管理人员，项目部则以项目经理责任制为准。可以实行项目经理对公司的成本部负责，成本部对公司财务总监负责，财务总监直接对总经理负责的成本控制管理体系。

（2）技术方案的优化及图纸的深化设计是楼宇智能化项目施工成本的有效控制措施之一。楼宇智能化项目的前期设计是在整体建筑设计的基础上进行的总体规划设计，实用性和针对性差。弱电公司在中标后必须结合甲方的技术要求、项目的整体定位及合同内容进行深化设计。通过技术方案的优化、图纸的深化设计及施工组织设计等几方面技术优化，可以大大降低楼宇智能化项目的成本。

(3) 合同条款及合同模式的选择也是楼宇智能化项目施工成本控制的主要措施之一，合同模式、合同条款的选择在前期的商务谈判过程中就会涉及。恰当的项目进度和资金安排对项目的成本控制有着至关重要的作用。如果公司在项目实施阶段没有多余的资金，则该项目在合同谈判时就不能选择前期需垫资的合同，否则就会影响项目的正常实施，继而影响公司的正常运转，项目的施工成本就会失控。

12.2 施工项目成本计划

12.2.1 施工成本计划的分类

楼宇智能化项目施工成本计划从项目前期投标到签订合同，在实施过程中会不断进行调整，直至项目竣工验收结算为止。在这个过程中经历了不同的阶段，根据其在不同阶段所起的不同作用，施工成本计划可分为参考性成本计划和实用性成本计划。

参考性成本计划主要发生在楼宇智能化项目前期投标阶段，这时候成本计划编制的依据是甲方提供的招标文件（包含技术要求、图纸、招标用工程量清单等），其编制的主要目的是为了商务投标的需要，是为了能够协助公司中标服务的。这样的成本计划只具有一定的参考性，不具备实用性。因此，一般在前期的投标过程中，参考性成本计划在楼宇智能化项目投标中主要是包含所有设备材料的成本汇总，其他费用（含税金、人工费及规费等）则为估算值，两者累计相加即为前期投标的参考性成本。这样的成本作为投标报价还可以，作为项目后期的成本计划控制目标则绝对不适用。

实用性成本计划是在项目合同签订后，在公司确定了项目经理之后，由项目经理部提出，报送公司预算审计部编制而成。实用性成本计划发生在施工准备阶段，其编制的前提条件是在合同签订后，楼宇智能化图纸深化设计完成，并经过了图纸会审。实用性成本计划编制的依据是企业的内部定额。该内部定额（后面简称为施工定额）是企业通过长期实践积累而成的，施工定额因企业的规模及管理模式不一样而各不相同，因此施工定额不具有通用性。

楼宇智能化项目施工成本计划编制的依据包含如下：

1. 前期招投标文件；
2. 合同文件；
3. 深化设计图纸、图纸会审纪要；
4. 施工定额；
5. 施工组织设计方案；
6. 采购部提供的材料内部价格；
7. 其他相关资料。

12.2.2 施工成本计划的编制

楼宇智能化项目施工成本计划编制的前提是首先要确定项目的总成本目标，这要通过施工成本预测来实现。项目的总成本目标确定后，再通过对施工组织方案的优化及分解来逐级编制成本计划。楼宇智能化项目成本计划的编制方法分为两类：

一类根据现行的《建设工程工程量清单计价规范》GB 50500—2013 安装部分定额分解而来，其方法称之为按清单定额组成编制。根据清单定额组价构成，工程造价由分部分项工程费、措施费、规费、税金及其他项目费构成。根据楼宇智能化项目的自身特点，施工成本实际主要由材料费、人工费、施工机具使用费、措施费及企业管理费等组成。编制施工成本计划时就可以按照上述清单定额组成进行编制，即材料、人工、机械、措施及企业管理费这几部分分类进行编制，重点主要在材料、人工两部分。由于楼宇智能化项目主要涉及室内普通作业，不会涉及大型机械的租借使用，因此在施工机械使用费方面相对涉及较少，措施费方面可能涉及的仅夜间加班费等很少的费用，所以针对楼宇智能化项目的重点还是在材料及人工两方面，这也是楼宇智能化项目有别于土建安装等专业的地方。

另一类按照楼宇智能化项目的施工进度编制施工成本计划。施工成本计划在编制时可以将表示进度的横道图与每月发生的施工成本结合起来，从而得出规定时间内累积的施工成本。把不断累积得出的施工成本标注在图上，从而便得出时间一成本累积曲线图。时间-成本累积曲线图的编制步骤如下：

1. 根据楼宇智能化项目的进度情况编制施工进度横道图。

2. 根据横道图，结合项目成本支出计划算出单位时间的成本，在时标网络图上按时间编制成本支出计划。

3. 计算规定时间累计支出成本额，即将单位时间内计划完成的成本额累加求和。

4. 按各规定时间的成本额标注在图上即形成时间一成本累积曲线图。

按照这种方式编制的施工成本计划可以让项目经理直观地看到项目资金随进度发展的需求，一方面可以从宏观上做到对项目资金的全局把控，另一方面可以在施工过程做到对项目资金的动态调整，一旦发现项目资金出现紧缺，可以通过进度进行调整。

【例 12-2】 已知某办公楼楼宇智能化项目的工程数据资料见表 12-1。

1. 编制带成本的进度计划横道图；

2. 用时间-成本累积曲线标示出该项目的成本计划。

某办公楼楼宇智能化项目的工程数据资料　　表 12-1

序号	项目名称	最早开始时间（月份）	工　期（月）	成本强度（万元/月）
1	弱电桥架安装及配管	1	5	20
2	弱电线缆敷设	5	2	30
3	楼层弱电设备安装	7	3	70
4	弱电井内设备安装	9	2	50
5	机房设备安装	10	2	40
6	系统联调及软件安装调试	11	2	30

解：

1. 确定楼宇智能化项目进度计划，编制进度计划的横道图。进度计划横道图如图 12-1所示。

2. 根据上述横道图，可以得出每个月的成本计划分别为：1 月份的成本为 $S_1=20$ 万，2 月份成本为 $S_2=20$ 万，以此类推为 $S_3=20$ 万、$S_4=20$ 万、$S_5=20+30=50$ 万、$S_6=$

项目部施工进度计划表

项目名称：<u>某办公楼</u>

序号	项目名称	时间(月)	费用强度(万元)	工程进度(月)											
				1	2	3	4	5	6	7	8	9	10	11	12
1	弱电桥架安装及配管	5	20	■	■	■	■	■							
2	弱电线缆敷设	2	30					■	■						
3	楼层弱电设备安装	3	70							■	■	■			
4	弱电井内设备安装	2	50									■	■	■	
5	机房设备安装	2	40										■	■	
6	系统联调及软件安装调试	2	30											■	■

图 12-1　进度计划横道图

30 万、$S_7=70$ 万、$S_8=70$ 万、$S_9=70+50=120$ 万、$S_{10}=50+40=90$ 万、$S_{11}=40+30=70$ 万、$S_1 2=30$ 万。

根据上述每月成本计划可以得出按月累计支出的成本计划 Q_t：

1 月份累计支出为：$Q_1=S_1=20$ 万；

到 2 月份累计支出为：$Q_2=S_1+S_2=40$ 万；

到 3 月份累计支出为：$Q_3=S_1+S_2+S_3=60$ 万；

以此类推：$Q_4=S_1+S_2+S_3+S_4=80$ 万；

$Q_5=130$ 万；$Q_6=160$ 万；$Q_7=230$ 万；$Q_8=300$ 万；$Q_9=420$ 万；$Q_{10}=510$ 万；$Q_{11}=580$ 万；$Q_{12}=610$ 万。

绘制成本-时间累积曲线如图 12-2 所示。

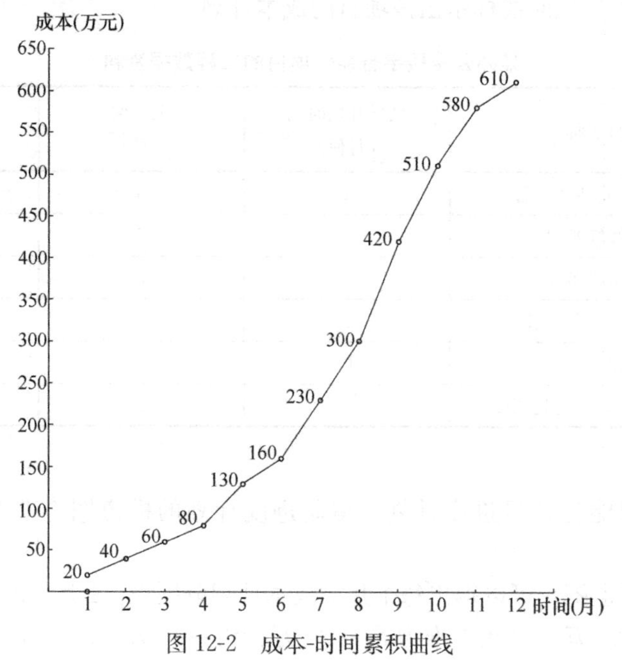

图 12-2　成本-时间累积曲线

12.3 施工项目成本控制

楼宇智能化项目的成本计划制定后，在项目的实施过程中需引入成本控制来实现对成本计划执行情况的监督和控制。因此，施工项目的成本控制是成本计划能否按计划执行的关键，也是成本目标能够成功实现的保障。

12.3.1 施工项目成本控制的依据

楼宇智能化项目施工成本控制的主要依据有以下几方面：

1. 施工成本计划

楼宇智能化项目的施工成本计划是在施工前期准备阶段，结合项目各方面因素得出的可行性计划，它一方面包含了项目的总体成本控制目标，另一方面又列出了为实现这一总目标需采取的相应措施和方案。因此，施工成本计划是成本控制的总体规划，是成本控制的指导性文件。

2. 合同文件

楼宇智能化项目的施工成本控制要以合同文件为依据。这里所指的合同文件不仅包括与甲方签订的工程合同，还应包含所有的招投标文件（即招标文件、招标图纸、招标技术要求、投标文件及投标过程中往来的函件等）。施工过程中的成本控制需围绕着预算成本与实际成本之间的比较差异来开展。当实际成本高于预算成本时，则需立即分析找出成本超支的原因，马上进行纠偏。

3. 成本进度报告

楼宇智能化项目的成本进度报告能及时反映一个时间段内项目的实际成本支出情况，是施工项目成本动态控制的关键所在。成本管理人员会将成本进度报告与施工成本计划中该阶段相对应的预算成本进行比较分析，及时找出产生成本偏差的原因并纠正，从而保障成本计划的顺利执行。

4. 工程变更

在楼宇智能化项目的施工过程中发生工程变更是不可避免的。工程变更的形式也是多样的，如设计变更、技术核定、经济签证等。根据合同模式的不同（总价包干合同还是按实结算的单价包干合同），工程变更又分为可计入结算的变更和不可计入结算的变更。不可计入结算的变更在总价包干合同内经常会遇到，只要是在总价包干合同范围内，一般的变更都不会计入结算。但不管是哪种变更，对整个工程来说都会涉及项目成本的变更和进度的调整，因此都会使成本控制工作变得更加复杂和困难。这就要求成本管理人员在前期制定施工成本计划阶段时需结合该项目的具体情况提前考虑后期可能存在的一些工程变更，把控制预案及措施在成本计划中考虑进去；另一方面，在发生变更时，能及时有效地做好变更手续，调整因为变更可能带来的成本、进度方面的改变。

12.3.2 施工项目成本控制的步骤

楼宇智能化项目的施工成本控制在参照上述主要依据前提下，在实施过程中必须定期对施工成本计划与实际成本进度进行比较、分析，及时找出产生成本偏差的原因，采取果断的措施进行纠偏，以保证施工进度的顺利开展及最终成本目标的实现。施工成本控制的步骤总结起来有五步：

1. 比较，即将阶段性的实际成本与成本计划中的预算成本进行比较，得出是否超支。

2. 分析，即找出严重性超支的原因，以便及时调整策略，纠正造成成本超支的措施，减少和降低损失。这一步是成本控制的核心。

3. 预测，即按照完成情况或是纠偏后的方案预测总成本费用。

4. 纠偏，即在找出造成成本偏差的原因后采取适当的措施，减少和降低因偏差造成的损失和影响。

5. 检查，即对工程的进展进行跟踪和检查，特别是在纠偏措施后进行复查相当重要。

12.3.3　施工成本控制的方法

施工成本控制的方法可分为两类，一类是根据清单定额费用组成进行的成本过程控制方法，在楼宇智能化项目中主要涉及材料费及人工费两方面的控制；另一类则是国际上通用的赢得值（挣值）法。下面分别对这两种方法进行阐述。

1. 按清单定额费用组成进行的成本过程控制

（1）材料费的控制

实行两方面的控制，即按量价分离的控制原则，分别控制材料的用量和价格。

材料用量方面的控制：

1）主材指标控制：楼宇智能化项目的材料分为主材和辅材，这里的指标控制指的是主材部分，主材的费用在项目的总成本中占据了绝大部分。因此，做好主材的指标控制是成本控制的关键。项目的材料用量必须严格按照项目前期成本计划中制定的目标执行。项目的材料预算用量即为成本计划在量方面的成本目标，因此必须严格控制，一般不允许超过该指标。成本管理人员需结合项目的施工进度实行对该指标的动态控制，一方面根据需要出库的材料数量不得超支，另一方面需将材料出库的比例与项目的已完形象进度比例进行有机的结合比较，分析数据是否合理。只有这样，才能有效实现成本的控制。

2）库房管理控制：这是一项基础工作，是材料实行指标控制的基础。楼宇智能化项目的所有材料进出库房都必须登记造册，领用人必须签名。库房管理一般执行两级管理模式，即现场库房和公司库房两级管理。现场库房从横向上是服从项目经理部管理，但从纵向上又必须对公司库房负责。现场库房必须定期进行盘库，盘库数据一方面作为项目经理部成本过程控制所用，另一方面需如实上报公司。

3）辅材包干制：楼宇智能化项目的辅材（如焊锡丝、扎带、铁丝、钢丝、电胶布、螺丝等）为了施工方便，同时也为了实行有效、方便的控制，一般实行费用包干制。

材料价格方面的控制：

楼宇智能化项目中主材的费用占据了整个项目成本大部分的比例（一般为60%～70%），因此主材的采购价格的控制显得非常重要。主材的采购一般由公司采购部执行，公司采购部在采购谈判时可以采取与供应商建立长期战略合作伙伴关系的方式来压低价格。在价格没有谈判余地的情况下，还可以在付款方式上进行谈判，加大付款的周期等，从而减轻项目的资金压力和提高公司的资金利用率。

（2）人工费的控制

按“量价分离”的原则，将人工费以劳务合同的方式进行控制。影响人工费的因素有如下几点：

1）社会平均工资水平。我国是社会主义社会，工人的人工单价必须与社会平均工资水平同步，社会平均工资一般与我国的经济增长同步，因此人工单价也会随着经济增长提高。

2）物价的变动。物价的提高会导致人工单价的提高，这样才能保障生活水平的稳定。

3）政府推行的社会保障制度和相关的福利政策也会影响人工费的变动。

4）楼宇智能化项目经过图纸会审的施工图、施工组织设计方案、施工定额及安全技术交底等会影响人工的消耗量。

了解了楼宇智能化项目影响人工费的上述因素，在控制人工费时就可以因地制宜地制定出相应的办法。控制人工费的办法如下：

1）制定适宜公司自身发展水平的施工定额，做到合理、有效地控制人工费。公司的施工定额是伴随着公司的发展不断完善、不断健全的过程。施工定额与清单预算定额有着本质的区别，施工定额是企业内部管理用的一种文件，与建设单位无直接关系，它是施工企业编制施工成本计划、进行施工结算的依据。而清单预算定额则是投标报价的依据，与建设单位有着直接的关系，是合同文件的组成部分，同时也是与建设单位办理工程结算的依据。在编制实施性成本计划时，要进行施工定额预算与清单定额预算的对比分析，从而找出节约成本的措施。

2）严格实行“施工作样”的过程控制措施，减少和避免不必要的返工，降低人工费的损耗或浪费。在楼宇智能化项目的施工过程中，经常会涉及大面积的相同作业工艺，如弱电井内楼层弱电箱体的安装或楼层弱电箱体内设备的安装布局等，由于现在的建筑楼层在设计时都是标准层模式，十几层甚至几十层都是相同的结构，这就决定了弱电井内楼层箱体的布局或是楼层箱体内设备的布局都是一样的，也就是说出现了施工工艺相同的批量工程。而根据楼宇智能化项目的施工经验，弱电井内楼层弱电箱体的布局由于不仅涉及弱电公司一家的箱体，还会涉及其他运营商的箱体等，因此在箱体的安装位置上必然会有一定的冲突。在这种情况下，如果没有事先的沟通和安排，那么最后就会造成有的箱体没有合理的安装位置。甲方为了能够保证所有的箱体都有位置，必然会要求已安装的箱体返工，重新将所有的箱体布局安装。这时候就会造成大量的返工，这对项目的人工费来说将是一笔不小的浪费。楼层弱电箱体内设备的布局安装也因为公司技术的要求要有提前的规划布局。因此，在出现上述大量的相同作业工艺时，需提前与甲方或相关单位沟通好，选一层或一个箱体将设备布局事先作好样，让甲方或相关单位一起书面确认后再进行大面积施工，这样就避免了不必要的返工。

3）加强对施工队伍长期稳定的管理，加强工人的技术培训，培养工人养成良好的作业习惯。楼宇智能化项目与土建类项目在用工方面有一定的差异。土建项目属于典型的劳动密集型施工，在用工方面突出的特点是工人数量“多而不精”。而楼宇智能化项目在用工方面相对土建类项目是“少而精”，并且要求人员要稳定。一个楼宇智能化项目从前期的配管、穿线，到设备安装乃至系统调试，大部分情况都是同一支施工队伍完成，这在土建上是绝对不可能的事情。楼宇智能化项目的施工队伍培养是一个长期积累的过程，这需要企业要有长远的眼光。一支稳定的施工队伍不仅会给项目经理带来极大的管理上的方便和效益，也会给公司的效益和质量带来长远的影响。因此，企业应注重长远效益，加强施工队伍的管理，要不断组织技术工人参加各种培训，不断挖掘合适的普工经过培训转向技工。要关注工人的工资待遇，施工队伍为了提高效益，一般都采用计件方式管理，实行多劳多得、按劳分配的原则。

2. 赢得值法（挣值）

赢得值法（Earned Value Management，EVM）是一种国际上先进的项目管理技术。其核心内容为三个基本参数和四个评价指标。

（1）三个基本参数

1）已完工作预算费用（BCWP）

BCWP（Budgeted Cost for Work Performed），是指到某一时刻为止已经完成的工作，以批准认可的预算为标准所需要的资金总额。这就是通常称之为阶段性“产值”，或是叫进度款。由于业主正是根据这个值为承包人支付相应的费用，也就是承包人获得（挣得）的金额，故称赢得值或挣值。

已完工作预算费用(BCWP)＝已完工作量×预算单价　　(12-1)

2)计划工作预算费用(BCWS)

BCWS(Budgeted Cost for Work Scheduled)，是指根据进度计划到某一时刻为止完成的工作，以预算为标准所需要的资金总额。一般来说，除非合同中综合单价有调整，否则BCWS在施工过程中保持不变。

计划工作预算费用(BCWS)＝计划工作量×预算单价　　(12-2)

3）已完工作实际费用（ACWP）

ACWP（Actual Cost for Work Performed），是指到某一时刻为止已完成的工作所实际花费的总金额。

已完工作实际费用(ACWP)＝已完工作量×实际单价　　(12-3)

（2）四个评价指标

1）费用偏差CV（Cost Variance）

费用偏差(CV)＝已完工作预算费用(BCWP)－已完工作实际费用(ACWP)　(12-4)

当费用偏差CV为负值，即表示项目运行超支；当费用偏差CV为正值，表示项目运行节支，实际费用没超过预算费用。

2)进度偏差SV(Schedule Variance)

进度偏差(SV)＝已完工作预算费用(BCWP)－计划工作预算费用(BCWS)　(12-5)

当进度偏差SV为负值，表示进度延误，即实际进度落后计划进度；当进度偏差SV为正值，表示进度提前，即实际进度快于计划进度。

3）费用绩效指数（CPI）

费用绩效指数(CPI)＝已完工作预算费用(BCWP)/已完工作实际费用(ACWP)

(12-6)

当费用绩效指数(CPI)＜1时，表示超支，即实际费用高于预算费用；

当费用绩效指数(CPI)＞1时，表示节支，即实际费用低于预算费用。

4）进度绩效指数（SPI）

进度绩效指数(SPI)＝已完工作预算费用(BCWP)/计划工作预算费用(BCWS)　　(12-7)

当进度绩效指数(SPI)＜1 时，表示进度延误，即实际进度落后计划进度；当进度绩效指数(SPI)＞1 时，表示进度提前，即实际进度比计划进度快。

由上述不能看出，费用（进度）偏差反映的是绝对偏差，结果很直观，仅适合在同一项目中做偏差分析；费用（进度）绩效指数反映的是相对偏差，它不受项目层次及实施时间的限制，因此在同一项目或不同项目比较中均可采用。

采用赢得值法，可以有机地将项目进度和费用结合起来进行比较、分析和控制。这样可以克服以往在项目中遇到的当发现费用超支时，很难知道是由于费用超出预算，还是因为进度提前造成的超支。反之，也会出现同样的情形。因此，赢得值法可以帮助成本管理人员很快发现项目成本失控的原因所在。

(3) 偏差分析的方法——表格法

表格法是项目偏差分析最常用的一种方法，它将项目编号、名称、各费用参数及费用偏差数全部纳入一张表格，并在表格中进行比较。所有的数据全部在一张表格中完整体现，这使得成本控制管理人员能够综合地处理这些数据。

【例 12-3】 某楼宇智能化项目需完成楼栋内桥架、弱电箱体、配管的安装及弱电线缆的敷设。由于项目工期较紧，实行桥架和配管完成一部分后即安排弱电线缆敷设，以压缩工期为后期设备安装调试做好准备。计划 6 个月完成，计划各工作项目的单价和计划完成工程量见表 12-2 所示，该工程进行了三个月以后，发现某些工作项目实际已完成的工作量及实际单价与计划有偏差，其数值如表 12-2 所示。用表格法列出第三个月末时各工作项目的计划工作预算费用（BCWS）、已完工作预算费用（BCWP）、已完工作实际费用（ACWP）、并分析费用局部偏差值、费用绩效指数 CPI、进度局部偏差值、进度绩效指数 SPI 以及费用累计偏差和进度累计偏差。

工 程 量 表　　**表 12-2**

工作项目名称	桥架安装	弱电箱体安装	配管	弱电线缆敷设
单位	100m	个	100m	100m
计划工作量（三个月）	50	500	60	1500
计划单价（元/单位）	2000	120	1300	80
已完工作量（三个月）	46	500	55	1400
实际单价（元/单位）	2000	140	1400	80

解：用表格法分析费用偏差，如表 12-3 所示。

费 用 分 析 表　　**表 12-3**

(1) 项目编码		001	002	003	004	总计
(2) 项目名称	计算方法	桥架安装	弱电箱体安装	明配管	弱电线缆敷设	
(3) 单位		100m	个	100m	100m	
(4) 计划工作量(三个月)	(4)	50	500	60	1500	

续表

(1) 项目编码		001	002	003	004	总计
(5) 计划单价(元/单位)	(5)	2000	120	1300	80	
(6) 计划工作预算费用(BCWS)	(6)=(4)×(5)	100000	60000	78000	120000	358000
(7) 已完工作量(三个月)	(7)	46	500	55	1400	
(8) 已完工作预算费用(BCWP)	(8)=(7)×(5)	92000	60000	71500	112000	335500
(9) 实际单价(元/单位)	(9)	2000	140	1400	80	
(10) 已完工作实际费用(ACWP)	(8)=(7)×(9)	92000	70000	77000	112000	351000
(11) 费用局部偏差	(11)=(8)−(10)	0	−10000	−5500	0	
(12) 费用绩效指数CPI	(12)=(8)÷(10)	1.00	0.86	0.93	1.00	
(13) 费用累计偏差	(13)=∑(11)	−15500				
(14) 进度局部偏差	(14)=(8)−(6)	−8000	0	−6500	−8000	
(15) 进度绩效指数SPI	(15)=(8)÷(6)	0.92	1	0.92	0.93	
(16) 进度累计偏差	(13)=∑(14)	−22500				

12.4　施工项目成本核算

12.4.1　施工项目成本核算的分类

楼宇智能化项目施工成本管理应建立施工成本核算制。施工成本核算制的建立是为了系统地形成对施工成本核算的管理和考核，特别是对项目经理部的考核，它与项目经理责任制共同构成了项目经理部的运行机制。

施工成本核算可分为定期成本核算和竣工工程成本核算。在楼宇智能化项目成本管理中，定期的成本核算可以是每天、每周及每月，一般是以月为单位进行成本核算，这正好可以与施工过程中每月向甲方报的进度款形成比较分析。这里的月成本核算即是前面成本控制中提及的已完工作实际费用（ACWP)，向甲方报的进度款即是已完工作预算费用(BCWP)，再加上成本计划中对应该阶段的计划工作预算费用（BCWS)，由这三项指标即可采用赢得值法分析得出关于成本核算的相关数据，由此可以分析得出整个成本控制在这一阶段是否超支，是否满足成本计划的要求。竣工工程成本核算在楼宇智能化项目中主要发生在竣工验收后，在向甲方报整个工程结算前。

此时的成本核算的作用分为两方面。一方面是作为项目经理部的考核依据，另一方面是为了向甲方报结算做充分的内部准备。因为向甲方报的结算应该高于该项目的总成本，而只有先做好内部的竣工成本核算，才能最终得出该项目的总成本。

12.4.2 施工项目成本核算的步骤

根据楼宇智能化项目的特点，楼宇智能化项目成本核算的主要步骤如下：

1. 统计材料设备的数量

楼宇智能化项目的库房管理非常重要，根据项目的地理位置或公司情况可能分为现场库房和公司库房。如项目离公司较近，根据项目情况库房可设置为公司库房（一级库房）和现场库房（二级库房）。在定期进行核算时，统计材料设备的数量需公司成本管理人员首先对项目库房进行盘库清理出出入库数量清单。公司库房则只需根据公司库房的出入库管理即可清理出该项目的材料设备数量清单。这时，一定要注意将现场库房的入库数量清单与公司的出库数量清单进行比对、核查，检查数量是否一致。项目投入使用的材料数量计算公式为：

项目投入使用的材料数量＝公司出库数量清单－现场库房的盘库清单　(12-8)

如项目离公司较远，项目设置独立库房，所有设备均由厂家直接运抵项目现场库房，项目库房需建立完整的出入库记录。在项目进行定期核算时，公司成本管理人员需与现场库管员一起盘库清点数量，核对确认无误。则项目投入使用的材料数量计算公式为：

项目投入使用的材料数量＝现场库房入库数量－现场库房盘库剩余数量　(12-9)

其中现场库房入库数量应与供应商返给公司采购部的送货单一致，这样就确保了统计得出的材料设备数量的准确性。

2. 根据材料的采购单价计算出项目的材料成本费

公司采购部在采购材料的过程中，一方面除了与供应商洽谈好材料的采购价格，确保做到“物美价廉”，另一方面还应尽量在付款方式上有一定的优惠，如要求供应商给予一定的付款周期，这样可以尽量减少项目的周转资金压力。除此之外，采购部还需和公司成本管理人员配合将材料的采购成本单价录入项目的材料成本库，这样当项目需定期进行核算时，根据该阶段项目投入使用的材料数量清单，套入项目材料成本库的单价，即可得出项目的材料成本费。项目定期材料成本费计算公式为：

项目定期材料成本费＝项目投入使用的材料数量×材料采购成本单价　(12-10)

3. 根据施工定额算出项目的人工成本费

楼宇智能化项目企业施工定额的控制有其自身的特殊性，施工费的高低不仅受项目自身地理位置、项目规模、项目类型等因素的影响，而且还与项目的子系统类型和多少、系统涉及的不同品牌、企业管理模式等有关。也就是说，其施工费没有一个固定的标准，每个企业的施工定额或许都不一致，因此建立企业的施工定额是一个漫长和长期积累的过程。它需要企业接触不同的项目、不同的施工队伍来积累总结适合企业自身规模和发展的施工定额。有了这样的施工定额，企业才能够核算出适合企业自身发展的人工成本费。其人工成本费的计算公式为：

项目定期人工成本费＝项目定期投入使用的材料数量×施工定额单价　(12-11)

4. 结合企业自身情况计算其他费用

根据施工成本核算的基本内容，成本核算还包括了机械使用费、企业管理费、措施费等费用。根据楼宇智能化项目自身的特点，该类型项目一般在施工机械使用费、企业管理费及措施费方面涉及很少，在计算时根据企业自身情况仅做一般的估算处理。

12.5 施工项目成本分析

楼宇智能化项目成本分析的核心就是偏差分析。偏差分析就是利用比较法，通过技术经济指标的对比检查目标的完成情况，分析产生差异的原因，进而挖掘内部潜力的方法。在楼宇智能化项目中，就是要进行预算成本、目标成本和实际成本之间的对比，分别计算实际偏差和目标偏差，分析偏差产生的原因，并找出有针对性纠偏的措施，在后期施工成本过程控制中减少或避免相同问题的再次发生。

12.5.1 楼宇智能化施工成本偏差的原因及纠偏措施

1. 楼宇智能化施工成本偏差的原因

在进行偏差原因分析时，应将已经导致或可能导致偏差的各种原因归纳总结，找出导致偏差的一些共同点，并进行归纳总结。下面就楼宇智能化项目可能导致成本偏差的原因作如下说明：

(1) 设计方面的原因

设计方面的原因有设计图纸不详细，图纸未进行深化设计；设计方案不完整，有缺陷；设计各子系统的品牌未明确，价格差异明显。

(2) 甲方原因

甲方增加施工内容、甲方未及时提供施工条件、甲方内部协调不到位。

(3) 施工原因

施工组织设计方案不合理、施工工艺质量出现问题、工期受到各种因素影响拖延、抢工期、材料出现质量问题。这些都会造成返工，增加成本。

(4) 物价上涨原因

最常见的是人工费的上涨和材料费的上涨。

2. 纠正偏差的措施

当出现上述原因后将导致成本的增加，项目施工成本出现严重偏差。这时候首先是要找出产生偏差的原因，然后因地制宜地采取恰当的措施进行纠偏。只有采取的措施比原来的措施更为有利，或使工作量减少，或生产效率提高，成本才能降低。一般在楼宇智能化项目中采取的纠偏措施有下列几点：

(1) 设计上将图纸进行优化设计，选择更好的技术方案；

(2) 甲方增加的工程内容需办变更或签订补充合同；

(3) 加强施工过程质量控制，采取合理的施工方案；

(4) 加强现场的材料管理，坚决杜绝非合格产品进场；

(5) 在甲方同意的前提下，选择与企业长期合作的供应商品牌。

12.5.2 施工项目的成本分析方法

根据项目施工经历的不同时间阶段楼宇智能化项目成本分析的方法可分为阶段性进度成本分析、年度成本分析和竣工成本综合分析。下面分别就这三种方法作如下说明：

1. 阶段性进度成本分析

在楼宇智能化项目中，根据项目签订的合同付款方式，一般分为按月进度收取进度款或是按照施工阶段性收取进度款（如穿线完成、设备进场、设备安装调试完毕等）。与此相对应，在施工成本控制过程中，相应引入与此相对应的阶段性进度成本分析，即月进度或阶段性成本分析。通过该成本分析，可以比照企业该月或该阶段的工程回款进行过程成本的比较和分析，及时发现成本的超支或是节支。月进度或阶段性成本分析的依据是月或阶段性进度成本报表，分析的方法通常有以下几点：

（1）比较实际成本与预算成本，分析该月或该阶段的成本降低水平；比较累计实际成本与累计预算成本，分析累计成本的降低水平，预测项目成本目标的发展趋势和前景。

（2）比较实际成本与成本计划中的目标成本，发现和找出偏离目标成本的原因，进而采取有效的成本纠偏措施以保障目标成本的实现。

（3）加深对该月或该阶段性成本偏差原因的分析，找出其中造成成本偏差的费用部分。如因为人工费超支，则需加大对施工队伍的管理，改进施工队伍的管理措施。如因为材料超支，则需进一步核实材料超支的原因或是造成材料采购价偏高的原因。总之，必须将造成成本偏差的原因进行深层次的挖掘和分解，找出最终造成偏差的最根本原因，提出解决办法。

（4）通过对技术方案或技术性施工措施的分析，寻求更优化的方案来降低成本。

2. 年度成本分析

年度成本分析不仅是企业成本年度结算的要求，同时也是项目成本管理的需要。项目的成本管理是以项目的寿命周期为主线，项目的寿命周期有可能是几个月，一年甚至更长。项目的成本分析过程中有了以月或阶段性的进度分析，但年度成本分析对于项目的成本控制来说也是不可缺少的一部分。一方面，项目的年度成本分析是为了满足企业汇编年度成本报表的需要，另一方面项目的年度成本分析也是项目成本管理的需要。通过年度成本分析，可以总结一年来项目成本管理成功和失败的地方，从中进行归纳总结，这对于来年的项目成本管理将起到不可低估的作用。

企业年度成本分析的依据是年度成本报表，其主要目的是总结过去一年来项目成本管理的各项措施落实及起到的作用大小，以便决定在来年的成本管理上哪些措施该加强，哪些措施该进行调整，只有这样才能保证来年项目成本目标的顺利实现。

3. 竣工成本分析

楼宇智能化项目的竣工成本分析是在项目竣工验收后，在企业向甲方报工程结算资料前必须完成的工作。竣工成本分析的目的一方面是企业对项目经理部进行成本考核的需要，对项目经理部经营效益进行综合分析，另一方面也是企业对项目进行成本管理经验积累的需要。项目竣工成本分析应包括三方面内容：竣工成本分析、材料及人工节超对比分析、主要技术措施及经济效果分析。通过以上分析，可以从中挖掘出项目成本控制的关键环节，总结出控制成本及纠偏的相关措施，便于以后项目的成本管理。

本 章 小 结

本章系统地介绍了工程项目施工成本管理与控制的原理和方法，主要内容如下：

1. 楼宇智能化项目施工成本管理的主要任务：（1）施工成本预测；（2）施工成本计

划；(3) 施工成本控制；(4) 施工成本核算；(5) 施工成本分析。

2. 施工项目成本管理的主要措施：(1) 建立公司自上而下的成本管理体系；(2) 技术方案优化及图纸深化设计；(3) 合同条款及合同模式的合理选择。

3. 施工项目成本计划：(1) 施工项目成本计划的分类；(2) 施工项目成本计划的编制方法：按清单定额组成编制、时间-成本累积曲线法；(3) 时间-成本累积曲线法的制作步骤。

4. 施工项目成本控制依据：(1) 施工项目成本计划；(2) 合同文件；(3) 成本进度报告；(4) 工程变更。

5. 施工项目成本控制的方法：(1) 按清单定额费用组成进行控制；(2) 赢得值法(即表格法)。

6. 施工项目成本核算的步骤：(1) 统计材料设备的数量；(2) 根据采购单价计算材料成本费；(3) 根据企业施工定额计算出人工成本费；(4) 结合企业自身情况计算其他费用。

7. 施工项目导致成本偏差的原因：设计方面、甲方方面、施工方面、物价上涨。

8. 施工项目成本分析的方法：(1) 阶段性成本分析；(2) 年度成本分析；(3) 竣工成本分析。

思考题与练习

1. 楼宇智能化项目施工成本管理的主要任务有哪些?

2. 施工项目成本管理的主要措施有哪些?

3. 施工项目成本控制依据是什么?

4. 施工项目成本核算的步骤有哪些?

5. 某楼宇智能化住宅小区项目需完成各楼栋内桥架、弱电井内箱体安装、地下室配管的安装及弱电线缆的敷设，计划 10 个月完成，计划的各工作项目的单价和计划完成工程量如表 12-4 所示。该工程进行了 5 个月以后，发现某些工作项目实际已完成的工作量及实际单价与计划有偏差，其数值如表 12-4 所示。

请用表格法列出第 5 个月末时各工作项目的计划工作预算费用 (BCWS)，已完工作预算费用 (BC-WP)，已完工作实际费用 (ACWP)，并分析费用局部偏差值，费用绩效指数 CPI，进度局部偏差值，进度绩效指数 SPI 以及费用累计偏差和进度累计偏差。

工 程 量 表　　**表 12-4**

工作项目名称	桥架安装	弱电井内箱体安装	地下室配管	弱电线缆敷设
单位	100m	个	100m	100m
计划工作量 (5 个月)	60	600	40	1800
计划单价 (元/单位)	2000	130	1400	70
已完工作量 (5 个月)	57	600	36	1700
实际单价 (元/单位)	2000	150	1400	80

第13章　楼宇智能化工程施工项目职业健康安全和环境管理

【能力目标】

通过对本章的学习，了解职业健康安全与环境管理体系的标准，体系的建立与运行过程；熟悉楼宇智能化施工项目安全生产管理方面的法律法规、文明施工与环境保护要求；掌握楼宇智能化施工项目安全生产管理的主要工作内容。

13.1　职业健康安全与环境管理概述

随着人类社会的进步和科技的发展，劳动者在劳动生产过程中的安全、健康、劳动保护条件以及工作对环境的污染问题越来越受到人们的关注。为了保证劳动者的职业健康与安全，保护人类社会的生存环境，楼宇智能化项目在施工过程中必须加强职业健康安全与环境管理。

职业健康安全是指工作场所影响员工、暂时性工作人员、承包商、参观者及其他人员健康的条件与因素。环境是指“组织运行活动的外部存在，包括空气、水、土地、自然资源、植物、动物、人，以及它（他）们之间的相互关系。”

13.1.1　楼宇智能化施工项目职业健康安全与环境管理的特点

根据建设工程产品的特性，楼宇智能化施工项目职业健康安全与环境管理有以下特点：

1. 多变性

一方面是项目建设现场的材料、设备和工具的流动性大；另一方面是由于技术进步，项目不断引入新材料、新设备和新工艺，这些都使得楼宇智能化施工项目的安全与环境管理充满了变数。

2. 复杂性

由于楼宇智能化施工项目所用的材料、设备和施工工艺更新换代较快，使得与之对应的安全与环境管理的难度也加大，复杂性增加。

3. 协调性

由于楼宇智能化系统的施工与土建、装饰等存在不同程度的交叉作业，所以施工中涉及不同承包商、不同工种之间的协调配合，安全与环境管理工作也需要相互协调配合。

4. 持续性

楼宇智能化项目从设计、施工到投入使用要经历一个相对较长的时间段，设计和施工中的隐患可能会在使用过程中暴露，酿成安全事故。

13.1.2　职业健康安全管理体系的建立与运行

1. 职业健康安全与环境管理体系的建立步骤

（1）领导决策

最高管理者亲自决策，以便获得各方面的支持和在体系建立过程中所需的资源保证。

（2）成立工作组

由最高管理者或其授权的代表成立工作小组，负责建立体系。工作组的成员要覆盖组织的主要职能部门。

（3）人员培训

组织专门的培训工作，使有关人员了解建立管理体系的重要性和管理措施。

（4）初始状态评审

对组织过去和现在的职业健康安全与环境的信息、状态进行收集、调查分析、识别和获取现有适用法律法规和其他要求，进行危险源的识别和风险评价、环境因素识别和环境影响评价。评审结果将作为职业健康安全与环境管理的方针，来制定管理方案。

（5）制定方针、目标、指标和管理方案

根据初始状态评审结果来制定职业健康安全与环境管理体系的方针和管理目标，确定管理体系的评价指标，编制管理方案。

（6）管理体系文件的策划与设计

管理体系文件策划的主要工作有：

1）确定文件结构；

2）确定文件编写格式；

3）确定各层次文件的名称及编号；

4）指定文件编写计划；

5）安全文件的审查、审批和发布工作。

（7）体系文件的编写

体系文件包括管理手册、程序文件和作业文件三个层次。不同层次的文件，其内容和覆盖范围、详略处理各不相同。

（8）体系文件的审查、审批和发布

体系文件编写完成以后，应进行审查、审批和发布工作。

2. 职业健康安全与环境管理体系的运行

职业健康安全与环境管理体系的运行主要围绕下列活动进行：

（1）安全培训

由培训部门根据体系文件的要求，制定详细的培训计划，明确培训的人员、时间、内容、方法和考核要求。

（2）信息交流

信息交流是确保各生产要素构成一个完整的、动态的、持续改进的体系的基础。施工中主要关注信息交流的内容和方式。

（3）文件管理

1）对现有文件进行整理编号；

2）对适用的规范、标准等及时购买补充，对适用的表格及时发放；

3）对在内容上有抵触或过期的文件及时作废并妥善处理。

（4）执行控制程序文件

体系的执行离不开控制程序文件的指导，因此必须严格执行才能保证体系的正确运行。

（5）监测

执行过程中应及时对体系的运行情况进行严格的监测，监测中应明确监测对象和监测方法。

（6）偏差的纠正和预防措施的制定、实施

将监测出来的结果与计划进行对比，发现偏差应及时采取措施进行纠正，同时注意预防。

（7）记录

体系的运行过程应及时按文件要求如实进行记录。

13.2 楼宇智能化施工项目安全生产管理

安全生产是施工项目管理的四大目标之一，并且在施工过程中企业负责人和项目经理应时刻把安全放在第一位，牢牢贯彻“安全第一，预防为主”的方针。

安全生产是指处于避免人身伤害、设备损坏以及其他不可接受的损害风险状态下进行的生产活动。而安全生产管理则是指对生产过程中涉及安全方面的事宜进行计划、组织、协调和控制等一系列的管理活动，从而保证施工中的人身安全、设备安全、财产安全和适宜的施工环境。

13.2.1 危险源

1. 危险源的概念

危险源是可能导致人身伤害或疾病、财产损失、工作环境破坏或这些情况组合的危险因素和有害因素。

危险源是安全管理的主要对象。安全管理也可称为危险管理或安全风险管理。

2. 危险源的分类

在实际生活和生产过程中的危险源是以多种多样的形式存在，危险源导致事故的原因可归结为危险源的能量意外释放或有害物质泄漏。根据危险源在事故发生、发展中的作用把危险源分为两大类，即第一类危险源和第二类危险源。

（1）第一类危险源

可能发生意外释放能量的载体或危险物质称作第一类危险源。能量或危险物质的意外释放是事故发生的物理本质。通常将产生能量的能量源或拥有能量的能量载体作为第一类危险源来对待处理。例如易燃易爆物品，有毒、有害物品等。

（2）第二类危险源

可能造成约束、限制能量措施失效或破坏的各种不安全因素称作第二类危险源。例如易燃易爆物品的容器，有毒、有害物品的容器，机械制动装置等。

第二类危险源包括人的不安全行为、物的不安全状态和管理上的缺陷三个方面。

3. 危险源与事故

事故的发生是两类危险源共同作用的结果。第一类危险源失控是事故发生的前提；第二类危险源失控则是第一类危险源导致事故的必要条件。在事故的发生和发展过程中，第一类危险源是事故的主体，决定事故的严重程度，第二类危险源则决定事故发生的可能性大小。

13.2.2 楼宇智能化施工项目安全生产管理的主要工作内容

1. 建立安全生产责任制

安全生产责任制是根据“安全第一，预防为主”的方针和“管生产的同时必须管安全”的原则，将企业各级领导、各职能部门和各类人员在生产活动中所负的安全职责进行明确规定的一种制度。

常见的安全责任制有项目经理岗位职责、技术负责人安全生产职责、工长安全生产职责、安全员的安全职责、施工员安全职责、班组长安全责任、质量安全员职责、从业人员安全生产职责。

2. 设定施工安全管理目标

施工安全管理目标应依据国家的有关法律法规、安全管理的主要方针以及施工企业的发展目标来制定。

施工安全管理目标应包括生产安全事故控制指标、安全生产隐患治理目标，以及安全生产、文明施工管理目标等，安全管理目标应量化。

如在某工程的施工组织设计中，将安全管理目标设定为：确保无重大工伤事故，无消防事故，无重要设备损坏事故，杜绝死亡事故，轻伤率控制在千分之三以内。

3. 编制安全生产专项施工方案，制定安全技术措施

（1）安全专项施工方案

对于楼宇智能化施工项目来说，施工单位一般应在开工前编制施工现场临时用电专项方案，并提交监理工程师审批。

（2）安全技术措施

楼宇智能化施工项目的安全技术措施主要包括：

1）进入施工现场应佩戴安全帽，有高空作业时必须系好安全带。

2）为确保安全，对于采用的新工艺、新材料、新技术和新结构，制定有针对性的、行之有效的专门安全技术措施。

3）施工前及施工期间应进行安全技术交底。

4）施工现场用电必须按照《建设工程施工现场供用电安全规范》（GB 50194—93）的规定执行。

5）搬运设备、器材应保证人身及器材安全。

6）采用光功率计测量光缆，不应用肉眼直接观测。

7）登高作业必须系好安全带，脚手架和梯子应安全可靠，梯子应有防滑措施，严禁两人同梯作业。

8）风力大于四级或雷雨天气，严禁进行高空或户外安装作业。

9）在安装、清洁有源设备前必须先将设备断电，不得用液体、潮湿的布料清洗或擦拭带电设备。

10）设备必须放置稳固，并防止水或湿气进入有源硬件设备机壳。

11）确认工作电压同有源设备额定电压一致。

12）硬件设备工作时不得打开外壳。

13）在更换插接板时宜使用防静电手套。

14）应避免践踏和拉拽电源线。

15）带电作业必须两人进行，禁止一个人操作，所有用电设备必须装设漏电保护器，并设检查维修。

16）使用冲击钻和电钻时，外壳必须接地，潮湿处应穿绝缘鞋，戴绝缘手套，以防触电；使用电焊、气焊时，应戴防护帽和手套，配合人员戴护目镜。

17）用摇表测试绝缘电阻时，应防止触及正在测试中的线路或设备，测定后立即放电。

18）禁止带电操作，禁止带负荷送电或断电，试灯或通电试验时的导线接头必须包好绝缘胶布，不得裸露在外，带电设备要挂警告牌。

19）施工中使用的临时线路必须布置整齐、安全，不得有破裂和线芯裸露在外的现象，用完后应立即断电。

4. 安全技术交底

（1）安全技术交底的内容

安全技术交底是一项技术性很强的工作，对于贯彻设计意图、严格实施技术方案、按图施工、循规操作、保证施工质量和施工安全至关重要。

安全技术交底需要从公司到项目部层层进行。一般来说在不同层次之间，以及针对不同的分项工程进行的交底，其内容和深度也不尽相同。公司对项目部的交底一般包括如下内容：

1）本施工项目的施工作业特点和危险点；

2）针对危险点的具体预防措施；

3）应注意的安全事项；

4）相应的安全操作规程和标准；

5）发生事故后应及时采取的避难和急救措施。

（2）安全技术交底的要求

1）项目经理部必须实行逐级安全技术交底制度，纵向延伸到班组全体作业人员；

2）技术交底必须具体、明确，针对性强；

3）技术交底的内容应针对分部分项工程施工中给作业人员带来的潜在危险因素和存在问题；

4）应优先采用新的安全技术措施；

5）对于涉及“四新”项目或技术含量高、技术难度大的单项技术设计，必须经过两阶段技术交底，即初步设计技术交底和实施性施工图技术设计交底；

6）应将工程概况、施工方法、施工程序、安全技术措施等向工长、班组长进行详细交底；

7）定期向由两个以上作业队和多工种进行交叉施工的作业队伍进行书面交底；

8）保持书面安全技术交底签字记录。

【案例】 以下是某楼宇智能化施工项目的安全技术交底卡

安全技术交底记录

<table>
<tr><td>工程名称</td><td>*****工程</td><td>施工单位</td><td>****公司</td></tr>
<tr><td>分部工程</td><td>弱电智能化系统</td><td>分项工程</td><td>停车场子系统</td></tr>
<tr><td colspan="4">交底内容：
为确保安全生产和施工质量，杜绝一切不安全事故和质量事故的发生，结合本工程施工特点，特作如下安全技术交底。
1. 凡参加施工的人员必须严格遵守《电工安全技术操作规范》通用部分的全部条款。
2. 进入施工现场必须正确戴好安全帽，系紧帽带，在施工过程，严禁脱帽，严禁穿拖鞋、带钉易滑鞋、高跟鞋、短裤、短衫等上班。严禁酒后上班。
3. 施工前，应检查周围环境是否符合安全生产要求，劳动保护用品是否完好，如发现危及安全工作的因素，应立即向技安部门或施工负责人报告，清除不安全因素后方能进入工作。
4. 各专业交叉施工过程中，应按指定的现场道路行走，不能从危险区域通过，尽可能地避开土建塔吊物运行轨迹，不能在吊物下通过、停留。要注意与运转着的机械保持一定的安全距离。
5. 在预埋管道时，应注意操作区域内的钢筋及模板，防止铁钉轧脚和被钢筋绊倒，同时也要注意上方的脚手架临时走道防止高处物体坠落打击伤人。
6. 在高空作业时（2.5米以上），要正确佩戴牢固无损的安全带，被挂点要牢固可靠，安全带实行高挂低用，严禁在高处向下抛物。
7. 使用人字梯时，必须垫平放稳，两梯脚与地面的夹角应不大于60度，且两梯面应用挂钩或索具接牢，不允许两人或两人以上在同一张人字梯上作业。使用单面梯时，低脚与地面的角度应不小于45度，在梯上操作时，地面应有专人配合和监护，严禁借身体来缩短与施工点的水平距离，把重心移至人字梯外，操作时应用绊位人字梯档。
8. 使用各种电动工具时，必须采用一机一闸一保一箱一锁等保护措施，电源线路必须回空引走，架空线路以高于人体头部0.5米为宜。严禁将线路直接拖挂或绑扎在钢管脚手架上，使用手持电动工具必须戴好绝缘手套。
9. 使用电焊机设备，首先要进行绝缘测试，符合标准方可使用，并要定期测试，做好记录。在使用过程中，焊机一次线不得超过5米，二次线不得超过30米，并做好焊机的防潮与防雨水措施。
10. 使用气焊设备时必须采用检验合格的氧气表，乙炔瓶上必须配有回火装置。严禁在气焊瓶处明火抽烟，使用气焊设备时，氧气乙炔瓶与割焊点必须保持10米以上距离。气焊设备旁严禁堆放易燃物品。
11. 施工现场临时用电线路严禁乱接，在施工中需要用电时必须由现场专职电工进行搭接，所用的电箱必须符合“临电规范”要求。</td></tr>
<tr><td>交底人</td><td></td><td>交底日期</td><td></td></tr>
<tr><td>接受人签字：</td><td colspan="3"></td></tr>
</table>

评析：现在的智能工程的安全技术交底一般只注重安全注意事项的说明。例如本例中停车场子系统的安全技术交底，提到了对各危险点的安全预防措施，但是缺乏对作业对象的危险源和危险点的分析。

5. 安全教育

安全教育是为了让参加施工生产的人员提高安全意识，掌握安全操作规程，减少和消灭不安全行为。下列人员应该进行安全教育：

（1）企业领导、企业安全管理人员、项目经理、技术负责人、项目专（兼）安全员应参加地方政府、上级安全主管部门举办的安全教育培训，取得上岗资格证和专职安全员证；

（2）电工、焊工、机动车驾驶员、起重机械作业、登高架设、压力容器操作等特种作业人员，必须经过专门的安全技术培训，并考核合格，取得有效的《特种作业人员操作证》后方可上岗作业；

（3）凡进入施工现场工作的人员（包括临时工、实习生、新入场工人），都必须接受公司、项目、班组“三级”安全教育培训合格后，方可上岗；

（4）项目施工生产人员在安全技术新标准新规程的颁布、重大安全技术措施的实施、新工艺新技术的推广应用、伤亡事故的发生情况下，必须接受专门的安全教育培训。

另外，管理人员和工人在施工期间不只进行一次安全教育，安全教育必须坚持不懈，经常不断地进行，形成经常性安全教育。其形式有班前班后安全活动、安全生产会议、事故现场会、安全招贴画、安全宣传标语、标志等。

6. 安全检查

工程项目安全检查的目的是为了清除隐患、防止事故发生、改善劳动条件及提高员工安全生产意识。施工项目的安全检查应由项目经理组织，定期进行。

（1）安全检查的主要类型

有全面安全检查、经常性安全检查、专业或专职安全管理人员的专业安全检查、节假日检查和不定期检查。

（2）安全检查的主要内容

检查人们的安全意识是否淡漠，检查安全制度的制定和落实，检查安全管理工作是否做到位，现场的安全隐患、安全整改措施和安全事故的处理情况等。

楼宇智能化施工项目安全检查的重点是违章指挥和违章作业。在安全检查过程中应编制安全检查报告，说明已达标项目、未达标项目、存在问题、原因分析、纠正和预防措施。

（3）安全检查方法

常用的有一般检查法和安全检查表法，实际工程中往往是二者结合起来使用。

一般检查方法主要有：听、问、嗅、看、量、测、试运转等。

安全检查表是通过事先拟定的安全检查明细表或清单，对安全生产进行初步诊断和控制的方法。安全检查表种类繁多，应根据项目的具体特点来选用。

7. 安全事故处理

（1）安全事故的分类

1）按照事故发生的原因分类

按照事故发生的原因分类，职业伤害事故可以分为20类，其中与建筑业有关的有12类，即物体打击、车辆伤害、机械伤害、起重伤害、触电、灼烫、火灾、高处坠落、坍塌、火药爆炸、中毒和窒息、其他伤害。

2）按生产安全事故造成的人员伤亡或直接经济损失分类（与质量事故等级的划分相同，详见第十一章第六节）

（2）安全事故的处理

1）安全事故处理原则

各级安全生产监察机构要增强执法意识，做到严格、公正、文明执法。对严重忽视安全生产的企业及其负责人和业主，要加大行政执法和经济处罚力度，对安全事故处理坚持做到“四不放过”，即事故原因未查清不放过、责任人员未受到处理不放过、整改措施未落实不放过、事故责任人和周围群众未受到教育不放过。

2）安全事故处理程序

①事故报告

生产安全事故发生后，受伤者或最先发现事故的人员应立即用最快的传递手段，将发生事故的时间、地点、伤亡人数、事故原因等情况，向施工单位负责人报告。根据住房和城乡建设部《关于做好房屋建筑和市政基础设施工程质量事故报告和调查处理工作的通知》（建质【2010】111 号）的规定，施工单位负责人接到报告后，应当在 1 小时内向事故发生地县级以上人民政府建设主管部门和有关部门报告。

②抢救伤员，保护现场，并采取措施防止事态进一步扩大

倘若现场有人员伤亡，进行事故报告的同时，应立即组织人员抢救伤员，并拉上警戒线，保护现场不受破坏。如果事态还在持续发展，应采取有效措施防止事态的进一步恶化。

③事故调查

根据《生产安全事故报告和调查处理条例》（第 439 号国务院令）的相关规定，特别重大事故由国务院或者国务院授权有关部门组织事故调查组进行调查。重大事故、较大事故、一般事故分别由事故发生地省级人民政府、设区的市级人民政府、县级人民政府负责调查。未造成人员伤亡的一般事故，县级人民政府也可以委托事故发生单位组织事故调查组进行调查。

事故调查组应当自事故发生之日起 60 日内提交事故调查报告。特殊情况下，经负责事故调查的人民政府批准，提交事故调查报告的期限可以适当延长，但延长的期限最长不超过 60 日。

④事故处理

有关机关应当按照人民政府的批复，依照法律、行政法规规定的权限和程序，对事故发生单位和有关人员进行行政处罚，对负有事故责任的国家工作人员进行处分。事故发生单位应当按照负责事故调查的人民政府的批复，对本单位负有事故责任的人员进行处理。负有事故责任的人员涉嫌犯罪的，依法追究刑事责任。

13.3　楼宇智能化工程文明施工和环境保护

文明施工是指保持施工现场良好的作业环境、卫生环境和工作秩序。因此，文明施工也是保护环境的一项重要措施。环境保护对我们至关重要，倘若环境受到污染，那么工人和周围的居民将直接受害。

13.3.1　楼宇智能化施工现场的文明施工要求

1. 文明施工的主要内容

（1）规范施工现场的场容，保持作业环境的整洁卫生。

（2）科学组织施工，使生产有序进行。

（3）减少施工对周围居民和环境的影响。

（4）遵守施工现场文明施工的规定和要求，保证职工的安全和身体健康。

2. 现场文明施工的基本要求

（1）施工现场应做到围挡、大门、标牌标准化，材料码放整齐化，安全设施规范化，生活设施整洁化，职工行为文明化，工作生活秩序化。

（2）施工中要做到工完场清、施工不扰民、现场不扬尘、运输无遗洒、垃圾不乱弃，努力营造良好的施工环境。

3. 现场文明施工的措施

（1）施工现场要按照施工平面图的要求进行布置，施工单位应当将施工现场的办公、生活区与作业区分开设置，并保持安全距离。办公、生活区的选址应当符合安全性要求。职工的膳食、饮水、休息场所等应当符合卫生标准。施工单位不得在尚未竣工的建筑物内设置员工集体宿舍。

（2）施工现场必须实行封闭管理，设置进出口大门，制定门卫管理制度，严格执行外来人员登记制度。沿工地四周连续设置围挡，市区主要路段和其他涉及市容景观的路段，工地的围挡高度不低于2.5m，其他工地的围挡高度不低于1.8m，围挡材料要求坚固、稳定、统一、整洁。

（3）施工现场必须设有“五牌二图”，即工程概况牌、管理人员名单及监督电话牌、消防保卫牌、安全生产牌、文明施工牌、施工现场平面布置图和施工进度图。

（4）施工现场应推行硬地坪施工，作业区、生活区的地面应用混凝土进行硬化处理；现场的泥浆、污水、废水严禁外流或堵塞下水道和排水河道，现场道路每天设专人清扫。

（5）建筑材料、构配件、料具做到安全、分门别类整齐堆放，悬挂标牌，不用的施工机具和设备应及时安排出场。

（6）现场宿舍应保持通风良好、整洁、安全，宿舍内的床铺不得超过2层，严禁使用通铺；食堂有良好的通风和洁卫措施，炊事员持健康证上岗；现场还应设置男女分开的淋浴室和厕所。

（7）建立消防管理制度和火灾应急响应机制，并落实责任人员和防火措施，配备防火器材；需要使用明火的，严格按动用明火规定执行。

（8）现场应配备医疗急救药品和急救箱。

（9）建立安全保卫制度，落实责任人，加强治安综合治理和社区服务工作，避免盗窃事件和扰民事件的发生。

（10）现场应设宣传栏、报刊栏，悬挂安全标语和安全警示标志。

13.3.2 楼宇智能化施工现场的环境保护要求

1. 楼宇智能化项目施工对环境的常见影响

（1）施工机械作业、清理修复作业、脚手架的安装和拆除等产生的噪音污染；

（2）生活垃圾、建筑垃圾等产生的固体废弃物污染；

（3）夜间施工、焊接作业造成的光污染；

（4）食堂、厕所等处产生的废水污染；

（5）施工现场用水、用电产生的资源消耗。

2. 施工现场的环境保护措施

（1）建立环境保护、环境卫生管理和检查制度，并做好检查记录。

（2）施工期间应制定降噪措施，确实需要夜间施工的，应办理夜间施工许可证，并公告附近居民。

（3）尽量避免和减少施工过程中的光污染。夜间室外照明灯加设灯罩，透光方向集中在施工范围内；电焊作业采取遮挡措施，避免电焊弧光外泄。

（4）施工现场的污水经沉淀处理后二次使用或者排入市政污水管网。

（5）施工现场的固体废弃物应在县级以上地方政府环卫部门申报登记，分类存放。建筑垃圾和生活垃圾应与所在地的垃圾消纳中心签署环保协议，及时清运处理，有毒有害废弃物应运送专门的有毒有害废弃物中心消纳。

（6）施工中需要停水、停电、封路而影响周围居民的，必须经有关部门批准，事先告示，并设有标志。

本 章 小 结

本章系统地介绍了楼宇智能化施工项目职业健康安全与环境管理的有关规定和管理措施，主要内容如下：

1. 职业健康安全体系标准和环境管理体系标准；职业健康安全与环境管理的特点和基本要求；职业健康安全和环境管理体系的建立步骤和运行环节。

2. 楼宇智能化施工项目安全管理方面的法律法规和消防、临时用电方面的强制性标准、危险源的划分。

3. 楼宇智能化施工项目的安全管理工作：（1）建立安全管理责任制；（2）确定安全管理目标；（3）编制安全生产专项施工方案，制定安全技术措施；（4）安全技术交底；（5）安全教育；（6）安全检查；（7）安全事故处理。

4. 楼宇智能化施工项目的文明施工内容、基本要求和措施以及环境保护措施。

思考题与练习

1. 职业健康安全和环境管理体系的建立要经过哪些步骤？
2. 职业健康安全和环境管理的特点有哪些？
3. 危险源分为哪几类，分别指什么？
4. 楼宇智能化施工项目的安全管理工作主要有哪些？
5. 楼宇智能化施工项目的文明施工内容是什么？
6. 楼宇智能化施工项目的环境保护措施有哪些？

第14章　楼宇智能化工程施工组织设计

【能力目标】

了解施工组织设计的作用与分类，熟悉单位工程施工组织设计，掌握楼宇智能化工程施工组织设计的内容。

14.1　施工组织设计概述

施工组织就是结合建筑产品的特点，对生产过程中的人员、材料、机械设备、施工方法等方面的要素进行统筹安排。施工组织设计是用来规划和指导拟建工程从投标、签订施工合同、施工准备到竣工验收全过程的综合性的技术经济文件。

14.1.1　施工组织设计的作用与分类

1. 施工组织设计的作用

施工组织设计的作用主要有以下几个方面：

(1) 指导工程投标与签订施工合同，作为投标书的内容和合同文件的一部分；

(2) 保证各施工阶段的准备工作及时进行；

(3) 明确施工重点和影响工程进度的关键施工过程，并提出相应的技术、质量、安全、文明等各项目标及技术组织措施，提高综合效益；

(4) 协调各总包单位与分包单位、各工种、各类资源、资金、时间等方面在施工程序、现场布置和使用上的相应关系。

2. 施工组织设计的分类

施工组织设计按编制阶段的不同，可以分为两类：一类是投标前编制的施工组织设计（简称标前设计，又叫项目管理规划大纲）；另一类是签订施工合同后、开工前编制的施工组织设计（简称标后设计，又叫项目管理实施规划）。标前设计由施工单位经营管理层编制，应满足编制投标书和签订施工合同的需要，并附入投标文件中。标后设计由施工项目管理层编制，应满足施工准备和施工全过程的需要。

又可根据编制对象的不同划分为施工组织总设计、单位工程施工组织设计和分部分项工程施工组织设计（施工方案）。

施工组织总设计是以整个建设项目或建筑群为对象编制的，最主要的作用是为施工单位进行全场性施工准备和组织人员、物质供应等提供依据。施工组织总设计的主要内容有工程概况、施工部署和施工方案、施工准备工作计划、各项资源需要量计划、施工总进度计划、施工总平面图、技术经济指标分析。

单位工程施工组织设计是具体指导施工的文件，是施工组织总设计的具体化。它是以单位工程为对象编制的，可以在施工方法、人员、材料、机械设备、资金、时间、空间等方面进行科学合理的规划，使施工在一定的时间、空间和资源供应条件下，有组织、有计划、有秩序地进行，实现质量好、工期短、资金省、消耗少、成本低的良好效果。单位工程施工组织设计的主要内容有工程概况、施工方案、施工进度计划、施工准备工作计划、各项资源需要量计划、施工平面图、技术经济指标、安全文明施工措施。

分部分项工程施工组织设计的编制对象是难度较大、技术复杂的分部分项工程或新技术项目，用来具体指导这些工程的施工。其主要内容包括施工方案、进度计划、技术组织措施等。一般在单位工程施工组织设计确定施工方案后，由项目部技术负责人编制。

14.1.2　单位工程施工组织设计

1. 单位工程施工组织设计的作用

单位工程施工组织设计是以一个单位工程，即一幢建筑物或一座构筑物为施工组织对象而编制的。它一般由施工单位的工程项目技术负责人负责编制，并根据工程项目的大小，报公司总工程师审批或备案。其具体作用为：

（1）是建筑施工企业组织和指导单位工程施工全过程各项活动的技术经济文件。

（2）是基层施工单位编制季度、月度、旬施工作业计划和分部分项工程作业设计的主要依据。

（3）是施工单位编制劳动力、材料、预制构件、施工机具等供应计划的主要依据。

（4）保证施工阶段的准备工作及时进行。

（5）明确施工重点和影响工程进度的关键施工过程，并提出相应的技术、质量、文明、安全等各项生产要素管理的目标及技术组织措施，提高经济综合效益。

（6）协调各工种、各类资源、时间、资金等各方面在施工顺序、现场布置和使用上的相应关系。

2. 单位工程施工组织设计的编制程序

单位工程施工组织设计的编制程序，是指对其各组成部分形成的先后次序及相互之间的制约关系的处理。根据工程的特点和施工条件的不同，其编制程序繁简不一。一般单位工程施工组织设计的编制程序如图 14-1 所示。

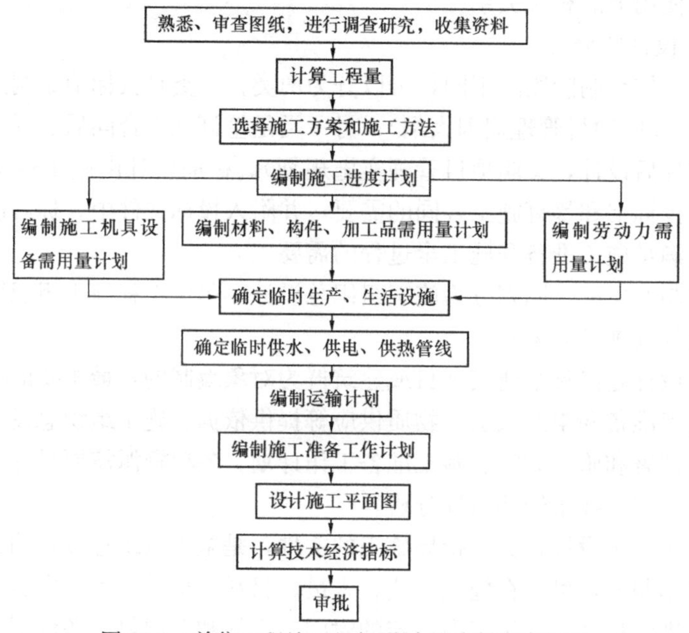

图 14-1　单位工程施工组织设计的编制程序框图

3. 单位工程施工组织设计的内容

单位工程施工组织设计的内容，根据拟建工程的性质、规模、结构特点、技术复杂程度和施工条件的不同，对其内容和深广度要求也不同，不强求一致，但内容必须简明扼要，使其真正能起到指导现场施工的作用。其内容一般应包括以下几方面：

（1）工程概况

主要包括工程名称、地点、工程特点、建设地点特征、主要施工内容、施工条件、施工工期等内容。

（2）施工方案

施工方案是单位工程施工组织设计的核心内容，施工方案选择是否合理将直接影响工程的施工效率、质量、工期和经济技术效果。

施工方案应包含：

1）人员、设备、机具、材料的组织计划；

2）与其他专业的配合关系；

3）材料与设备的规格、型号、质量要求、进场检验方法；

4）质量目标及保证措施；

5）施工工艺流程及技术要求；

6）质量检查的组织、记录及表格形式；

7）施工进度计划；

8）成品保护措施；

9）安全施工保证措施；

10）文明施工保证措施；

11）资料的整理及保管要求。

（3）施工进度计划

单位工程施工进度计划是在确定了施工方案的基础上，对工程的施工顺序，各个项目的持续时间及项目之间的搭接关系，工程的开工时间、竣工时间及总工期等做出安排。其表示方式用横道图或网络图（双代号、单代号及时标网络图）。在此基础上，可以编制劳动力计划，材料供应计划，成品、半成品计划，机械需用量计划等。

（4）施工准备工作

1）施工准备的一般要求

智能建筑工程施工必须以经审批的施工图设计文件为依据；应编制详细的施工组织设计，且应经相关单位人员审核批准后实施；智能建筑工程应做好与建筑结构、建筑装饰装修、建筑给水排水、采暖通风与空调，建筑电气和电梯等分部工程的工序交接和接口确认；设备的通信接口应保证互联互通；材料、器具、设备等在进场前必须通过质量检验，并妥善管理质量记录；施工单位在制定完善的质量管理制度、施工技术措施和安全制度并经有关单位核实通过后方能进场；施工单位在施工前应合理安排劳动力，对操作班组应进行技术与安全交底，操作人员应经过培训并具有相应施工资格；进场的材料、器具、设备必须分门别类地堆码在干燥、通风、避雨的库房内，并安排专职人员看管。

2）施工现场的技术准备

施工前须由施工单位（或系统集成商）完成施工图纸的深化设计，并经设计单位、建设单位、施工单位、监理单位会审和会签；明确与土建等各专业的衔接、配合关系，并有完备的会签和审批手续；施工前应编制相应的施工方案或技术措施；进行安全、技术交底；建立各道工序自检、交接检查和专业人员检查的“三检”制度。

3）施工现场的材料、设备准备

完成现场库房的准备，制定详细的材料供给计划。完成前期设备材料的预订工作；到场的材料、设备应及时清点检查，收集有关合格证和出厂检验证明文件，证、单资料应齐全，无出厂检验证明的材料或与设计不符者不得在工程中使用，应清出退场；同时向监理工程师报验，经专业监理工程师签字认可方可用于工程。工程中使用的缆线、器材应与订货合同或封存的样品相一致。

4）施工现场的机具准备

应制定机具计划表，根据计划表准备所需的施工机具，并根据进度计划安排机具的进场。楼宇智能化工程的施工机具一般体型小巧，但是种类繁多，所以同时应注意收集操作工人的上岗证复印件作为资料存档。

5）施工现场作业条件准备

施工现场的作业条件包括开工前的作业条件和工序前的作业条件两种。楼宇智能化工程开工前的作业条件一般是指土建、装饰等施工时预留的沟槽、孔洞、预埋件，以及现场能提供的工作场所、水电等；工序前的施工条件一般是指上一道工序完毕后必须给本工序留下的作业条件。

（5）单位工程施工平面图

现场施工平面布置图可根据建筑总平面图、施工图、现有水源和电源、场地大小、可利用的已有房屋和设施、调查得来的资料、施工组织总设计、施工方案、施工进度计划等，经过科学的计算优化，并遵照国家有关规定进行设计。它包括对各种材料、构件、半成品的堆放位置；水、电管线的布置；机械位置及各种临时设施的布局等内容。但是楼宇智能化工程，一般不需要单独绘制施工平面布置图。

（6）质量安全文明等保证措施

工程质量的关键是从全面质量管理的角度出发，建立质量保证体系，采取切实可行的有效措施，从施工管理和操作人员、工程材料、施工机械、施工方法和工作环境等方面去保证工程质量。

楼宇智能化工程的施工由于其工作量大、工期长、交叉作业多、干扰大，稍有不慎就会造成安全事故。因此，安全施工在单位工程施工组织设计中占有重要的地位。施工单位应建立安全保证体系，贯彻安全操作规程，分析施工中可能发生的安全问题，寻找危险隐患，有针对性地提出预防措施，切实加以落实，以保证施工安全。

施工现场必须要文明施工。文明施工是指在施工生产过程中，施工人员的施工活动和生活活动必须符合正常的秩序，减少对施工现场环境的不利影响，杜绝野蛮施工，从而使施工活动能够顺利进行。

14.2 楼宇智能化工程的施工组织设计

楼宇智能化工程的施工组织设计与一般的施工组织设计不同之处在于其对于设备的施

工安装要求更高。

14.2.1　楼宇智能化工程施工组织设计的内容

1. 工程概况及编制说明

包括工程名称、地点、施工内容等基本的工程信息以及编制依据和编制说明。编制依据主要指国家及本地区有关智能工程的现行施工、验收的规范、规定、标准；编制说明一般需要阐述本施工组织设计的编制出发点和编制意图。

2. 施工部署

施工部署一般包括施工准备、图纸的深化设计及会审、施工阶段的划分及各阶段的主要工作安排。

3. 主要施工方法

主要包括拟建的楼宇智能化工程涉及的各个子系统的工艺流程、施工要点等内容。

4. 施工进度计划及进度控制措施

主要包括工期目标、施工进度计划的编制说明及进度计划表、进度控制方法和保证措施。由于智能工程各个子系统的施工相对独立，各工序之间的逻辑关系并不复杂，所以其进度计划一般编制成横道计划表。

5. 安全、文明施工与环境保证措施

一般包括安全生产目标与文明施工目标；安全管理的原则及安全保证体系；楼宇智能化工程施工的安全保证措施、文明施工措施和环境保护措施。

6. 施工资源管理

人力资源方面包括智能工程施工项目经理部的组织机构图、管理人员的配置及各自的简历概况、岗位职责、各种管理制度；工人的劳动力投入计划等。

材料方面包括工程需投入的主要材料、设备的规格、品种、数量；材料的采购、验收、检验、库存管理及发放。

机具方面主要包括施工机具的选用、检测、维修与保养。

7. 现场管理

现场管理一般与以下内容有关：劳动力的进、退场、劳动组织、技术交底；材料设备和施工机具的进场、验收、存放等；本单位内部以及与在现场作业的外单位之间的协调配合。

8. 质量保证措施

包括智能工程的施工质量目标、质量保证体系和质量保证措施。

9. 工程施工重点、难点分析及解决方法

本工程施工的关键工作、部位、薄弱环节是施工管理的重点；难点一般来自不利的气候、交通运输条件、不同单位之间的沟通协调、需要用到新设备、新技术等，施工组织设计中需要提出相应的解决方法。

10. 新材料、新设备、新工艺和新技术的运用

由于智能工程涉及的材料、设备更新换代比较快，与之有关的施工工艺和技术也必须及时更新。新技术的运用无论如何也不会像常规技术那样娴熟，所以如果拟建工程涉及此种情况，往往需要在施工组织设计中交代清楚，在管理上引起重视。

11. 竣工验收与工程保修

此部分可以单列，也可以放到质量保证措施中进行阐述。

14.2.2　楼宇智能化施工组织设计案例

某公司智能化弱电系统工程施工组织设计（简化）

1. 工程概况

1.1　项目名称：某公司智能化弱电工程

1.2　项目地点：某市某镇

1.3　项目规模：项目总面积 400000m²，建筑物包括质检办公楼、食堂、宿舍、GCLE 车间、4-AA 车间、原料药车间、中试车间、五金化工库、危化品库等。

1.4　招标范围：本次招标范围包括综合布线系统、计算机网络系统、监控及报警系统、公共广播系统、门禁考勤系统（含一卡通系统）、巡更系统、信息查询发布系统、多媒体会议系统、机房工程、综合管线。

1.5　工程目标：达到国家现行相关行业合格标准。

我公司将按业主方的要求做好与本项目内各专业工种的配合施工，确保本工程总工期目标的实施，并按照省创标准化工地的要求组织施工，创建标准化工地。

2. 施工总体部署

2.1　施工阶段划分

为了便于施工，做到重点、难点突出，以利于集中人、材、物、机打好攻坚战，确保工程优质、高效施工任务的完成，我公司项目部拟将整个工程划分为八个施工阶段，分别是施工准备阶段、管路预埋阶段、铺设线缆阶段、管线检查测试阶段、设备安装阶段、调试阶段、试运行阶段和竣工验收阶段。

2.2　施工管理部署及措施

2.2.1　项目前期策划阶段

项目前期策划阶段主要工作是施工前的准备工作，包括施工部署、施工方案及施工计划的落实、施工技术交底等。

2.2.2　项目施工阶段

项目施工阶段根据项目技术要求、标准及规范组织工程实施，按工程的质量要求、进度要求及文明安全生产要求组织生产，对安装后的系统组织技术力量进行调试和测试，建立自检报告。

项目施工阶段的系统安装和调试是整个工程的重点和难点，根据多年的施工经验，我们将制定严格的施工规范，并组织最强的力量进行施工，确保工程的顺利竣工。

2.2.3　竣工验收阶段

工程竣工后，必须进行最终检验和试验。项目技术负责人按编制竣工资料的要求收集、整理质量记录；项目技术负责人组织有关专业人员按最终检验和试验规定，根据合同要求进行全面验证；对查出的施工质量缺陷，按不合格控制程序进行处理；项目经理部组织有关专业技术人员按合同要求编制工程竣工文件，并做好工程移交准备；在最终检验合格和试验合格后，对工程成品采取防护措施；工程交工后，项目经理部编制符合文明施工和环境保护要求的撤场计划。

2.2.4　试运行和终验

试运行和终验：开通系统进行试运行，对不符合项进行整改，试行结果由甲方出具试运行报告，组织系统终验。

2.3　施工准备

2.3.1 施工技术准备

由公司技术部门协助项目部有关人员认真学习图纸，熟悉理解图纸和设计意图，组织图纸进行自审、会审，准确掌握施工图纸细节和施工质量标准，明确工艺流程。中标接到图纸后应在规定时间内组织会审，会审采用分部、分项进行。力争将问题在图纸会审中解决。

2.3.2 施工准备

1. 现场准备

在施工区域设置防破坏保护措施或安装必要的设备；进行水、电布置，做好污水排出管道的有关手续；做好有关资料的收集工作。

2. 施工队伍准备

从公司建立的施工队伍中选择高素质的施工班组；对工人进行三级安全教育和施工技术交底。

3. 材料进场准备

编制工程所需材料用量计划，做好备料、供料工作，做好材料的进场计划。合理布置材料堆放场地，并做好保管工作。

4. 施工使用设备准备

为需要进场安装的电表、水表及配电箱等设备作进场准备工作。设备进场后应进行保养和试运转等工作，以保证施工设备的正常运行。

2.4 深化设计

当工程合同签订后，项目经理部必须与业方、监理公司、设计院及相关施工单位进行广泛深入沟通，深入熟悉审查图纸和有关资料，了解设计意图和建设方需求，对投标设计进一步优化，设计出完整的可实施的施工图纸和文件。

3. 主要子系统施工方法

3.1 综合布线系统安装工艺

完成端接设备安装及续、面板安装、光纤施工、信息插座安装、线缆敷设和终接、机柜和配线架安装、数据配线柜接地、布线管理的安装。

同时对综合布线系统进行重难点分析：包括对信息插座及底盒定位、水平管线交叉施工、垂直管线标识捆扎和管路施工进行分析。

3.2 综合管路系统施工方法

3.2.1 综合管路系统安装工艺

包括配管、线槽、桥架安装、配线及线缆敷设的施工工艺。

3.3 各子系统设备安装调试部分

包括监控报警系统和一卡通系统的安装调试。

3.4 综合管路系统的重难点分析

3.4.1 施工顺序

测量定位→支吊架制作安装→桥架安装→接地处理

3.4.2 主要施工方法及技术措施

包括测量定位、支架制作安装、桥架安装和接地处理。

4. 施工进度计划及工期保证措施

4.1 工期目标

如果我公司中标，将严格按照合同的工期要求，在合同签订后 76 个日历天内完工（以合同签订时间为准）。计划开工时期：某年某月。计划竣工时期：某年。

4.2　项目施工进度控制方法

施工项目进度控制方法主要是规划、控制和协调。规划是指确定施工项目总进度控制目标和分进度控制目标，并编制其进度计划。控制是指在施工项目实施的全过程中，进行施工实际进度与施工计划进度的比较，出现偏差及时采取措施调整。协调是指协调与施工进度有关的单位、部门和工作队组之间的进度关系。

进度管理中最重要的是劳动力与物力的投入和采购工作的计划与管理。根据本工程工期要求紧、责任重等特点，我公司会派遣足够的技术人员和专门的施工队伍，保证项目按工程总进度的要求顺利完成。材料是工程施工的一个非常重要的环节，对任何影响施工进度的问题都刻不容缓。必须确保供应，本次工程弱电系统设备及安装工程工期紧，施工现场争分夺秒抢进度，必须确保材料的供应及时到位。

4.3　保证工期的措施

包括组织精干高效的项目管理班子科学组织施工；加强施工进度计划管理；组织强有力的专业施工队伍，保证劳动力的需求；以严格的质量控制，确保一次成优，保证计划的执行；加强与业主、监理、设计、分包等部门的协调及沟通，为本工程优质高速施工创造良好条件；组织各工种进行流水施工；加强施工过程的监控；加强对工程的预控、预测。

另外，还制定出了冬雨季的施工措施和进度滞后时的赶工措施。

4.4　施工进度计划表（见表 14-1）

施工进度计划表　　**表 14-1**

日期 / 施工内容	工期（天）	劳动力（人）	5月下旬 第一周	5月下旬 第二周	6月份 第一周	6月份 第二周	6月份 第三周	6月份 第四周	7月份 第一周	7月份 第二周	7月份 第三周	7月份 第四周	备注
施工前准备	5	2											合同在施工准备期间完成
图纸深化设计及会审	7	2											
各子系统配管穿线	26	15											本项目开工时间暂定为5月21日
质检一楼机控室机房施工	5	3											
综合布线机柜及设备安装	7	4											
计算机网络设备安装调试	7	4											
监控报警系统设备安装调试	18	10											
广播系统设备安装调试	4	4											
一卡通（门禁、消费、考勤）系统安装调试	7	4											
电子巡更系统设备安装调试	2	2											
多媒体信息发布系统设备安装调试	3	2											
多媒体会议系统设备安装调试	17	7											
总平配管穿线	7	3											
系统联调及试运行	12	10											
竣工资料准备	60	2											
工程验收	3	6											本项目竣工时间为7月31日

备注：以上进度计划为我方具备施工条件下的绝对工期安排，具体需根据后期进场后结合装修进度重新进行调整。

5. 质量保证措施

5.1　质量目标

本次项目质量目标为：达到国家现行相关行业合格标准。施工质量目标承诺：在施工中所使用的材料、设备均满足国家现行有关规定要求，质量标准符合国家相应工程验收标准，并确保一次性验收合格及确保不影响工程综合验收，提供相关的设备材料验证报告、检测报告、技术参数等资料。

5.2　质量保证措施

5.2.1　建立施工质量保障体系（见图 14-2）

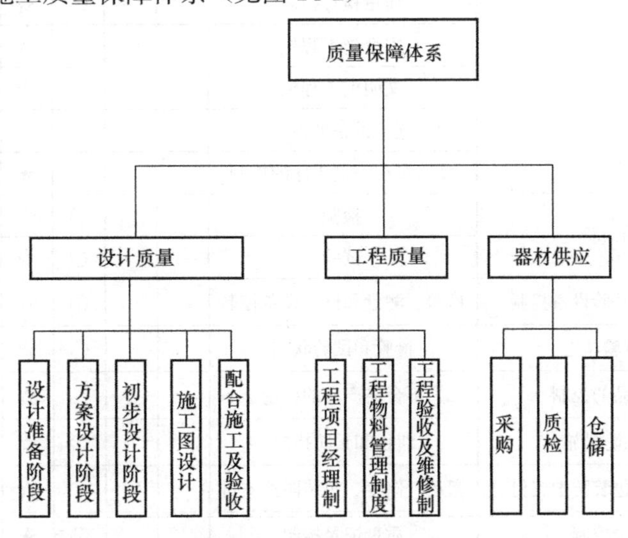

图 14-2　某智能化弱电工程施工质量保障体系

5.2.2　项目部质量控制体系职能分配表（见表 14-2）

项目部质量控制体系职能分配表　　表 14-2

要素编号	质量体系要素	质量职能	项目经理	项目副经理	项目负责人	工程部	安全部	质量部	经营部	设备材料部
1	管理职能	质量方针	○			☆		☆	☆	☆
		组织管理机构	○							
		质量职责	○			☆		☆	☆	☆
2	质量体系	质量策划				☆		★	☆	☆
		质量计划				★		☆	☆	☆
		创优规划				☆	☆	★	☆	☆
3	合同评审	合同评审				☆	☆	☆	★	☆
4	设计控制	变更设计控制				★	☆	☆	☆	☆
5	文件和资料的控制	文件和资料的控制				★	☆	☆	☆	☆
6	物资采购	分承包方的评价	○			☆		★		☆
		采购产品的标识			○	☆				★
7	顾客提供产品（服务）控制	顾客提供产品（服务）控制			○	★				☆

续表

要素编号	质量体系要素	质量职能	项目经理	项目副经理	项目负责人	工程部	安全部	质量部	经营部	设备材料部
8	产品标识和可追溯性	采购产品的标识			○	☆				★
		施工程控			○	★				
9	程控	测量程控			○	★				
		质量检查控制			○	☆		★		
		安全施工程控	○	○	○	☆	★			☆
		文明施工程控		○		☆	★			☆
		施工设备的控制		○		☆				★
		特殊过程关键工序的控制			○	★				☆
10	检验和试验	检验			○	☆		★		☆
		试验			○	☆		★		☆
11	检验、测量和试验设备控制	检验、测量和试验设备控制			○	☆				★
12	检验和试验状态	检验和试验状态			○	☆		★		☆
13	不合格产品的控制	不合格产品的控制			○	☆		★		☆
14	纠正和预防措施	纠正和预防措施			○	☆		★		☆
15	搬运、储存、包装防护支付	搬运、储存、包装防护支付		○		☆		★		☆
16	质量记录控制	质量记录控制			○	★		☆	☆	☆
17	内部质量	内部质量审核控制	○			☆		☆	☆	☆
18	培训	培训	○			☆	☆	☆		☆
19	服务	服务			○	★	☆	☆		
20	统计技术	统计技术运用			○	★	☆	☆	☆	
	注：○主管领导　★主管部门　☆协助部门									

5.2.3　工程质量保证措施

实施全过程的质量控制，在正式开工前进行图纸会审和技术交底，采用项目技术负责人向工长、工长向施工组长进行交底的二级技术交底模式。

本工程施工实行“工序操作流程制”，各工序要坚持“自检、作业检、交接检”制度。在整个施工过程中，做到工前有交底，过程有检查，工后有验收的“一条龙”操作管理方式，以确保工程质量。避免返工，同时也提高自我控制的意识和能力。严格执行施工员、质检员监督制度。

对施工过程进行真实记载。现场质量检验、试验的原始资料真实、准确、无追记，接受上级质监部门和建设单位或监理单位的检查。所有施工技术记录清晰、完整、可追溯。

由于材料的质量控制是工程质量控制的关键环节，所以公司将从材料的采购、验收、检验试验和库存管理等方面严格把关。

6. 安全管理

6.1 安全文明施工目标

本工程的安全施工目标为：坚决杜绝死亡、重伤事故；火灾、爆炸、中毒事故为零。

6.2 安全文明施工管理的组织机构（见图 14-3）

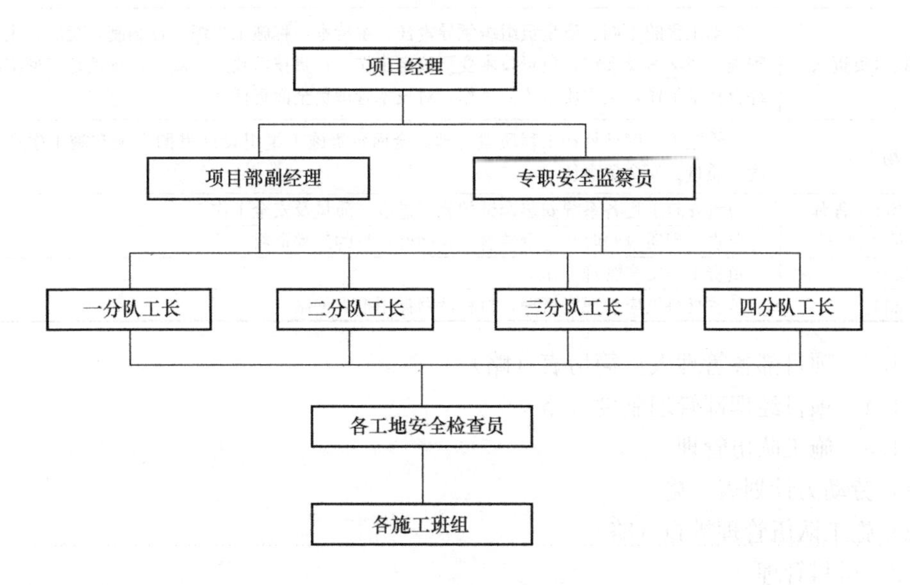

图 14-3 项目部安全文明施工管理组织机构

6.3 安全文明施工的保证措施

安全文明施工的保证措施包括安全防护措施、施工现场临时用电安全、施工机械安全措施、防高空坠落和物体打击措施、高空作业安全措施、防台风、防雨、防雷措施、夜间安全施工、消防措施、安全教育制度以及其他与安全有关的部分。

7. 资源管理

7.1 人力资源管理

7.1.1 项目管理组织机构（见图 14-4）

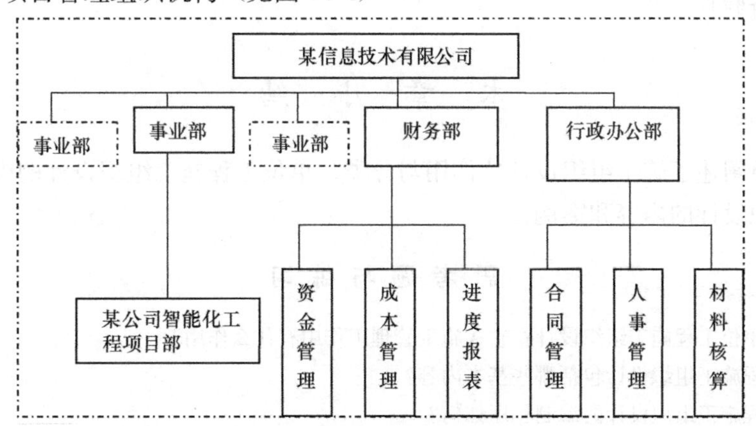

图 14-4 项目管理组织机构

7.1.2 项目经理部成员责任划分（见表 14-3）

项目经理部各岗位责任　　**表 14-3**

职　务	岗　位　责　任
项目经理	负责全面履行工程承包合同，实现企业管理分解目标，对本工程施工承担全面责任
项目技术负责人	对本工程的工期、质量负组织领导责任，主持本工程施工组织设计编制，交底、主持本工程施工图学习及会审，负责技术变更核定工作，负责技术政策、规程，规范地贯彻实施主持综合技术工作，工程质量监控工作，对技术管理负全面责任
现场工长	主管施工进度计划和工程质量管理，全面负责施工组织设计贯彻实施和施工生产，对进度、质量、安全负责任
专业调试工程师	负责安装工程各系统安装调试的施工进度、质量及安全工作
质检员/资料员	负责工程质量验收和记录签署，并做好项目的过程资料
安全员	负责工程安全管理工作
材料员	负责材料供应和现场管理，材料计划耗用报表编制

7.1.3　项目部各管理人员简历表（略）

7.1.4　项目经理部管理制度（略）

7.1.5　施工队伍管理

(1) 劳动力计划表（略）

(2) 施工队伍管理措施（略）

7.2　材料管理

7.2.1　材料采购计划表（略）

7.2.2　材料各环节的管理措施（略）

7.3　施工机具管理

7.3.1　拟投入本工程的主要施工机具（略）

7.3.2　施工机械的检测、检修与保养（略）

8. 协调与配合施工工作（略）

9. 项目验收方案

包括：验收形式，工程质量验收程序和组织，参与验收人员的要求，线槽、桥架、管线验收，设备验收。

本　章　小　结

本章主要阐述了施工组织设计的作用与分类、单位工程施工组织设计的内容，楼宇智能化施工组织设计的内容和案例。

思 考 题 与 练 习

1. 什么叫单位工程施工组织设计？它在施工管理工作中有什么作用？
2. 单位工程施工组织设计包括哪些基本内容？
3. 单位工程施工组织设计的编制程序如何？
4. 施工方案包括哪些内容？
5. 什么叫单位工程施工平面图？单位工程施工平面图包括哪些内容？
6. 智能工程施工组织设计内容？

附录 《通用安装工程量计算规范》

附录 E 建筑智能化工程

E.1 计算机应用、网络智能系统工程

计算机应用、网络系统工程工程量清单项目设置、项目特征描述的内容、计算单位及工程量计算规则，应按表 E.1 的规定执行。

表 E.1 计算机应用、网络系统工程（编码：030501）

<table>
<tr><th>项目编码</th><th>项目名称</th><th>项目特征</th><th>计量单位</th><th>工程量计算规则</th><th>工作内容</th></tr>
<tr><td>030501001</td><td>输入设备</td><td rowspan="2">1. 名称
2. 类别
3. 规格
4. 安装方式</td><td rowspan="5">台</td><td rowspan="7">按设计图示数量计算</td><td rowspan="4">1. 本体安装
2. 单体调试</td></tr>
<tr><td>030501002</td><td>输出设备</td></tr>
<tr><td>030501003</td><td>控制设备</td><td>1. 名称
2. 类别
3. 路数
4. 规格</td></tr>
<tr><td>030501004</td><td>存储设备</td><td>1. 名称
2. 类别
3. 规格
4. 容量
5. 通道数</td></tr>
<tr><td>030501005</td><td>插箱、机柜</td><td>1. 名称
2. 类别
3. 规格</td><td>1. 本体安装
2. 接电源线、保护地线、功能地线</td></tr>
<tr><td>030501006</td><td>互联电缆</td><td>1. 名称
2. 类别
3. 规格</td><td>条</td><td>制作、安装</td></tr>
<tr><td>030501007</td><td>接口卡</td><td>1. 名称
2. 类别
3. 传输数率</td><td>台
（套）</td><td>1. 本体安装
2. 单体调试</td></tr>
</table>

续表

项目编码	项目名称	项目特征	计量单位	工程量计算规则	工作内容
030501008	集线器	1. 名称 2. 类别 3. 堆叠单元量	台（套）	按设计图示数量计算	1. 本体安装 2. 单体调试
030501009	路由器	1. 名称 2. 类别 3. 规格 4. 功能			
030501010	收发器				
030501011	防火墙				
030501012	交换机	1. 名称 2. 功能 3. 层数			
030501013	网络服务器	1. 名称 2. 类别 3. 规格			1. 本体安装 2. 插件安装 3. 接信号线、电源线、地线
030501014	计算机应用、网络系统接地	1. 名称 2. 类别 3. 规格	系统		1. 安装焊接 2. 检测
030501015	计算机应用、网络系统系统联调	1. 名称 2. 类别 3. 用户数			系统调试
030501016	计算机应用、网络系统试运行				试运行
030501017	软件	1. 名称 2. 类别 3. 规格 4. 容量	套		1. 安装 2. 调试 3. 试运行

E.2 综合布线系统工程

综合布线系统工程工程量清单项目设置、项目特征描述的内容、计量单位及工程量计算规则，应按表E.2的规定执行。

表 E.2　综合布线系统工程（编码：030502）

项目编码	项目名称	项目特征	计量单位	工程量计算规则	工作内容
030502001	机柜、机架	1. 名称 2. 材质 3. 规格 4. 安装方式	台	按设计图示数量计算	1. 本体安装 2. 相关固定件的连接
030502002	抗震底座				
030502003	分线接线箱（盒）		个		
030502004	电视、电话插座	1. 名称 2. 安装方式 3. 底盒材质、规格		按设计图示尺寸以长度计算	1. 本体安装 2. 底盒安装
030502005	双绞线缆	1. 名称 2. 规格 3. 线缆对数 4. 敷设方式	M	按设计图示尺寸以长度计算	1. 敷设 2. 标记 3. 卡接
030502006	大对数电缆				
030502007	光缆				
030502008	光纤束、光缆外护套	1. 名称 2. 规格 3. 安装方式		按设计图示数量计算	1. 气流吹放 2. 标记
030502009	跳线	1. 名称 2. 类别 3. 规格	条		1. 插接跳线 2. 整理跳线
030502010	配线架	1. 名称 2. 规格 3. 容量	个（块）		安装、打接
030502011	跳线架				
030502012	信息插座	1. 名称 2. 类别 3. 规格 4. 安装方式 5. 底盒材质、规格			1. 端接模块 2. 安装面板
030502013	光纤盒	1. 名称 2. 类别 3. 规格 4. 安装方式			1. 端接模块 2. 安装面板
030502014	光纤连接	1. 方法 2. 模式	芯（端口）		1. 接续 2. 测试
030502015	光缆终端盒	光缆芯数	个		
030502016	布放尾纤	1. 名称 2. 规格 3. 安装方式	根		本体安装
030502017	线管理器		个		安装、卡接
030502018	跳块				
030502019	双绞线缆测试	1. 测试类别 2. 测试内容	链路（点、芯）		测试
030502020	光纤测试				

E.3 建筑设备自动化系统工程

建筑设备自动化系统工程工程量清单项目设置、项目特征描述的内容、计量单位及工程量计算规则，应按表E.3的规定执行。

表E.3 建筑设备自动化系统工程（编码：030503）

项目编码	项目名称	项目特征	计量单位	工程量计算规则	工作内容
030503001	中央管理系统	1. 名称 2. 类别 3. 功能 4. 控制点数量	系统（套）	按设计图示数量计算	1. 本体组装、连接 2. 系统软件安装 3. 单体调整 4. 系统联调 5. 接地
030503002	通信网络控制器	1. 名称 2. 类别 3. 规格	台（套）	按设计图示数量计算	1. 本体安装 2. 软件安装 3. 单体安装 4. 联调联试 5. 接地
030503003	控制器	1. 名称 2. 类别 3. 功能 4. 控制点数量	台（套）	按设计图示数量计算	1. 本体安装 2. 软件安装 3. 单体安装 4. 联调联试 5. 接地
030503004	控制箱	1. 名称 2. 类别 3. 功能 4. 控制器、控制模块数量	台（套）	按设计图示数量计算	1. 本体安装、标识 2. 控制器、控制模块组装 3. 单体调试 4. 联调联试 5. 接地
030503005	第三方通信设备接口	1. 名称 2. 类别 3. 接口点数	台（套）	按设计图示数量计算	1. 本体安装、连接 2. 接口软件安装调试 3. 单体调试 4. 联调联试
030503006	传感器	1. 名称 2. 类别 3. 功能 4. 规格	支（台）	按设计图示数量计算	1. 本体安装、连接 2. 通电检查 3. 单体调整测试 4. 系统联调
030503007	电动调节阀执行机构	1. 名称 2. 类别 3. 功能 4. 规格	个	按设计图示数量计算	1. 本体安装、连接 2. 单体测试
030503008	电动、电磁阀门	1. 名称 2. 类别 3. 功能 4. 规格	个	按设计图示数量计算	1. 本体安装、连接 2. 单体测试
030503009	建筑设备自控系统调试	1. 名称 2. 类别 3. 功能 4. 控制点数量	台（户）	按设计图示数量计算	整体调试
030503010	建筑设备自控系统试运行	名称	系统	按设计图示数量计算	试运行

E.4　建筑信息综合管理系统工程

建筑信息综合管理系统工程工程清单项目设置、项目特征描述的内容、计量单位及工程量计算规则，应按表E.4的规定执行。

表E.4　建筑信息综合管理系统工程（编号：030504）

<table>
<tr><th>项目编号</th><th>项目名称</th><th>项目特征</th><th>计量单位</th><th>工程量计算规则</th><th>工作内容</th></tr>
<tr><td>项目编码</td><td colspan="5"></td></tr>
<tr><td>030504001</td><td>服务器</td><td rowspan="3">1. 名称
2. 类别
3. 规格
4. 安装方式</td><td rowspan="2">台</td><td rowspan="3">按设计图示数量计算</td><td rowspan="2">安装调试</td></tr>
<tr><td>030504002</td><td>服务器显示设备</td></tr>
<tr><td>030504003</td><td>通信接口输入输出设备</td><td>个</td><td>本体安装、调试</td></tr>
<tr><td>030504004</td><td>系统软件</td><td rowspan="5">1. 测试类别
2. 测试内容</td><td rowspan="3">套</td><td rowspan="5">按系统所需集成点数及图示数量计算</td><td rowspan="3">安装调试</td></tr>
<tr><td>030504005</td><td>基础应用软件</td></tr>
<tr><td>030504006</td><td>应用软件接口</td></tr>
<tr><td>030504007</td><td>应用软件二次</td><td>项（点）</td><td>按系统点数进行二次软件开发和定制、进行调试</td></tr>
<tr><td>030504008</td><td>各系统联动试运行</td><td>系统</td><td>调试、试运行</td></tr>
</table>

E.5　有线电视、卫星接收系统工程

有线电视、卫星接收系统工程量清单项目设置、项目特征描述的内容、计量单位及工程量计算规则，应按表E.5的规定执行。

表E.5　有线电视、卫星接收系统工程（编码：030505）

<table>
<tr><th>项目编码</th><th>项目名称</th><th>项目特征</th><th>计量单位</th><th>工程量计算规则</th><th>工作内容</th></tr>
<tr><td>030505001</td><td>共用天线</td><td>1. 名称
2. 规格
3. 电视设备箱型号规格
4. 天线杆、基础种类</td><td rowspan="2">副</td><td rowspan="2">按设计图示数量计算</td><td>1. 电视设备箱安装
2. 天线杆基础安装
3. 天线杆安装
4. 天线安装</td></tr>
<tr><td>030505002</td><td>卫星电视天线、馈线系统</td><td>1. 名称
2. 规格
3. 地点
4. 楼高
5. 长度</td><td>安装、调测</td></tr>
</table>

续表

项目编码	项目名称	项目特征	计量单位	工程量计算规则	工作内容
030505003	前端机柜	1. 名称 2. 规格	个		1. 本体安装 2. 连接电源 3. 接地
030505004	电视墙	1. 名称 2. 监视器数量	套		1. 机架、监视器安装 2. 信号分配系统安装 3. 连接电源 4. 接地
030505005	射频同轴电缆	1. 名称 2. 规格 3. 敷设方式	m	按设计图示尺寸以长度计算	线缆敷设
030505006	同轴电缆接头	1. 规格 2. 方式	个		电缆接头
030505007	前端射频设备	1. 名称 2. 类别 3. 频道数量	套		1. 本体安装 2. 单体调试
030505008	卫星地面站接收设备	1. 名称 2. 类别			1. 本体安装 2. 单体调试 3. 全站系统调试
030505009	光端设备安装、调试	1. 名称 2. 类别 3. 类别 4. 容量	台		1. 本体安装 2. 单体调试
030505010	有线电视系统管理设备	1. 名称 2. 类别		按设计图示数量计算	
030505011	播控设备安装、调试	1. 名称 2. 功能 3. 规格			1. 本体安装 2. 系统调试
030505012	干线设备	1. 名称 2. 功能 3. 安装位置			
030505013	分配网络	1. 名称 2. 功能 3. 规格 4. 安装方式	个		1. 本体安装 2. 电缆接头制作、布线 3. 单体调试
030505014	终端调试	1. 名称 2. 功能			调试

E.6　音频、视频系统工程

音频、视频系统工程工程量清单项目设置、项目特征描述的内容、计量单位及工程量计算规则，应按表E.6的规定执行。

E.6　音频、视频系统工程（编码：030506）

项目编号	项目名称	项目特征	计量单位	工程量计算规则	工作内容
030506001	扩声系统设备	1. 名称 2. 类别 3. 规格 4. 安装方式	台	按设计图示数量计算	1. 本体安装 2. 单体调试
030506002	扩声系统调试	1. 名称 2. 类别 3. 功能	只（副、台、系统）		1. 设备连接构成系统 2. 调试、达标 3. 通过DSP实现多种功能
030506003	扩声系统试运行	1. 名称 2. 试运行时间	系统		试运行
030506004	背景音乐系统设备	1. 名称 2. 类别 3. 规格 4. 安装方式	台		1. 本体安装 2. 单体调试
030506005	背景音乐系统调试	1. 名称 2. 类别 3. 功能 4. 公共广播语言清晰及相应声学特性指标要求	台（系统）		1. 设备连接构成系统 2. 试听、调试 3. 系统试运行 4. 公共广播达到语言清晰度及相应声学特征指标
030506006	背景音乐系统试运行	1. 名称 2. 试运行时间	系统		试运行
030506007	视频系统设备	1. 名称 2. 类别 3. 规格 4. 功能、用途 5. 安装方式	台		1. 本体安装 2. 单体调试
030506008	视频系统调试	1. 名称 2. 类别 3. 功能	系统		1. 设备连接构成系统 2. 调试 3. 达到相应系统设计标准 4. 实现相应系统设计功能

E.7 安全防范系统工程

安全防范系统工程量清单项目设置、项目特征描述的内容、计量单位及工程量计算规则，应按表E.7的规定执行。

表E.7 安全防范系统工程（编码：030507）

项目编号	项目名称	项目特征	计量单位	工程量计算规则	工作内容
030507001	入侵探测设备	1. 名称 2. 类别 3. 探测范围 4. 安装方式	套	按设计图示数量计算	1. 本体安装 2. 单体调试
030507002	入侵报警控制器	1. 名称 2. 类别 3. 路数 4. 安装方式			
030507003	入侵报警中心显示设备	1. 名称 2. 类别 3. 安装方式			
030507004	入侵报警信号传输设备	1. 名称 2. 类别 3. 功率 4. 安装方式			
030507005	出入口目标识别设备	1. 名称 2. 规格	台		
030507006	出入口控制设备				
030507007	出入口执行机构设备	1. 名称 2. 类别 3. 规格			
030507008	监控摄像设备	1. 名称 2. 类别 3. 安装方式			
030507009	视频控制设备	1. 名称 2. 类别 3. 路数 4. 安装方式	台（套）		
030507010	音频、视频及脉冲分配器				

续表

项目编号	项目名称	项目特征	计量单位	工程量计算规则	工作内容
030507011	视频补偿器	1. 名称 2. 通道量	台（套）	按设计图示数量计算	1. 本体安装 2. 单体调试
030507012	视频传输设备	1. 名称 2. 类别 3. 规格			
030507013	录像设备	1. 名称 2. 类别 3. 规格 4. 存储容量、格式			
030507014	显示设备	1. 名称 2. 类别 3. 规格	1. 台 2. m^2	1. 以台计量，按设计图示数量计算 2. 以平方米计量，按设计图示面积计算	
030507015	安全检查设备	1. 名称 2. 规格 3. 类别 4. 程式 5. 通道数	台（套）		
030507016	停车场管理设备	1. 名称 2. 类别 3. 规格			
030507017	安全防范分系统调试	1. 名称 2. 规格 3. 通道数	系统	按设计内容	各分系统调式
030507018	安全防范全系统调试	系统内容			1. 各分系统的联动、参数设置 2. 全系统联调
030507019	安全防范系统工程试运行	1. 名称 2. 类别			系统试运行

E.8　相关问题及说明

E.8.1　土方工程，应按现行国家标准《房屋建筑与装饰工程工程量计算规范》GB 50854 相关项目编码列项。

E.8.2　开挖路面工程，应按现行国家标准《市政工程工程量计算规范》GB 50857 相关项目编码列项。

E.8.3　配管工程，线槽，桥架，电气设备，电气器件，接线箱、盒，电线，接地系统，凿（压）槽，打孔，打洞，人孔，手孔，立杆工程，应按本规范附录 D 电气设备安装工程相关项目编码列项。

E. 8. 4 蓄电池组、六孔管道、专业通信系统工程，应按本规范附录 L 通信设备及线路工程相关项目编码列项。

E. 8. 5 机架等项目的除锈、刷油应按本规范附录 M 刷油、防腐蚀、绝热工程相关项目编码列项。

E. 8. 6 如主项项目工程与需综合项目工程量不对应，项目特征应描述综合项目的型号、规格、数量。

E. 8. 7 由国家或地方检测验收部门进行的检测验收应按本规范附录 N 措施项目相关项目编码列项。

参 考 文 献

[1] 兰凤林、赵燕娜. 工程项目管理实务[M]. 大连：大连理工大学出版社，2011.
[2] 中国安全生产协会注册安全工程师工作委员会编. 安全生产技术(2011版). 北京：中国大百科全书出版社，2011.
[3] 全国一级建造师执业资格考试用书编写委员会. 建设工程项目管理(第三版)[M]. 北京：中国建筑工业出版社，2011.
[4] 丁士昭. 建设工程项目管理[M]. 北京：中国建筑工业出版社，2011.
[5] 丁士昭. 机电工程管理与实务[M]. 北京：中国建筑工业出版社，2011.
[6] 丁士昭. 建设工程法规及相关知识[M]. 北京：中国建筑工业出版社，2011.
[7] 孟小鸣. 施工组织与管理[M]. 北京：中国电力出版社，2011.
[8] 杨晓庄. 工程项目管理(第二版)[M]. 武汉：华中科技大学出版社，2010.
[9] 白思俊. 现代项目管理[M]. 北京：机械工业出版社，2010.
[10] 毛桂平，周任. 建筑装饰工程施工项目管理(第2版)[M]. 北京：电子工业出版社，2010.
[11] 朱自强. 城市轨道交通项目管理指南[M]. 北京：中国建筑工业出版社，2010.
[12] 国务院令第493号，生产安全事故报告和处理条例.
[13] 吴伟民，刘在今. 建筑工程施工组织与管理[M]. 北京：中国水利水电出版社，2007.
[14] 《建设工程项目管理规范》编写委员会. 建设工程项目管理规范实施手册(第二版)[M]. 北京：中国建筑工业出版社，2006.
[15] 张立新. 建筑电气工程施工管理手册[M]. 北京：中国电力出版社，2005.
[16] 李继业. 建筑装饰施工组织与管理[M]. 北京：化学工业出版社，2005.
[17] 任强、陈乃新. 建筑工程施工项目管理系列手册(第六分册)[M]. 北京：中国建筑工业出版社，2004.
[18] 危道军. 建筑施工组织[M]. 北京：中国建筑工业出版社，2004.
[19] 建设工程工程量清单计价规范 GB 50500—2013. 北京：中国计划出版社，2013.
[20] 通用安装工程工程量计算规范 GB 50500—2013. 北京：中国计划出版社，2013.
[21] 住房和城乡建设部财政部颁发建标[2013]44号.
[22] 全国造价工程师执业资格考试培训教材编审委员会. 建设工程计价[M]. 北京：中国计划出版社，2009.
[23] 袁建新. 建筑工程造价[M]. 重庆：重庆大学出版社，2012.